「YOUは」
宇宙人に遭っています
スターマンとコンタクティの体験実録

アーディ・S・クラーク　著
益子祐司　翻訳

明窓出版

◎「YOUは」宇宙人に遭っています　スターマンとコンタクティの体験実録　目次◎

はじめに

私が〝スターピープル〟のことを初めて知ったのは、祖母が私たちの部族に古くからある伝説について語ってくれたときでした。子供のころの私にとって、アメリカの先住民族たちがその起源をプレアデスの星々に持つという説話の数々は、もうひとつの現実として自然に存在していました。

――ときどき人々の暮らしの中に紛れ込んでくる小人たちのお話、そして地球にいるさまざまな部族の先住民たちの中に脈々と受け継がれているスターピープルの遺伝子の恩寵を伝える魅惑の物語など、天空から舞い降りてきてインディアンの人々と共に過ごしたスタートラベラーたちの伝承は、やがて私の意識の奥深くに根付いていって、心の遺産のひとつとなりました。大人になってからは、子供時代に聞かされていた伝説のことは心の片隅にしまったままにしておきました。

自分が幼いころから慣れ親しんできた説話をあらためて見直すことになったのは、一九八〇年にモンタナ州立大学の助教授になったときでした。その最初の年に会った同僚のひとりが彼のいる保留区の村全体を見下ろす場所へ私を誘って、〝祖先たち〟が来るのを待ってみようと言ったのです。その〝祖先たち〟とはスターピープルのことだと彼は説明しました。思いもかけない彼の心の内を知らされて驚きを覚えながら私は静かに〝祖先たち〟が現れるのを待っていました。そのうち私は夕方に控えている行事に備えていろいろと考えていたときにふと、他の北米インディアンたちも〝スターピープル〟にまつわる似たような話を聞いたり自ら遭遇したりしてきているのだろうかという思いにとらわれました。このようにして私は、そうした体験を話してくれる人たちを探し始める最初の一歩を踏み出しした。

たのです。

過去二〇年のあいだ、私はアメリカ合衆国やカナダをはじめとして、メキシコ、中南米、オーストラリア、ニュージーランド、そして南太平洋諸国の先住民族を取材して回り、およそ一千件にもおよぶ体験談を集めてきました。取材の大部分はテープレコーダーに記録されるとともに、おびただしい量のメモとして残されています。そして大学退職後に、録音テープを聞き直してノートの内容を整理し始めました。そしてアメリカ合衆国とアラスカの大地に暮らすインディアンたちへの取材記録をまとめあげた原稿が本書となったのです。

この本に収録されているのは、北米インディアンとスターピープルの間に起こった、他に類のない極めて個人的な出来事の告白の数々です。物語る証言者は、一家の父親や母親、兄弟姉妹、息子や娘、力仕事の労働者、教員、警察官、芸術家、退役軍人、年長者、家庭の主婦、牧場主、大学生、そして地域の指導者など多岐にわたる立場の人たちです。コンピュータに熟達した人もいれば、それを触ったことすらなく、テレビや携帯電話さえ持たない人たちも含まれています。全員が北米インディアンで、その大部分はあちこちにある保留区内で暮らしています。誰もが変な注目を浴びたいとは思っていないため、彼らのプライバシーを保護する目的で、ここでは偽名が使われ、居住地名も変更されています。紹介されている話のいくつかは有名なロズウェルの円盤墜落事件よりも前の出来事ですが、大半は一九九〇年から二〇一〇年の間に起きたことです。収集したすべての体験談はとうてい一冊の本に収まる量ではないため、この本は先住民のスターピープルとの遭遇体験記録三部作の第一弾（北米大陸編）となります。

北米インディアン出身の研究者である私は、自らの部族の内と外の二つの世界で同時に生きてきました。ものごとを質と量の両面から研究する姿勢をアカデミックな環境で身に付けさせられた私が、今回の取材に臨むにあたって最も心がけていたことのひとつは、証言者たちが語る個人的な体験の〝質〟に対して、私自身の見方や解釈を当てはめたり、その影響を本人に与えたりは決してしないようにすることでした。したがって私は彼らに対して誘導的な質問は一切せず、自分の推測や考えを述べることは努めて避けてきました。そしてそれと同じくらい大切にしていたことは、本人たちが受け継いできた文化における独自のとらえ方を尊重することでした。

一例を挙げれば、一般社会の見方である〝異星人（エイリアン）〟や〝地球外生命体〟とは違った北米インディアン的な見地によるスターピープルという呼称も受け入れることでした。考古学者のなかには調査の対象の質を見極めるには〝外〟と〝内〟からの二つのアプローチが必要だと唱える人たちもいます。〝外〟からのアプローチとは異文化圏で発生した出来事を外部の立場から考証することで、〝内〟からのアプローチとはそれを文化圏で暮らす人の世界観を持って受けとめることです。言い換えれば、〝内〟からのアプローチとは部内者の立場に身を置くことなのです。ですから私はインディアン出身の研究者として、内部の人間としての立ち位置で、〝内〟からのアプローチをするほうを選びました。

そういう姿勢で取材しましたので、私はスターピープルが本当に存在するのかという質問は一度もすることなく、証言者たちの語る遭遇体験が部外者の感覚からすればどれほど異様で奇妙なものと感じられても、それらの信ぴょう性を決して疑ったりはしませんでした。

北米インディアンの中で調査をしていく際に特に必要になってくるのは、その地域の人々との信頼関係を築くことです。博士号を持っているというだけで信頼できる研究者だとすんなり思ってもらえるわけではありません。だいたいは彼らの親族や友人に紹介してもらうことで信用を得ることができます。こういったアプローチには、無作為抽出を良しとする非インディアン社会の研究者たちは眉をひそめることでしょう。インディアン社会で用いられているもうひとつのやり方は口伝えで、しばしば〝モカシン電報〟と呼ばれたりします（訳注　モカシンとは北米インディアンの履くシカ革製のカカトのない靴のこと）。つまり私の調査活動を耳にした人が、自分がその対象になると思った際に自ら申し出て取材を受けてくれるケースです。信頼を得るその他の道として、しばしば求められることは、取材する人が拡大家族の〝一員〟となることです。どういうことかと言うと、信用できる相手かどうかを見極めるために、相手の日々の営みの中に加わってみるようにうながされるのです。たとえば、食事の支度をしたり、コーヒーを入れたり、日常のやりとりをしたりすることで、感受性や誠実さなどを推し量られるわけです。

北米インディアンの村落で取材をする際は、話を打ち明けてくれそうな相手が指定する場所に快く出向くことが大切になってきます。それは相手にとって好都合である自宅や職場などです。この本で紹介されている取材の現場は学校内か学校行事の会場であることが多かったのですが、それはひとつには、私が教育関係者であり、仕事関係の出張で地方の学校で調査活動をしたり、大学を訪れたりすることが度々あったからです。加えて、田舎の保留区の村落では、地域の催しの大半が学校で開かれていて、学校は公会堂、地域のイベント会場、公共の集会室といった社会教育やスポーツ行事の場としての役割を兼ねていたのです。これらはアメリカの地方都市においては、たいていは別々の場所で開催されています。取材をさせてもらう際はだいたいお土産を持参する慣習があり、それは食べ物やタバコなどだったりしますが、特に年長者への敬意を示すものとして必要とされています。一見すると、これは不特定多数を対象としたよくあるアンケート調査の回答者に謝礼を渡す習慣と何ら変わらないものですが、多くの研究者たちはこのような礼儀にのっとった接し方の重要性を理解していません。私のインタビューの多くは、午後遅くか夜間に行われました。出張中は私は学術的な調査に従事していましたので、ＵＦＯやスターピープルに関する取材は仕事の後か週末のプライベートタイムに行っていたからです。また、夏期の休暇中やホリデーシーズンも取材活動にあてられていました。

ときには、取材相手との間に友情が芽生えることもありました。これは〝質〟の調査の際ならではのことです。それとは対照的に〝量〟の調査においては、取材をして、その場から離れて、結論を導き出すといったプロセスだけで終了します。〝質〟の研究者はすでに〝内側の人間〟なのです。北米インディアン出身の研究者の数は少なく、中でもスターピープルとの遭遇体験を調べている者はほんとうにごくわずかです。取材される側は自身の極めて個人的なことを打ち明けるわけですから、〝信頼のおける友人〟と思える相手にだけしか話そうとはしないからです。私が取材した相手の中には、私といっしょに遠隔地の国内会議に出席したり、専門的な会合に参加したりした人たちもいます。

北米インディアンについて理解しておくべきもうひとつの大切な点は、彼らは総じてプライバシーを重んじ、世間の注目を浴びることや有名になることを避けようとする傾向があるということです。そして彼らにとってそれ以上に重要なのは、自分たちの部族と保留区を部外者から守ることなのです。UFOやスターピープルの話題は好奇心に駆られた多くの人々を招き寄せる恐れがあり、そういう事態は避けたいと部族民は思っているのです。加えて、仕事を持っている大多数の証言者たちは、自身の体験を公表することで職を失うのではないかという不安を口にしていました。そのため、彼らの身分を守るために氏名と住所を架空のものに代えることがインタビューの条件となりました。

これまでの取材を振り返ってみると、自身が目の当たりにしたことに対する彼らの受けとめ方と、それを打ち明けようと思った動機については、大まかに二つのグループに分けられるように思えます。ひとつは、自らの遭遇体験は先祖代々から続いてきたスターピープルとのつながりがもたらしたものだという考えで、そういう受けとめ方をするのは幼少時から数々の伝承を耳にしてきた中高年や年長者たちが大半です。彼らは目の前の出来事を自然に受け入れて、スターピープルが現れてもあまり動揺しません。二つ目のグループは若い年齢層の人たちで、より西洋文化の影響を受けていて、これまで太古から伝わる説話の数々を聞いてきていたとしても、スターピープルは上の世代の人たちがよく言うような部族の祖先というよりは、別の惑星からやってきた異星人なのだろうと考える傾向が見られます。それはテレビや映画の影響や寄宿学校での教育によるもの、もしくは世代間であまり伝統が受け継がれなくなってきているせいであるとしても、双方のグループの感覚にははっきりとした違いが現れています。

ＵＦＯ等に対する世間の懐疑的な見方が高まってくるとともに、証言者たちは自らの職を失うかもしれないという恐れや、身内の人々あるいは友人たちからすらも、からかわれるのではないかという不安を感じ始めています。北米インディアンがお互いをからかう習慣の度合いは部族によってまちまちですが、それは毎日の生活においてどこにでも見られる光景となっています。からかいの言葉は、しばしば会話や社交の場において欠かせないものになっているからです。このため、昔ながらの言い回しは、冗談の言い方すらも、おのおのの部族や個人の特性を示すトレードマークのようなものとなっています。たとえば本書に登場するある二人の警察官は、同僚たちから〝緑の小人のお巡りさん〟というあだ名で呼ばれていました。彼らはＵＦＯの目撃報告をしていたからです。このあだ名は二人が退職してからもつきまとうことでしょう。そして彼らは、ずっとからかわれつづけるだろうと思います。この様子を目の当たりにしたり、あるいは自ら進んでいじめに加わったりする若者たちは、もし万が一自分も同様の目撃をしてそれを報告しようものなら、同じように嘲笑の餌食となってしまうことが分かっています。したがって、若い世代の目撃者たちには、仲間たちから辱めや嫌がらせを受ける危険を冒すよりも、むしろ遭遇体験を自分の心の中だけにしまっておこうとする者もいるでしょう。
　私が取材した中には、自身が就いている職務には、信頼性、冷静さ、そして住民に対する誠実さが求められているので、職を追われるのではないかと危惧する人たちもいました。彼らが最も恐れていたのは、遭遇体験は精神の不安定さによる思い込みだと雇用者や上司に思われてしまうことでした。こういう証言者は少数でしたが実在したのです。

　これからご紹介していく体験談の数々によって、読者の皆さんはスターピープルの存在を認めている人たちの世界観を知ることができるでしょう。そこで述べられている遭遇ストーリーは、意識を保った状態で体験した出来事を催眠術の助けを借りずに回想したもので、睡眠中の夢や白昼夢としての報告はひとつも含まれていません。世界中のほとんどの先住民族たちは、スターピープルを自分たちの祖先だとみなしています。そのような認識があるだけで、恐れることなく彼らと交流することが可能になり、類い稀な遭遇や目撃の出来事を物語ることができるようになるのです。私は証言者たちと肩を並べて歩き、さまざまな種類の体験に耳を傾けました。そして分からない点について質問をし、最終的に事実であると信じるにいたったのです。

第1章　失われた時間

〝失われた時間（ミッシング・タイム）〟とは、異星人による誘拐（アブダクション）やＵＦＯとの接近遭遇と一緒に報告されている状況もしくは状態で、基本的に、何かが起きていたにもかかわらず、なかなか思い出せない空白の時間を指します。その時間の長さは数分から数日と幅広いものです。失われた時間の中で起きていたことの記憶は、しばしば催眠や睡眠中の夢を通してよみがえってきたものが報告されています。心理学者たちの大半は、その〝期間内〟の出来事が思い出せない原因は単に個々の身体的もしくは心理的なトラウマによるものであると考えています。いっぽうで、それは地球外生命体が被誘拐者にマインドコントロールを施して、記憶を消しているのだと主張する人たちもいます。

失われた時間の問題が賛否両論の議論を呼んでいるのは、それが記憶の回復と催眠的な暗示の問題と密接にリンクしているからです。失われた時間の事例においては、ＵＦＯとかなり近い距離にいた時点からそれが始まっているという証言が何件か見られます。本人たちにとって最も忌まわしい出来事となった事件の一例は、一九六一年に異星人に誘拐された体験を告白して一躍有名になった、ベティ＆バーニー・ヒル夫妻の失われた時間です。

これまで何千人もの人々が自らの失われた時間の体験を報告してきました。その大部分は催眠下において記憶を呼び戻しています。

しかしこれからご紹介するのは、催眠術師の手助けもなく、失われた時間にまつわる出来事を語ってくれたある夫婦のお話です。

サラとティムの体験

モンタナ州ビリングズ市の州間高速道路を出たところにあるレストランで、私はサラと彼女の夫のティムと初めて会いました。私たちの共通の友人が私がUFOとの遭遇体験を取材してまわっていることを耳にし、さらにサラとティムが自分たちに起こった出来事を私に打ち明けたいと思っていることを知ったため、夫妻を私に紹介してくれたのでした。サラもティムもこれまで一度も自らの体験を公の場で語ったことはなく、最初の段階から自分たちは世間の注目を集めることは一切望んでいないと明言していました。けれども、その体験の特異さから、他の人たちに前もって警戒を呼びかける必要性を感じて、匿名を条件にその出来事を私に語ることにしたといいます。私が彼らに取材をした二〇〇七年春の時点で、ティムは職務歴一五年の部族警察の巡査をしていて、現在は少年課に配属されています。そして非番のときには、自身のインディアン保留区内で、再犯の危険性の高い若者たちと関わるプログラムに協力しています。高校教師を務めるサラも、上記の部族主催のプログラムにボランティアとして貢献しています。彼らは週末に定期的に開かれる若者のためのダンスや、さまざまな催しの指導や補佐も努めてきています。

「私たちの遭遇事件は二〇〇六年一一月二六日に起きました」サラが話を始めました。

「その日は私たちの二〇回目の結婚記念日だったんです。そこで週末は保留区を離れてビリングズで夫婦水いらずの数日間を楽しもうということになり、ワクワクしながら待っていたんです。ティムは金曜日は夕方四時ごろに仕事を終えました。帰宅した彼がシャワーを浴びてから、二人で私の母のところへ立ち寄って、飼い犬のロージーとレニーを預けて留守中の世話をお願いしてきました。それから午後五時半までには地元の町を出ていました」ウエートレスが近づいてきたので、彼女はそこで言葉をとめました。私たち三人がその店の自慢料理を注文した後、ティムが口を開きました。

「その夜は空が澄み切っていました。私たちは遅くとも夜の一一時ごろまでにはホテルに到着する予定でした」

「そうすれば厨房が閉まる前にルームサービスを頼むことができるんです」サラが口をはさみました。

「他人から見ればたわいもないことに感じられるかもしれませんが、私たちにとっては日付が変わる前にルームサービスをオーダーすることが、毎年とっても楽しみにしている慣例だったんです」そう言うと彼女は少し間をおいてから話を続けました。

「そうやってルームサービスを待っている間に、テレビの有料チャンネルの番組表に二人で目を通して、新作映画を二、三本選んで、夜半すぎまで映画を観て過ごすんです。それが記念日の恒例になっていました。新婚当初はそれが私たちにとって精一杯の贅沢でした。そして少し余裕がでてきてからも、昔ながらの伝統にこだわりつづけてきたんです」

夫婦の記念日のしきたりについて語る二人の様子を見ていた私は、サラの手がティムの腕にやさしくからまっているのを目にしました。そして彼らは何度も仲むつまじそうに顔を寄せ合っていました。それはこのカップルがただ愛し合っているだけでなく、きちんとその気持ちを相手に伝えようとしていることを物語っていました。私の友人はサラとティムを称して、〝幼いころの恋物語の世界にずっと住み続けている二人〟と言っています。私はその表現はこの夫婦の関係を実によく言い表していると思いました。


「私たちが家を出てからおよそ一時間が過ぎたころのことです」ティムが話し始めました。「あの二車線の高速道路には州間高速道路に入る前にかなり急なカーブがあるんです。そこにさしかかったとき、道路のわきに家畜の牛の死骸が横たわっているのが目に入ったんです」

「それで警察官のティムは、車を停めて確認しなければいけないって言い出したんです」

「私は運転席の小物入れから拳銃を取り出して、緊急用に携帯していた探照灯を手にして車の外に出ました。最初に気づいたことは、外の空気の匂いが異様だったことです。金属的というのが私の知る限りでは最もふさわしい表現でしょう。それは金属が積み上げられている機械工場にいるときに感じるようなものです。

そこには、三頭の牛の死骸がありました。なにかただならぬことがあったのは明らかでした。なぜなら動物たちの体のあちこちが切開されていたからです。目玉はくりぬかれ、耳は切除され、二頭は脚部から皮膚がはがされていて、残りの一頭は足が四本とも無く、頭部も切断されてなくなっていました。そして最も奇妙だったのが、そういった一連の大掛かりな作業をした痕跡がどこにも残っていないことでした。切開や切断の現場と思われる地面には、どこにも血のあとが見当たりませんでした。さらにそこには足跡すら残されておらず、不思議だったのは周囲の草木が腰の高さまで伸びていて、なぎ倒された部分がなく、本来あるべき犯人の存在を示すしるしが全くなかったのです」

ウエートレスが飲み物をテーブルに持ってきたのでティムはいったん口をとめ、再び話をつづけました。

「家畜の死骸全体を見て特に変だと思ったのは、肉屋が頭部や耳を切除したような感じではなく、それぞれの部位だけが正確に切除され、切り口が非常に滑らかだったことです」

そしてサラがつづきました。

「ティムがトラックに戻ってきてから、私たちはこの件を誰かに報告すべきだと考えました。そしてどこに連絡するか決めようとしていたとき、ティムが『あれを見ろ！』って言ったんです。それで彼が指し示したフロントガラスの向こうに顔を向けたのですが、私には何も見えませんでした。そこでティムの目線に近づくように彼の膝元に体を倒しながら見上げたとき、それが目に入ったんです。木立の真後ろで薄暗い光が動いていたんです。私が横になってその光を見続けていると、それはだんだんとこちらに向かってやってきていました。ティムは車を発進させようとしてエンジンキーを回しました。しかしまったく反応がありませんでした。私はすっかり震え上がってしまいました。そしてそばに置いてあった携帯電話を手に取りましたが、電波がつながっていなかったんです」

「私たちはその光を数分のあいだ見ていました」ティムが説明をつづけました。

「そのうちに、それはただの光ではないことに気づきました。そこにあったのは大きな円筒形のプロパンガスのタンクのような形をした物体でした。それは私たちの車の上空をきれいな円を描いて一周しました。それはあたかも私たちのことを調べているかのようでした。とても巨大な飛行物体でした。少なくともフットボール場くらいの長さはありました」そこでウエートレスが食事を運んできたので、三人とも数分ほどは何もしゃべらずに食べていました。

「本当に怖かったんです」サラが口を開きました。

「ただごとではない状況なのは明らかでした。そして今すぐここから逃げようとティムに言ったんですけれど、彼が何度エンジンをかけようとしても、まったく反応がありませんでした。まさにそのとき、宇宙船が軽トラックの上に覆いかぶさるように下降してきて、そのあまりのまばゆさに私たちは目を開けていられなくなりました。私はティムの手をとろうと腕を伸ばして……それが私の覚えている最後の記憶です。つぎに気がついたときは二人ともトラックの座席にいて、なぜか車は最初に停めたほうとは反対側の路肩にありました。宇宙船の姿はもはやどこにもありませんでしたが、それ以上に私たちをまごつかせたのは、路上から家畜たちも消え去っていたことでした」

「私は車外に出て、そこらじゅう一帯を探照灯で照らしながら歩き回ったんですが、どこにも牛たちの姿はありませんでした」そう言ってティムは信じられないという素振りで首を振りました。

「そしてティムはトラックに戻ってきて」サラがつづけました。「これはどういうことだろうと、二人とも狐につままれたような気持ちになっていました。そしてティムが再びエンジンキーに手を伸ばして回してみると、こんどは直ちにエンジンが掛かり、そのまま再び高速道路の道をビリングズに向けて車を走らせていきました。目的地に着くまで二人とも一言もしゃべらなかったと思います」そのサラの言葉にティムがうなずいて言いました。

「ホリデー・イン・ホテルに着いた私たちは、チェックインの際にルームサービスを頼んだんです。するとフロントの人が食堂は午前六時にならないと開きませんって答えたんです。私たちは腕時計に目をやりました。針は午前三時を指していました」

「二人ともびっくり仰天しました」サラが言いました。

「たとえ途中で車を道路わきに停めて牛の死骸を調べていたとしても、午後一一時までにはホテルに到着しているはずでした。そのときに私たちは自分たちが覚えていない空白の四時間があったことに気づいたんです。ベティ＆バーニー・ヒル夫妻の話は聞いていました。あるとき私の生徒の一人が図書館でその古い本を見つけて教室に持ってきて、私にその本について尋ねたことがあったからです。私もそれを読んでみました。確かに面白い話だとは思いましたが、信じるには足らぬものと軽く片付けていました。きっと本を売ったり講演会を開いたりして大金を稼ぐために誰かが持ち込んだ企画だろうと思っていたんです。彼らの話は本当かもしれないなどという思いは毛の先ほどもありませんでした。それどころか、今こうやってあなたに話している四時間の失われた時間とか体を切除された家畜などという話自体も馬鹿げたことのように思えてしまっているんです」

「でもヒル夫妻とは違って、あなた方は自分たちの体験を公表してはいませんよね」私は言いました。

「そんなことはしません。私は警察官であり、サラは教師ですから。ＵＦＯに誘拐された夫婦として有名になどなりたくはありません。異星人に連れ去られたなどという話を公表したところで、いったい誰がまともに信じるでしょうか？　それに彼女は生徒たちに囲まれてとことん質問攻めにあうでしょう」

「それだけでは済まずに」サラがつづいて言いました。「もし新聞記者たちが保留区にどっと押し寄せてきたらどうなってしまうでしょう？　そんなことはまっぴら御免です。

記者たちなどとはまったくかかわり合いを持ちたくありません。ここの部族の者はそんなたぐいの注目など浴びたくはないんです」そう言うと彼女はひと息ついてコーラを口にしました。

「空白の時間の中で起きたことについて、何か思い出せるものはありますか？」

「それが一番はがゆいところなんです」サラが答えました。

「二人とも自分たちの身に何が起きていたかまったく覚えていないんです。ホテルの部屋に入ってから私はティムに、服を脱いでお互いの体をチェックしてみるべきだって言ったんです。ヒル夫妻の本で読んだことが頭にあったからでしたが、私たちの体には何の痕《あと》も見当たらず、傷らしきものもどこにもありませんでした。ベティとバーニーの夫婦のようにどこかを刺されたり、精査されたりした形跡が何もなかったんです。体に発疹が出ることもなく、何かの記憶が突然に鮮明に思い出されたり、夢に出てきたりすることもありませんでした。私たちは自らが体験したことの記憶もしくはそれに類するものは、何ひとつ持っていないんです。ただ単に高速道路の上で空白の四時間があっただけなんです。確かなことは二人とも眠り込んでしまっていたということですが、それは死んだ家畜や輝く光やＵＦＯの目撃を裏付けるものではありません。同様に、ティムが高速道路の路肩にトラックを停めて、次に二人が目覚めたとき、もしくは意識を取り戻したときは反対車線の路肩にいたという事実も、何かを証明しているわけではありません」

「あの晩に何かが起きていたんです」ティムが言葉をはさみました。

「正直なところ、私たちがあなたにこの出来事についてお話しようと思った唯一の理由は、何か非常に奇妙なことが発生していることを世間の人たちに前もって注意を呼びかけておきたかったからなんです。それをあなたなら自分の本を通してできるはずです。私たちは頭のおかしなカップルではありません。こんな話をでっち上げる理由など二人には何もないのですから」

「それから……」サラが言葉を添えました。「もし深夜の人里離れた高速道路を走行中に何か奇妙なものを見たら、決して車を停めずに、そのまま走りつづけるように皆さんに伝えてください」

取材を終えた日の晩、私はビリングズの町でクリスマス用の買い物をしました。そして翌日にサラとティムに彼らの遭遇体験の現場へと案内してもらいました。そこはビリングズから車で一時間ほどの距離でした。高速道路の路肩に車を停めた私たちは、ティムが家畜の死骸を見つけた場所まで歩いて向かいました。そこから見える原っぱでは、放し飼いにされた家畜の大群が草を食んでいました。

「ホテルに到着して間もなく、私は自分の拳銃がなくなっていることに気づいたんです。それに気づいてからは一睡もできませんでした。私たちは夜も明けぬうちにホテルをチェックアウトして、遭遇現場へ車で引き返しました。着いたときにはもう日が昇っていました。路肩に車を停めた私たちは二人で手分けをして拳銃を探し始めました。

「そして私が見つけたんです」サラがそう言って、道路を渡った先へ私を誘って、土取場のほうを指差しました。

「あの土手の向こうにあったんです。まるで誰かがそこに投げ捨てていったみたいに」

「しかし非常に奇妙なことに」ティムが言いました。

「銃身が溶けていたんです」

そして彼は軽トラックに戻って、運転席の下に手を伸ばしました。

「これを見てください」そう言って彼から手渡された拳銃を私は注意深く調べてみました。一見したところでは、それは紛れもなく357マグナムでしたが、よく目を近づけて見てみると、銃身の穴が完全にふさがれているのが分かりました。それはあたかも溶かされてそうなったかのようでした。ひとつの金属のかたまりになっていたのです。私は拳銃を手の平の上で何度もひっくり返して眺めてからティムの手に戻しました。

「彼らが何者だったにせよ、拳銃はお気に召さなかったようです」ティムはそう言うと、座席の下に手を伸ばして紙袋を取り出し、その中に銃を入れて、目につかないところにしまいこみました。

「幸いなことにあの銃は私が個人で持っていたもので、署から支給されていたものではありませんでした。もしそうでなかったら、なぜあんなふうになってしまったかについて、事情を説明しなければならなかったでしょう。それは非常に難しいことになっていただろうと思います。こんな話は誰も信じないでしょうし、自分自身ですらなかなか信じられないほどなんですから」

それからほどなくして私たちは別れを告げて、私はビリングズの方面に車を走らせて、それからボーズマンの町に向かいました。クリスマスを四日後に控えて、贈り物をあといくつか買っておく必要があったのですが、目に浮かぶ楽しいクリスマスの場面の前に、あの溶けた拳銃の残像がかぶさってきました。それはきっと、いつまでもそこに焼きついたままでいるでしょう。

私はときおりサラとティムのいる保留区を訪れた際に彼らに会っています。彼女は今も教壇に立っていて、ティムはあれから刑事に昇進しました。彼らの体験談は、にわかには信じられない奇怪なものであることに間違いはありません。ただいっぽうで、私はこの目であの銃を見ました。ですから私は彼らの話を信じているのです。

第２章　すべてはロズウェル以前に始まっていた

太古の宇宙飛行士の存在を唱える人たちは、スターピープルは世の初めから地球を訪れていたと主張しています。その根拠として彼らはよく北米インディアンとスターピープルの交流の伝承を引き合いに出します。北米にはその他にも数多くのＵＦＯ目撃や墜落事件、そして地球外生命体との遭遇体験などが冒険家、カウボーイ、軍人、炭鉱夫などによって報告されています。

その中で最も知られている出来事のひとつはモンタナ州で起こり、セントルイス・デモクラット紙を始めとして全米の新聞で取り上げられました。一八六五年一〇月一九日付の記事によると、ミズーリ州の北三百キロほどにある現在のモンタナ州グレート・フォールズにおいて、毛皮猟師のジェームズ・ラムリー氏は彼の言うところの〝天空に明るくきらめく物体〟を目撃しました。それは飛行しながら炎と化して爆発し、その直後に竜巻のような旋風が森じゅうに吹き抜け、あたり一面に硫黄のような匂いが立ち込めたといいます。翌日に意を決して現場を調べにいったラムリー氏は、およそ五メートル幅の通り道が森の中に出来ているのを見つけました。そしてその通路の行き止まりに来ると、何かの物体が山の側面に埋まり込んでいました。よく見てみると、その物体の表面には区分け模様が見られ、それはあたかも内部がいくつかの部屋に仕切られているようであり、そのような区分け線は人間もしくは他の知的生命体によってしか作り得ないものだろうとラムリー氏は語っています。

一九世紀末からの出来事は、ラムリー氏のものだけではありません。たとえばテキサス州のオーロラという町の住民たちによれば、一八九七年に町の真ん中に墜落した宇宙船に乗っていた異星人の葬儀が地元で催されたといいます。またアリゾナ州ツームストーンの新聞の保存記録には、カウボーイが空を飛ぶ金属的な巨大な鳥に発砲したことが日付入りで載っています。さらに一八九六年一一月一八日の夜には、カリフォルニア州ストックトン市の上空三百メートルのところを浮遊する壮大な飛行物体を何百人もの人々が目撃しています。その翌日の晩、ストックトンの市境を越えた辺りにある野原で、巨大な金属製の飛行船が着陸しているのをH・G・ショー大佐と二人の友人が見つけました。それは円筒形をしていて、長さは四五メートルほど、直径は八メートル近くあり、そこに短い白髪をした背の高い細身の男性三人がいて、大佐たちを誘拐して船内に連れ込もうとしたといいます。それから数週間のあいだ、数え切れないほどの奇妙な飛行船が西海岸じゅうで目撃され、その範囲はカナダ西部まで及び、さらには内陸のネブラスカ州にまで広がりました。

二〇世紀に入っても、空飛ぶ円盤や飛行船の目撃は続きました。一九〇九年、メキシコの盗賊を南西部で追跡していた騎兵隊の一団がある洞窟に出くわしました。それは土地勘のある彼らにとっても初めて見るものでした。内部に入ってみると、そこには馬蹄形をした何機かの金属的な飛行物体と、おそらく地球外生命体と思われる少数の〝小さな灰色の悪魔たち〟の集団があったのです。それらの両方を見て驚く馬たちとともに、騎兵隊は洞窟から退散しました。翌日に同じ場所に戻ってみると、洞窟は消え去っていて、宇宙船と異星人たちの姿もどこにも見当たりませんでした。

ノースダコタ、サウスダコタ、ワイオミング、アイダホ、そしてモンタナ州にひろがる北の平原に暮らすインディアン部族たちはＵＦＯとの数多くの遭遇体験を持っています。この章でご紹介するのは、そこで一族から非常に尊敬されているひとりの長老のお話です。彼の遭遇体験はロズウェル事件よりも前から始まっていたものです。私が彼の記録をまとめていた過程で、ハリソンは亡くなってしまいました。けれども彼らと過ごした長い歳月は、私の人生を変えるものとなりました。

ハリソンの体験

「私の祖父は一九四五年の夏に、私を宇宙船のある場所に連れていってくれたんだ」その祖父から彼が相続した牧場に向かう車の中でハリソンは私に語り始めました。

「当時、私は一二歳だった。そして一九四七年の夏ごろに、軍の技術者の一団が、貯水池を作るために川とその周辺地帯を調べに保留区に来たんだ」

「ということは、貯水池は最初からあったわけではなかったんですね」

「そうだ。この一帯を流れるひとつの川があっただけだった。軍部は祖父の土地を没収して、その代わりとして、あの切り立った丘の向こう側にある役立たずの土地を与えたんだ」

私は彼の指し示す方向に目をやりました。大空にさらされて風が吹き抜けていく大草原の純然たる美しさに感嘆する私の横で、彼は話を続けました。

「私は六歳のころから夏の間はいつも祖父のところで過ごしていたんだよ。母さんと父さんは部族たちのところに働きに出ていて、夏の間に私をひとりで家に置いておきたくなかったんだ。だからいつも五月になると私は二つの紙袋に荷物を詰め込んだものさ。ひとつには着替え用の衣類、もうひとつには本やビー玉やオモチャのピストルなどをね。知り合いの人たちが車で祖父のところまで送り届けてくれて、そこで六月から八月末まで過ごしたんだ。そのあたり数キロ四方にいる子供は自分ひとりだけだったけど、そこで過ごす夏が私は大好きだったんだ。馬に乗って牛の群れを率いたり、雑用を手伝ったりしてね。成長していくにつれて、任される用事やその責任はより大きなものになっていった。今の子供たちとは違って当時はテレビやビデオが無かったから、夜になると祖父は私に部族の神話や伝承を聞かせてくれたり、チェスやボードゲームをしたりして楽しませてくれたものだ。彼は不動産ゲームが大好きでね。やがて読み書きができるようになると私は祖父に本を読んであげたんだ。彼はとても喜んでくれたよ」

車が高速道路から側道に移った際に会話は止まりました。そのでこぼこ道は自動車よりも牛たちのためのものといった感じでした。私は彼の人里はなれた場所での暮らしを心静かに思い浮かべながら――そこは今でもときには何週間も電話回線が不通になったり電気が止まったりするところですが――彼と深めてきた友情を思い起こしていました。

私がハリソンに出会ったとき彼は五〇代の前半でした。やがて私たちはお互いを敬う仲になっていきましたが、それはすぐに打ち解け合えた仲良しの間柄などとはほど遠いものでした。私が大学のある町に越してから五年後のある日、国への補助金申請の手続きを補佐してほしいとの依頼が保留区の学校からあり、そこで窓口となっていたハリソンと私は初めて出会ったのでした。彼に案内されて私は保留区内のさまざまなグループや保護者たちと面会して、申請の説明をしてまわりました。彼は最初の段階から、なぜ部族は助成金の申請をしたのか自分には分からないと正直な気持ちを明かしてくれていました。そんな不安を抱えたままの彼のかたわらで私は何年にもわたって働きつづけ、やがて彼の信頼と信用を得ていきました。そうやって実に二五年もの歳月が流れたあるとき、彼は私に尋ねてきました。

「君はスタ―ピープルの存在を信じるかい?」

「ええ、信じています。なぜそんな質問をするんですか?」

「君がスタ―ピープルについての話を聞いて回っているという話をある人から聞いたんだ。それで変わったことをしてるんだなと思ったのさ」

「私は過去数年間にわたってスタ―ピープルの話を取材してきています。私は祖母からスタ―ピープルについての古くからの伝承を聞かされながら育ってきました。先住民たちの中にいる際には、私はいたるところで彼らにUFOやスタ―ピープルにまつわる体験を尋ねています。たぶんいつかそれらを本にまとめるつもりです。北米インディアンたちから私は驚くべき体験談をいくつか聞いているんです」

「明日もし君に時間があったら、私の祖父のいたところへ連れていきたいんだよ。私はスタ―ピープルについて話せることがあるけれど、それをちゃんと理解してもらうために、まずその現場を君に見ておいてほしいんだ」

私はその招待に応じましたが、まさかハリソンがこんなにも遠く離れた保留区内の孤立した場所で育ったとは夢にも思っていませんでした。彼の所有地の境界線につづく未舗装の道にたどりつくまで車で二時間かかり、そこから家に着くまでさらに四五分かかりました。

「ここから一緒に歩こう」家の横にあるコンクリートを敷き詰めた場所に車をとめて彼は言いました。車を降りる私に手を差し伸べた彼は、活力にあふれて見えました。二つに分かれて腰まで垂れ下がった白髪交じりのお下げ髪をした彼は七七歳になっていましたが、まだ女性たちが自分に寄ってくるのだと語りました。

「私のお下げ髪は〝女性を惹き付ける磁石〟なのさ」そう冗談交じりに言いました。

「女性たちはこの髪の磁力もしくは私の魅力に逆らえないんだ。ワシントンD．C．に行くたびに群がる女性をかき分けて歩かなければいけないんだよ。それは彼女たちが私のお下げ髪が大好きだからとしか説明がつかないのさ。だから我々インディアンの男たちは、自分たちのパワーは髪の毛にあると信じてるんだ」

彼はしょっちゅう自分のお下げ髪のパワーの話を繰り返していましたが、それが彼独特のユーモアであると知りつつも、女性たちが彼に惹かれる理由が私には分かりました。彼の顔には年相応の深いしわが刻まれてはいましたが、とてもハンサムな男性で、身の丈一八〇センチの体でテキパキと動き回る姿は彼の半分の年齢の男性と違わないものでした。彼は身だしなみに誇りを持っていて、そのいでたちは常に糊の利いたウエスタンシャツ、真ん中に折り目のついたアイロンのかかったジーンズ、そしてピカピカに磨かれたブーツといったものでした。

彼はブーツのつま先を指して言いました。

「ここに立って前を向いたときに見える地平線が境界なんだ。そこから放牧場は南に向かっていくんだ」

彼の指示通りに見てみると、広大な放牧場が広がっていました。私は一箇所に足をとめて、ぐるりと一回転して周囲を見渡してみました。そこには隣人たちの姿も建造物も何もなく、ただあるのは一部屋のみの古い丸太小屋と八〇平米ほどの靴箱のような家だけで、それは保留区特有の酪農家屋でした。丸太小屋を指差してハリソンが言いました。

「私の祖父はあの小屋で亡くなる日まで暮らしていたんだ。一九八〇年代に部族の皆が祖父に相互援助プログラムに加わるように勧めて、あの酪農家屋が建てられたんだけど、彼はそこに一晩泊まったら、翌日にはまた小屋に戻ってしまっていたよ。それから何年もあの家は空き家のままで、一時期だけ親戚が暮らしていたことはあったけど、しばらくしたら新しい住まいへ移って行った。長いあいだ見向きもされていない家なんだよ」

「宇宙船が墜落したのはここの敷地内だとおっしゃっていましたっけ？」

「うん。実際に私はそれを見たんだ。そして乗ってもみた。それは細長い円筒形で、長さは一八メートルほど、幅は九メートルくらいあった。歩幅で測ったのさ。船体の大部分は丘に埋まり込んでいたよ。あの水面に近いところまでね」眼下に望む谷の貯水池を指差しながら彼は言いました。

「うまくカモフラージュされてしまっているよ。いまはもう水で覆われてしまって丘の部分は見えないんだ。軍の技術者たちが貯水池を作るために、あふれるほどの水を谷に流し込んだのさ」

「どうやってあなたのおじいさんは宇宙船を見つけたんですか？」

「墜落の衝撃がとても大きくて、彼は家が倒れるんじゃないかと思ったそうだよ。丸太小屋の基礎部分のひび割れが今でもそのままになってるよ。墜落のときに出来たらしい。馬たちはすっかり怯え切ってしまって、落ち着かせるのにひと月かかったそうだけど、それ以降もときどき囲いの外へ逃げ出そうとしたそうだ。最初は地震だと祖父は思ったんだけど、あわてて表に出ると、西側の空がとてつもない量の土ぼこりで覆いつくされていたんだ。ほこりがおさまると、そこに宇宙船の姿が見えたのさ。相当な勢いで激突したようで、丘の表面には船体のごくわずかだけが見えていたそうだ。祖父はしばらく静観することにした。彼は目が良かっただけではなく、このあたりのことは自分の庭のように知り尽くしていたから、ちょっとでも変わったことが起これぱすぐに気づけたんだ。彼は長い時間その丘に座り、何かしらの生命反応があるかどうか注意を払っていた。そして寝ずの番を何日も続けたんだ。ついに一週間ほどが経ったとき、彼は思い切って間近まで行ってみることにしたのさ」

「そこで何かの存在を見たのですか？」

「そこには他の惑星から来た者たちがいた。祖父の話では、彼らは墜落死を免れて、そこから救出されるまで船内で五ヵ月あまりも生き延びていたというんだ。この地点は近隣の放牧場からは一六キロ離れていて、さらに偶然にもそこの人たちは墜落の数日前に別の州へ引っ越してしまっていたんだよ。祖父はスターピープルたちがここにいることを秘密にできて良かったと思ったそうだ」

「おじいさんはどうやって彼らに近づいたんですか？」

「彼は狩りに出かけて、食べ物を持っていったそうだけど、彼らは肉は食べないと言ったらしいよ」

「彼らはどんな人たちだったかおっしゃっていましたか?」

「彼より背の高い白人だったらしい」彼は一瞬だけ間をおいてから言葉をつづけました。

「祖父の身長は一八〇センチを超えていたから、もし彼よりずっと高かったとすれば二メートルを超えていたんだろうね。祖父によれば彼らの肌はとても白くて、ほとんど中身が透けて見えるようだったらしい。祖父がどういう意味でそう表現したのかよく分からないけど、皮膚が薄かったってことだけは確かさ」そう言いながらハリソンは、自分と私の手を順に見て言いました。

「彼らは細く長い指をしていて、それは地球人のものよりもずっと長かったらしい。髪の色は白く、太陽に照らされると、まるで後光が差したように見えて、ときどき彼らは聖書に載っている天使の肖像のように見えたと祖父は言っていたよ。でも法衣は身に着けていなかったけどね。それから目もそうだった。光の差し具合によって瞳の色彩が変わったと言っていた」

「それは興味深い特徴ですね。彼らの容貌について何か他に変わったところがあったとおっしゃっていませんでしたか?」

「彼らはみな親族どうしみたいに見えたと言っていたな。兄弟か従兄弟の関係かもしれないと祖父は思ったらしい。誰もがとても似通っていたので、なかなか見分けられなかったそうだ。年齢は分からないけれど、みんな同じくらいに見えたと言っていたよ。中には髪が長めの者たちもいて、それが唯一の目立った違いだったらしい」

「彼らはみな男性だとおじいさんは思ったようですね」

「そう考えてよかったんじゃないかなと思うよ。祖父はとくに服装に関心があってね。彼らは薄緑色のつなぎ服に身を包んでいたそうだよ。何度か彼らが歩いて川を渡っていたとき、そばに寄っていって服を見たら乾いたままだったらしい。自分もあんな服がほしいなあって祖父は言っていたよ」そう笑いながら話すハリソンはおじいさんのことを思い出していたようでした。

「スターピープルのことを話していた祖父は、自分の見たままを伝えようと最善を尽くしていたように思えるよ。もし同じことが今の時代に起きたら、その様子を眺める人たちはもっと洗練された感じの描写をするんだろうと思うけどね」

「おじいさんはとってもよく観察なさっていたように思いますよ」私の言葉にハリソンは微笑んでうなずきました。

「スターピープルは全部で一四人だったんだ。墜落の際に死んでしまった者がいたのかどうか祖父は何も知らなかったけど、私が夏にここに来たときに、宇宙船の中に入ってみたんだ。そこには一七個の座席があったよ」

「誰かが墜落のときに死んだような痕跡はありましたか？」

「いや、何も」ハリソンは首を振りました。

「彼らの訪問の目的について、おじいさんなりに感じていたことはありましたか？」

「祖父はスターピープルが石や植物を採集しているのをよく見かけたと言っていたよ。最初に彼らが祖父の姿を見たとき、目の前から消えてしまったんだ」

「消えてしまった？」

「そう。消えたんだよ。祖父はそれをどう説明していいのかまったく分からなかったけれど、自分にもそんな能力があったらいいなと思っていたよ」ハリソンは笑いながら答えました。

「彼はそれは究極の技だと思っていたんだ。自分の好きなときにパッと透明になってしまえることが。彼がそれをどんなときに利用しようとしていたのかは知る由もないけどね」

「しばらくするうちに、スターピープルたちは祖父には彼らを傷つける意図がないことを察して、彼が近づいてきても姿を消さなくなったんだ。やがて彼がはっきりと分かってきたのは、彼らは自分たちの宇宙船のことを心配していたということだった。それを発見されたくなかったんだ」

「彼らがその後どうなったかをおじいさんから聞いていますか?」

「彼らは一一月末から四月までここにいたそうだよ。祖父によれば、一九四五年の四月一七日に別の宇宙船が現れて、それ以来、彼らの姿を見ることは二度となかったらしい。彼らが救助の宇宙船を待っていたことを祖父は知っていたから、その時が来るのは予期していたんだ。彼が言うには、墜落した宇宙船は地球を探査している四機のうちの一つで、地球を周回している大型の宇宙船から降ろされたそうだよ」

「降ろされた?」

「祖父はそう理解していた。大型の宇宙船はまた戻ってきてくれるけど、しばらくは来ないんだ。だからそのときまで待っているしかないのさ。彼らは自分たちが地球人に見つかることは恐れていない。なぜなら相手から見えなくなることができるからね。でも宇宙船は同じようにはできないんだ」

「救助にやってきた宇宙船もおじいさんは見たんですか?」

「そのようだね。助けに来た宇宙船は小屋の西側に着陸したって言ってたから。それは墜落したものとまったく同じものだったそうだ。祖父は彼らが帰還の準備をするのを眺めていた。飛び立つ前に、救助されたスペースピープルたちは祖父のもとに歩み寄ってきてお辞儀をしたという。それは自分たちに示してくれた、分別ある配慮への感謝の意なのだろうと祖父は理解していたよ」

「帰っていく前に、彼らは墜落した宇宙船を何とか隠そうとしたり、あるいは壊しておこうとしたりはしなかったのですか？」

「彼らの宇宙船はただの機械ではないんだ。祖父が言うには、それは形を変えたり、また元通りに戻したりできるらしい」

「おっしゃっていることの意味が私にはよく飲み込めないのですが」

「墜落したときに宇宙船はひどく損傷してしまったけれど、自らを風景の一部に見えるようにしてしまったんだ。それをどうやってうまく説明したらいいのか私には分からないよ」彼はしばらく黙り込んで、両手で頭を抱え込んでしまいました。

「祖父が最初に宇宙船を見つけたときは、船体の底一面にへこみや擦り傷があって、穴もあいていたんだけれど、宇宙船は形を変えて大きな丸石のようになってしまったと言うんだ。いったいどういう仕組みでそうなったのかは彼には見当もつかなかったんだ」彼は再び少し間を置いてから言いました。

「祖父によると、彼らは宇宙船を隠すために、丘の地面をさらに掘り下げて、地表に露出した部分が肉眼ではほんの少ししか見えないようにしたんだ。それは風景とひとつに溶け合って見えていた。

実際に私もこの目で見たんだ。宇宙船そのものは銀色をしていたけれど、出入口となっている開口部と船底部分は丘の上にある砂漠の土のように見えていたよ」

「つまり、彼らは宇宙船の外観を変えることはできたけれど、墜落によるダメージのためにそれを操縦して動かすことはできなかったということでいいでしょうか?」

「うん。誘導システムが制御できなくなったと彼らは言ったそうだけど、祖父はまったく理解できなかったんだ。私も自信がないよ。たぶんそれは片翼の取れた飛行機とか、舵を失くした船みたいなものじゃないかな」

「宇宙船の外面を変えてしまう彼らの能力についておじいさんはどのように思っていましたか?」

「彼は宇宙船を生きた有機体だとみなしていたよ。自らを修理したり直したりできると考えていたんだ。私はどう考えていいのか分からないよ。それを理解するには当時では幼すぎたし、今では年を取り過ぎちゃったからね。私が言えるのは祖父が語ったことと自分が見たことだけさ」

「スターピープルは彼らが故郷と呼ぶ場所の名前をおじいさんに教えてくれましたか?」

「彼らはおうし座にある星団から来たと言ったそうで、自分たちの世界を〝エニャン（Enyan）〟と呼んでいるらしい。その言葉は私には〝イニャン（inyan）〟という単語を連想させるよ。偶然にもそれは私たちの言葉で石を意味するんだ」

「おうし座だと彼らが言ったのですか?」私の問いにハリソンは首を振りました。

「それがおうし座であることは私の学校の先生に聞いて分かったんだ。スターピープルは祖父に星座を示しただけだったから、その星団に名前があるかどうかを私は理科の先生に尋ねたんだ。そしていっしょに調べたんだよ」

「彼らは自分たちがここに来ている理由を何かほのめかしましたか？」

「祖父によれば、彼らは航海者であり、宇宙を旅しながら、あらゆる世界の生命を観察しているらしい。彼らは何千年も前から地球を訪れていて、データを収集して変化を記録し続けているんだ。ある日、彼らは祖父を宇宙船の中に招いて、自分たちの故郷から持ってきた画像を見せてくれたそうだけど、私が思うに彼が言わんとしていたのは一種のテレビかコンピュータの画面のことで、彼の時代にはそんなものはまだ無かったので、彼の言うところの〝画像機〟にすっかり魅了されてしまっていたんだ。彼は地球とは違った場所を映し出した光る画面のことを言っていたんだ。それはサウスダコタ州のバッドランド（渓谷状の荒地）を彼に思い起こさせたけれど、草木は生えていなかったらしい。彼らの住まいは地下にあったんだ。祖父が自分の見ている光景は天国なのかと尋ねたら、彼らは自分たちの惑星にはそういう名前の場所はないと答えたらしい。彼はその画像機に心を奪われてしまい、五、六回ほど宇宙船に戻ってきて鑑賞していたんだ。

スタープープルは地球の緑が好きだったようで、四月になると川岸に沿って咲き並ぶ赤ハナミズキの美しさに感嘆していたそうだ。彼らは水辺を好んでいた。彼らの惑星では水は地下を流れていて、地表ではまったく見られなかったかららしい。彼らのために祖父は頻繁に晶洞石（ジオード）を採集していたんだ。それらを割って現われた空洞内にきらめくクリスタルの結晶を見て、彼らは目を丸くしていたそうだよ。そして嬉しそうにそれらをコレクションに加えていたらしい。また祖父は彼らに赤ハナミズキの薬用としての効用や、小さな苗から繁殖させる方法も教えてあげたんだ」

「おじいさんは彼らの精神的な信条について何か学びましたか?」

「彼らは逆に我々の〝天国〟の概念に興味を持ったらしく、祖父は彼らに白人の聖書とインディアンのものの二つの解釈を教えたようだよ」彼はそこでいったん間をおいて、笑いながら言いました。

「彼はよく〝幸せな狩猟の大地〟（訳注　白人は入れずにインディアンのみが行けるという死後の天国）の話をしていたから、そういうことを何でも彼らに話したんだと思うよ。私が五月の終わりに祖父の放牧場に来たときには、スターピープルたちはもう行ってしまっていたんだ。その頃には丘に埋まった宇宙船の出入口は隠されてしまっていたけど、祖父は船体の後方付近にある見えないドアから船内に入る方法を教えてくれたのさ。そこはとてもうまくカモフラージュされていたから、どんなに鋭い観察眼を持つ者でも見つけられなかっただろう。私はそのドアから入り込んで内部を調べたんだ」

「そのときのことを今でも覚えていますか?」

「宇宙船は墜落現場の丘の中で非常に巧みに隠されていたから、そばを通りかかった人がいたとしても見過ごしてしまっていただろう。でも船体表面の泥をぬぐい去ったら、なめらかで光沢のない銀色の船体が現れるんだ。それは円盤みたいな丸いものではなく、細長くてスマートな形をしていて、私がコミック本で見たことがあるロケットみたいな感じだったよ。座席を数えたら一七あって、そのひとつに腰かけてみたら、体のまわりで溶けたんだよ」

「溶けた?」

「座席が私のまわりで溶けたのさ。最初は自分が捕らえられたように感じて、ぎょっとしたよ。でも逃れようとしたら、そのまま解放してくれたんだ。それから何度も座り直してみたよ。腰かけるといつも温かく抱き締めるように私を包んでくれて、立ち上がろうとするとスッと自由にしてくれるんだ。それはまるで私が立ちたいと思うのを見越して動いているかのようだったよ」

「宇宙船の内部の様子を教えてもらえますか？」

「船内はあらゆるものが同じような光沢のない灰色の金属で出来ていて、座席すらそうだったよ。でも椅子は温かくて心地よい抱擁のようだった。椅子はきっと固くて冷たいんだろうと私は思っていたんだけど、そうじゃなかったんだ。やわらかくて心を和ませてくれるような椅子だった。今でも目を閉じてそのときの感触を思い出すことができるよ」彼は記憶をたどっているかのように少し間を置いてから続けました。

「船内にあるものの表面はどれもなめらかで、壁も、椅子も、床も、ほとんど飾り気のない簡素なものだった。そしてスクリーンとボタンと〝つまみ〟があって、そのいくつかは下に文字が書かれていた。その当時はそれらが何なのか全く分からなかったけど、今はそれらは象形文字の一種だったと思うよ。でも一二歳のころはそういうものを何も知らなかったんだ」そう言って首を振ると、彼はガムの箱を取り出してひと包みを私に勧めてくれました。

「座席の後方にもうひとつの部屋か納戸のような空間があって、そこはもっと狭めのところで、大きな丸いシリンダー（気筒）を収納した巨大なガラス状の球が置かれていたけれど、それが何なのかはさっぱり分からなかったよ。それから武器があるかどうか探してみたけど、それらしきものは何も見つからなかった。また一箇所の壁の棚に並べてあった透明な容器には蜂蜜のような濃密な粘液のようなものが保管してあって、そのひとつを手に取ろうと持ち上げたときに、底が台に貼り付いていたかのような抵抗を感じたんだけど、今思えば磁力だったのかもしれないね。よく分からないけど。彼らは迎えの船が戻ってきてここから去っていくときに、必要なものはすべて持って行ったに違いないと思う。幾つかの壷だけを残して宇宙船内はもぬけの殻になっていたからね」

「それらには何が入っていたんですか?」

「その一つを家に持って帰りたかったんだけど、やめたほうがいいと祖父が言ったんだ。彼が言うにはそれらは自分たちには適さない薬である可能性があるから、宇宙船内に置いたままにしておくべきだと。私はそのひとつのフタを開けて匂いをかいでみたんだけど、その瞬間に息が止まりそうになったよ。それは堆肥の山というか、腐敗土や老廃物のような悪臭を放っていたんだ。祖父は薬に間違いないって言ったよ」

「この墜落のことをずっと長い間どうやって隠してこれたんでしょう?」

「ここは保留区なんだよ。宇宙船の全艦隊が一斉にここに着陸してきても、誰も気づきやしないさ。墜落したのがいつだったのか忘れちゃいけない。一九五〇年代と一九六〇年代始めにここに貯水池が造られているんだ。今日でさえ、わざわざ危険を冒してまでここにやってくる白人たちはほとんどいないし、インディアンたちはボートを持っていない。ここは保留区内の深奥にあるから、なかなか入ってきにくいところなのさ。二番目の理由としては、ここで暮らしていこうと思う人がほとんどいないということさ。高速道路から三〇キロ以上も離れているし、観光客を呼べる場所でもないんだ」

そう言って彼は私たちが腰を下ろしていた岩から立ち上がり、そろそろ家に戻ろうと誘う仕草をしました。

「それにね、宇宙船は石や土で巧みに隠されていたんだよ。近くまで行かなければそこにあることすら気づかないくらいさ。土砂にうまく埋もれている姿はまるで自然にできた地形みたいになっていたんだ。その後で軍部の技術者たちがやってきてダムを作って、その一帯を水で満たしてしまったから、証拠となるものは貯水池の底に沈んでしまったのさ」いったん言葉をとめてから彼は付け加えました。

「つまり、軍の人間たちが造成工事のときにそれを発見して運び去ってしまっていない限りはね」

「おじいさんは他の誰かにスターピープルの話をしましたか?」

「私以外にはいないはずだよ。誰にも口外しないように約束させられたんだ。祖父の幼いころからの男友だちには話しているかもしれないけど。祖父が言うには、自分としては宇宙船が墜落したのは自身の所有地内だと思っているから、彼らは来客だと考えていたらしいよ。軍部がやってきたときにはもうスターピープルは行ってしまっていたから、彼は墜落のことも秘密にしていたのさ」

「この貯水池の数万トンの水の下に、まだ宇宙船は隠されていると思いますか?」

「軍が貯水池を造りにやってきたときに私はここにいたんだ。祖父は彼らが自分の土地を没収しようとしていることに狼狽してしまっていて、さらには墜落現場のあるエリアが立ち入り禁止にされたので、ますます取り乱していたんだ。まもなく軍は大掛かりな造成工事が終わるまで祖父に自宅から退避しているように伝えてきて、彼は数週間のあいだ保留区の外にあるモーテルでの生活を余儀なくされたんだ。だから私もその年の夏は、祖父と一緒に街中で過ごしたんだよ。部屋は二台のダブルベッド付きで、地元のレストランでの食事が無料だったけれど、祖父の様子はまるで檻《おり》に入れられた動物みたいに見えたよ。彼はモーテルもレストランの食べ物も嫌いだった。私たちは町はずれの田舎道を何時間も散歩したりして過ごしていたよ。祖父は自分の馬や牛たちのことが気がかりで、ちゃんと水が飲めているかどうか心配だったんだ。外を歩くには暑すぎる日には、私は西部劇の小説を読んだり、祖父とチェスやポーカーをしたりしていたものさ」

「放牧場へはいつ戻ったんですか？」

「七月の終わりごろだったと思う。冬に備えて馬や牛たちを駆り集めるのに八月いっぱいまでかかったんだ。私は秋に学校に戻る前に祖父の仕事を最後まで手伝えないんじゃないかって心配だったよ」

「留守のあいだに土地の様子は変わってしまっていましたか？」

「戻ってきたときには、あたりの景色がすっかり変わっていたよ。大量の土が動かされていて、それまで野原だった場所が盛り土だらけになっていたんだ。もとの丘がどこにあったのかも全く見当がつかなくなってしまっていたよ。祖父は軍が宇宙船を発見して持っていってしまったと思っていたけど、たぶんそうだろうと私も思うよ」

「軍はどうやって誰にも気づかれずに宇宙船を持ち去ることができたのでしょうか？」

「政府はやろうと思えばほとんど何でもできたのさ。誰に知られることも疑問を持たれることもなく成し遂げてしまえただろう。貯水池の造成のためにやってきた巨大なトラックや機材を目の当たりにしてみんな度肝を抜かれていたよ。それらを見物するためだけに、ときどき道路わきで列を作って並んでいたりしてね。軍は住民に気づかれることなくどんなものでも運ぶことができたんだ。たとえ見つかってしまったとしても、それが何なのか相手には分からなかっただろう。もうひとつ忘れちゃいけないことは、インディアンたちが政府を恐れていた時代があったということさ。ウンデット・ニーの虐殺や、リトルビッグホーンの戦いのことを覚えている者たちが、当時はまだ生きていたんだ」

「おじいさんはなぜ宇宙船が運び去られたと思ったんですか？」

「彼によると、あるとき軍の技術者のひとりが彼のもとを訪ねてきて、放牧地も立ち入り禁止エリアになることを伝えた際に、祖父に何か変わったものを目撃したことがあるかと尋ねたそうなんだ。祖父は何も知らないふりをしたと言っていたけど、相手の質問の意図が分かっていたんだ。きっと彼のことだから、自分は日の出と共に起きて暗くなったら寝るのでもう話している時間はないとかって言ったんだろうね」

「あなたは最初に宇宙船の中に入って以来、何度くらいそこに戻ったのですか？」私は話題を変えて質問しました。

「残念なことに、宇宙船には一度も戻らなかったんだ。そうしたかったんだけど、祖父から『あそこは神聖な場所で、好奇心でのぞいたり何かを調べに入ったりするところではない』って諭されたんだ。当時は子供たちは年長者の言葉に素直に耳を傾けていたからね。私は二度と戻らなかったよ」

「この墜落事件について、あなた自身の最終的な結論のようなものはありますか？」

「インディアンたちはスターピープルがその昔に自分たちのもとへやって来たと信じてたんだ。ある者は彼らは自分たちの親族だと言い、またある者たちは自分たちの守護者だと言う。だから、ここに宇宙船が墜落したことも意外な出来事ではなかったのさ。私にとっては、すでに自分が知っていたことを確認できただけのことさ。スターピープルは存在したんだ」

「あなたは宇宙船の内部に入った体験を語れる数少ない生き証人の一人だろうと思います」

その私の言葉を彼は軽く受け流し、自分と似たような体験をした者たちはきっと何百人もしくは何千人もいるはずで、ただそれを表立って認めてはいないだけだと言いました。私はハリソンに彼の祖父はスターピープルのことを友人と考えていたのかと尋ねました。彼は少し間をおいてから思慮深げに言いました。

「祖父にも同じ質問をしたんだ。彼によると、スターピープルは自分たちは敵ではなく、地球の人たちにいかなる悪意も持っていないが、友だちになりたいとは思っていないと語ったというんだ。彼らはこの宇宙で見出すいかなる生き物にも干渉をしない。それが彼らのやり方なんだ。だからこそ自分たちの宇宙船を隠せるかどうかあれほど心配していたんだろう。彼らは地球に足跡を残しておきたくないのさ。少なくとも祖父はそう信じていたよ」

「ひとつ聞きたいのですが、スペースピープルはどんな言葉を話したのですか?」

「私の祖父は英語を話したけれど、我々の言葉のほうがしっくりするように感じていた」考え込むように彼は答えました。

「正直に言って、君のような疑問を持ったことがなかったよ。彼に質問しておくべきだったな」

私たちが帰途につくころには、太陽は西の空に傾きかけていて、大草原には細長い影の幕がかかっていました。

「子供のころに私はあそこをブルーベリーの丘と名づけたんだ」　北の空に細いシルエットとなって映える切り立った丘を指してハリソンは言いました。

「それはファッツ・ドミノの歌の一節から取ったんですか？」私の問いに彼は笑って答えました。

「ファッツ・ドミノよりも先だったはずだよ」そして再び笑って言いました。

「もっとも、私はあの歌が好きだったけどね。子供のころ、あの丘で野生のブルーベリーを摘みながら何時間も過ごしていたものさ。私の祖父も彼の父親もあそこに埋葬されているんだよ。昨年の夏に私は父さんもあそこに埋めてあげたんだ。私の妻のメアリーもいっしょにいるのさ。そして私がここを去るときの安息の地にもなるだろう」

夜のとばりが下り始めてきたので、私たちはその場を離れる準備を始めました。時の経過がなんと多くの変化を保留区にもたらしてきたことだろうと語り合いながら、ハリソンと私は星空に吸い寄せられるように天を見上げていました。私の目には天の川が映っていました。そこは先住民たちの多くの伝承にまつわる場所です。ハリソンは何も言わずにある星団を指差しました。それは祖先たちの故郷であるプレアデス星団でした。

「言い忘れていたよ。祖父はスターピープルはプレアデスから来たと言っていたんだ。ただ彼らは別の名称で呼んでいたらしいけどね」

ときおり夜空を見上げながら、私はハリソンのことを思います。彼のおじいさんの言っていたことは正しかったのです。スターピープルはたしかにプレアデスの人たちです。少なくともそれは私の祖母も言っていたことでした。

第3章　ときに彼らは地球の家族のもとへやってくる

一九三〇年、毛皮猟師のアーノルド・ローレント氏と息子のソーは、不思議な光と変わった形の飛行船が北の空を横切って、カナダ北部のアンジクニ湖の方へ向かっていくのを目にしました。彼らによるとその飛行船は、円筒形もしくは弾丸型をしていたといいます。それからまもなく、もうひとりの毛皮猟師ジョー・ラベル氏が雪靴を履いてアンジクニの漁村を訪れたところ、二千人のエスキモーが住むその村は不自然なまでに静まり返っていました。彼は村の住居や倉庫をくまなく見てまわりましたが、そこにあったのは黒みがかったシチュー鍋だけで、人々の姿はありませんでした。そしてどういうわけか、そこの居住区一帯には人の足跡がまったくなかったのです。

行方不明になった住民たちのことが心配になってラベル氏はその足で電報局に向かい、王立カナダ騎馬警察にこの謎めいた状況を通報しました。数時間後に現場にやってきた騎馬警官たちは村人の大規模な消失現象に戸惑いを隠せずにいました。捜索隊が行方不明の村人たちを探し回りましたが、どこにも見つけることはできませんでした。キャンプ地の周辺で四〇センチ近く積もった雪の吹きだまりの下にエスキモーのそり犬たちが埋もれているのが発見されましたが、犬たちはすでに餓死してしまっていました。また捜索隊はそれぞれの住居の中に、まったく手のつけられていない食べ物や備蓄品があるのも確認しました。そして夜になってから、騎馬警官たちは青く輝く不思議な光が地平線を照らしながら空を横切っていくさまを目の当たりにして、その場に釘付けになりました。その奇妙なきらめきは一定の間隔で明滅を繰り返していて、カナダ北部でよく見られるような極光とは異なるものでした。

二千人のエスキモーがこつ然と姿を消したこの不可思議な出来事は世界中の新聞で報道され、多くの人々はこの消失はいずれ納得のいく説明がなされるだろうと思っていましたが、アンジクニの集団消失事件は今もって未解決のままです。そしてエスキモーの村落ではこれはＵＦＯによって村人全員が誘拐されたものなのだと今日でも語り継がれています。

このカナダでの出来事はあまり例のない珍しいものでしたが、さまざまなインディアン保留区内では、ＵＦＯとの遭遇によってひとつの家族が突然に跡形もなく消えてしまった話が語られてきています。カナダでの場合と同様に、これらの出来事は奇妙な飛行物体の出現と同時進行のかたちで発生してきています。私は取材中にこの種の出来事について二度にわたって耳にしました。一四名の家族が消えてしまったある家では、食卓にはお皿に載った夕食がそのままに残っていて、寝室のテレビはつけっぱなしでやかましく音を立てていて、オーブンのスイッチも切られていませんでした。その後何年にもわたる捜索にもかかわらず、家族は誰ひとり見つかりませんでした。彼らの親族に頼めば、その一家の敷地内の地面に残っている焼け焦げたような円形の跡を見せてもらえます。それは宇宙船が着陸して、家族全員を突然に連れ去ってしまった証拠なのだと親族たちは確信しています。

この章でも似たような出来事をご紹介しましょう。しかし今回のケースでは、忘れ物を捜しにきたスターピープルだけが、一家消失から五、六年の時を経て戻ってきたというお話です。

ルーサーの体験

「君は銃が怖いかい？」私が自分の車から降りた際にルーサーが聞いてきました。彼は右手に短銃を持ち、左肩に二二口径のライフルを掛けていました。

「いいえ、怖くないですよ」私はそう言って買い物袋をつかみました。その中にはシチュー用の肉と野菜類、そしてパイプ用タバコの入ったポーチが入っていました。

「私はこれまでの人生の中で数回、銃を撃ったことがあります。私は猟師の家で育ったのです」そう私が答えると彼は微笑んで、左肩からライフルを持ち上げて原っぱに向けて引き金を引きました。するとプレーリードッグが三〇センチほど宙に舞い、出来たばかりの巣穴のそばに落ちて横たわりました。

「プレーリードッグたちは俺をこの家から追い出そうとしているんだよ」釈明するようにルーサーは言いました。

「一匹を殺すと、その埋め合わせのために次は二匹が出て来るんだよ。村の学校教師が言うには彼らは地域によっては保護指定動物になっているらしいんだ。そんなこと想像できるかい？」彼は私の返事がほしいわけではありませんでした。その代わりに彼は再び銃口を上げて発砲しました。その先に目をやる必要はありませんでした。弾丸が標的をとらえたことが分かっていたからです。

「シチュー用のお肉とお野菜を買ってきたんです。冷蔵庫に入れさせてもらってもいいかしら？」

「君は料理ができるのかい？」

「もちろん、作れますよ」

「じゃあ、作ってくれ」

私は網戸を開けて、二間だけの小さな丸太小屋の中に入りました。そしてそこにあった大きな鍋の中に牛肉をどさりと入れ、それが黄金色に色づいてくるまでジャガイモを洗い、玉ねぎ二個の皮をはぎ、六カップの水を注ぎいれ、ニンジンとジャガイモとセロリを角切りにし、塩とコショウを加えました。お湯が沸騰するまで私は台所にいました。そして火口を弱にして、流し台の上のカーテンをめくって、ルーサーの姿を探しました。彼は近場の原っぱで獲物を追いかけていましたので、私はお皿を洗うことにしました。そうしている間じゅうずっと私は、ルーサーはスターピープルの話を聞かせてくれるかしら、それとも彼はただ家政婦を求めているだけなのかしらと思い巡らせていました。それから寝室のほうへ足を運んでベッドを整えて、少し空気の流れを良くするために窓を開けました。

ルーサーは保留区内の奥地にある人里離れたところに暮らしていて、そこはノースダコタの州境から一五〇キロほどに位置していました。（前章の）ハリソンが彼に会うことを勧めてくれたのです。彼はハリソンの良き友であり、誠実な男だということでした。

「彼がもし何かを君に話したら、それは信じてもいいことなんだ。私の知るかぎり、彼が嘘をついたことは一度もないし、誰かをけなしたりしたことすら決してない。彼は二人のスターピープルといちど会ったことがあると私に語ったことがあるんだ。君のことを話したら会ってもいいと言っていたよ。彼はぶっきらぼうな印象を与えるけれど、表向きとは裏腹なところがあるんだよ。だから彼なりのスタイルで話をさせてやってほしいんだ」

そうして二〇〇七年の夏に、私はついにルーサーの家の玄関の前までたどりついたのでした。

家事を済ませてから外をぶらぶらしていると、ルーサーが狩りから戻ってきて声をかけてきました。

「君はプレーリードッグのシチューを食べたことがあるかい?」

「ペルーでプレーリードッグを食べましたけど、ローストされたものでした。シチューではなくて」

「やつらはネズミの仲間なんだぜ、わかってるかい?」

「知っていますよ。食べているときにはそれは考えないことにしているんです」そう答えながら私は彼のあとにつづいて家の中に入りました。

「俺が子供のころは、一家でプレーリードッグを食べていたんだ。ときどきそれしか食べるものがなかったりもしたんだ。プレーリードッグと、野生のカブが少しと、それから玉ねぎさ。今はやつらが俺の住む場所を荒らさないように退治してるのさ」彼は私にテーブルにつくよう手招きしました。

彼のぱさついた白銀色の髪と前かがみの足取りは、重ねた年月と長年の勤労を物語っていました。ぎこちない足取りでストーブのそばに歩み寄った彼は、立ち止まってシチューの鍋のフタを持ち上げると、満足げに微笑みました。それからコーヒーポットとカップ二個を手にしてテーブルに戻ってきました。私の向かい側に腰を下ろして微笑んだ彼の顔を見ると、その年齢にもかかわらず目がきりりとして澄んでいることに気づきました。それは射撃の名手に欠かせない財産です。

「二年前に白内障の手術をしたんだよ。そのおかげで今は二〇歳の若者みたいに銃が使えるのさ」

彼は誇らしげに言いました。

「あなたのお友だちのハリソンによれば、あなたは二〇歳くらいのときに二人のスターピープルと遭遇したそうですね。もし良かったら私にその話を聞かせていただけますか？」

「この保留区に来たとき貯水池を見たかい？」彼の問いかけに私はうなずきました。

「あそこはかつては川だったんだけど、政府が上流をせき止めて、湖沼に変えてしまったんだ。きっと彼らは白人たちが釣りを楽しんだりボートを乗り回したりする場所が欲しかったんだろう。このあたりの多くの土地が水溜りにさせられたんだ。みんなもともとはインディアンの土地だったのに、他の場所へ引っ越すように言われたのさ。貯水池にされた場所のひとつは、部族にとっての聖なる土地だった。長老たちによるとスターピープルたちはそこに部族のためのメッセージを残していたんだけれど、水で覆われてしまった途端に、もうメッセージは与えられなくなったらしい。スターピープルたちは来なくなったんだ。ときどき保留区内で姿を消してしまう者たちがいる。それはスターピープルがその者たちを彼らの星に住まわせるために連れ去っていったからだと言われているんだ。あるときは一家がまるごといなくなったこともあるよ」

「それはいつのことですか？」

「その家族が消えてしまったとき、俺はまだ若造だった。ちょうど戦争から戻ってきた直後のことだったから、たぶん一九四六年か四七年ごろだと思うよ。その家族は結局見つからなかった。親族たちがその家を訪れたときは、まるで夕食の最中に皆が席を立って出て行ったかのようだったそうだよ。食卓の上の食べ物も何もかもがそのままになっていて、ただ家族の姿だけがなかったんだ。全部で七人いたけれど、みんないなくなっていた。それから彼らの姿を再び見かけた者は保留区内にも誰もいなかったのさ。部族たちが催した儀式の中で、聖者とされる長老は、あの一家はスターピープルの世界で暮らすために連れて行かれたのだと語ったんだ」

「誰かが当局に連絡したのでしょうか?」

「何の当局だい? 当時はインディアンがまとめて死のうが消えようが白人たちにとってはどうでもいいことだったんだ。彼らの社会ではインディアンはあまり使いみちのない代物だった。今でもそうだけど、それはまた別の話だ。きっと君もあちこちを回ってみてそれに気づいているだろう」

私はうなずいてブラックコーヒーをすすりました。

「ハリソンによると、あなたは宇宙船を見たそうですね。それについて教えてもらえますか?」

「それはダムが出来てから間もないころだった。たぶんあの一家が消えてから五、六年後くらいだと思う。ある日の夕方に俺は湖のほとりまで下りていってたんだ。そのころ馬たちが水を飲みにそこへ行ってて、俺はピーナッツっていう名の自分の馬を小屋に入れるために馬具でつなごうとしていたんだ。ちょうど日が沈みかけているところだった。突然に電気ショックを受けたみたいに俺の全身の毛が逆立ったんだ。驚いて周囲を見渡したときにそれがあったのさ。どでかい物体が切り立った丘を越えて敷地の北のほうへやってきたんだ。それはゆっくりと近づいてきた。戦艦ぐらいの大きさだったな」

「戦艦と同じくらい大きかったということですか?」

「うん。戦艦のサイズは知ってたんだ。俺は戦場で実物を見たからね。その物体は底全体が明るく光っていた。音はまったくしなかった」

「それであなたはどうしたんですか？」

「湖畔に腰かけて眺めていたのさ。馬たちは逃げ去っていて、自分ひとりだけだった。その飛行物体は湖の真ん中の方まで移動していって、そこでただじっと動かずにいたんだ。空中に吊り下げられている感じだよ。ある時点で俺は立ち上がって小屋に戻り始めたんだ。そのとき連中はたぶん俺の姿が目にとまったみたいで、突然にサーチライトのようなものを発して真っ直ぐ俺に当ててきたのさ。俺はそのまま歩き続けた。ほかにどうしていいか分からなかったからね。そして家に着いて中に入ったんだ」

「そのときはひとりで住んでいたんですか？」

「ひとりだけだった。前の年に伯父さんが亡くなっていたからね。彼はこの牧場を俺に残してくれたんだ。それは俺が結婚する一年前だった。それで話のつづきだが、家に戻った俺は部屋の明かりをつけなかった。そして窓から外をのぞこうと思って寝室に向かったんだ。そこで彼らと会ったのさ。彼ら二人とね。彼らは俺の寝室にいたんだよ。その姿を見た途端、俺はその場に足が凍り付いて動けなくなった。そして彼らも俺の姿を見ておんなじくらい驚いていたよ」

「彼らはどんな感じだったか分かりますか？」

「部屋は暗かったけど外から差し込んでいた光で背丈は分かったよ。一七〇センチか少し高いくらいだった。明るい色のユニフォームに身を包んでいて、外の宇宙船の光に当たると、きらめいていたよ。俺が後ずさりをしはじめると、彼らは俺を傷つけるつもりはないと言ってきた。彼らは何かを探していたんだ。それは彼らが残していったものか、もしくは置き忘れていったものだということは分かったけど、結局見つけられなかったんだ。何を探しているか尋ねたら教えてくれたんだけど、俺にはその言葉の意味が理解できなかったんだ」

「いま思い返してみて、彼らが探していたのは何だったのか思い当たることはありますか?」

「ある物を探していると彼らは言っていたんだけど、いったい何なのか俺には見当がつかなかったよ。それを示す言葉を何度か言ってくれたけど、俺にはチンプンカンプンだったのさ。やがて彼らは俺がその探し物を持っていないことが分かって気が済んだようで、暗がりの中に消えていったよ。俺は数秒待ってから外へ出てみた。宇宙船がまた動き出していて、今度は西へ向かっていった。そしてまた空中で停止していたけど、その下はかつて行方不明になった一家が住んでいた場所だった。彼らの小屋は政府が湖を造った後で水の底に沈んでしまっていたんだ。宇宙船はその場でずっと宙に浮いたままで、俺はたぶん三〇分から四〇分くらいそれを眺めていたと思う。それは微動だにせず、少しも音を立てなかったけど、しばらくして突然に動き出して飛び去っていったんだ。それ以降は一度も見てないよ」

「彼らは何をしていたんだと思いますか?」

「それについて俺もさんざん考えてみたよ。俺が思うに、彼らはあの一家を連れて行くときにその場に忘れていったものを取り戻しに来たんだけど、ダムができた後に小屋は水に浸かってしまっていた。彼らは俺の小屋をその家族のものと勘違いして探しにやってきたに違いない。俺は今でも暑い夜にはときどき表で座りながら空を眺めているんだ。彼らが戻って来てくれたらいいなと思いながらね。彼らが何を探しているのかを教えてくれたら、たぶん手助けができると思うんだよ」彼は一瞬だけ言葉をとめると、私のほうを見てほほえんで言いました。

「これが俺の体験したことさ。本当のことだよ。君に誓うよ」

「保留区内の他の誰かが彼らを目撃していましたか?」私は尋ねてみました。

「湖畔に住んでいた混血の夫婦がいたんだ。町から来た白人の男とインディアンの女が結婚してね。たぶん君もあそこにある古い廃屋を目にしたはずさ」私はうなずきました。

「翌日に俺はその夫婦のところを訪ねたんだけど、彼らは何も見ていなかったんだ。それから何年もの間、その年老いた旦那は俺の姿を見かけるたびに、また空飛ぶ円盤を見たかいってからかい半分にいつも聞いてきたんだ。とことんしつこく言われ続けたよ。その笑い声はいまだに俺の耳にこびりついたままさ。だから俺はハリソン以外の誰にもこのことは言わなかったんだ。今でも俺は彼らが何を探していたんだろう、そしてあの一家に何が起こったんだろうって思い巡らしているんだ。きっとすべては何らかのかたちでひとつにつながっているんだと思うよ」

「その出来事に関して他に何かあなたが覚えていることはありますか?」

「ひとつあるんだ。ずっと俺の頭を悩ましているものなんだけど、彼らは棒状のものを持ってたんだ。それにはモーターみたいなものが付いていたと思う。ライトが点滅していたのを覚えてるから。これまで目にしてきた中で最も不思議な機械だよ。戦争中にいろんな装置を見てきたけど、あんなものは初めてだった。彼らはそれを手に持って部屋中に向けていたんだ。その棒は彼らに何かを語りかけるなりして伝えていたに違いないさ。なぜならそれをあらゆる方向に向けたら、もう彼らは自分たちの探し物を俺が持っていないと納得したようだったから。それからその棒をホルスターにしまって立ち去ったんだ」

「ホルスター？」

「俺はそう呼んでるのさ。ピストル用の革ケースみたいだったから。彼らは違う呼び方をしてるんだろうけど。それを彼らは脇に下げて、棒の機械を入れて携行していたんだ。その姿がホルスターを思わせたのさ」

「あなたは彼らを怖いと感じましたか？」

「いいや。怖がらないようにって言われたから、その通りにしたよ。実際のところ彼らはまるで俺がその場にいないかのように振る舞っていたんだ。要するにただ無視してたってことさ。彼らはやるべきことだけやってたんだ」

「彼らの特徴とか、何か他に気づいた点はありますか？」

「ないなあ、覚えている限りでは。彼らは人間と似た姿だったよ。手袋をはめていたのは覚えてるよ。俺は彼らが部屋にいるあいだじゅう手元の〝棒の機械〟をじっと見ていたからね。探し物が部屋にないことがなぜあれで分かったんだろうといまだに不思議に思ってるんだ」


私はルーサーとの初対面以降は二度と彼に会うことはありませんでした。その二ヵ月後にハリソンからルーサーが亡くなったことを聞かされたからです。彼は八六歳になったばかりでした。ハリソンによれば、ルーサーは正面のベランダにある彼のお気に入りの揺り椅子に座っている姿で発見されたといいます。彼は夜空を眺めながらそのまま眠りについたのでした。

第4章　異星人を撃った男

スターピープルが動物を誘拐したという報告は（体の一部が切除された動物の死骸とＵＦＯの関連を指摘した事例以外では）これまで一度も寄せられてはいませんが、この章に登場する人物はスタートラベラーが飼い犬をさらっていこうとしたと主張します。さらにその異星人男性は飼い主の自宅の周辺をたびたび訪れて、隙があればその愛犬を盗んでしまおうと虎視眈々と狙っていたというのです……。

ショーンシーの体験

「うちのおじいちゃんは異星人を撃った男として、保留区内で知られているんです」大学内の私のデスクの真向かいに座っていたスーザンは言いました。

「彼はあのポスターがお気に入りでした」そう言って彼女が指差した先にはＵＦＯの写真があり、その下に〝私は信じます〟というメッセージが添えられていました。

「それなら、おじいさまに差し上げますよ。どうぞお持ちください」そう言って私は手を伸ばして壁からポスターを取り、丸めて輪ゴムで留めてから彼女に手渡しました。スーザンは微笑んでお礼を言いました。その次の週に彼女はまた私の事務所に立ち寄って、彼女の祖父のショーンシーがポスターのことをとても喜んでいたと報告してくれました。
「彼はもしあなたが保留区のそばまで来ることがあったら、ぜひ自分のもとに寄ってほしいと言っていました。じかに会ってお礼が言いたいそうです」
「ええ、そうさせていただきます」私は答えました。

それからおよそ一ヵ月後、私はモンタナ州立大学への新入生を募るために、同州北部の保留区へ出張する機会がありました。金曜日の夕方近くに現地での仕事を終えた私は、その晩はその町で一泊して、翌日の土曜日に例の〝異星人を撃った〟という人物に会いに行くことにしました。

ショーンシーの住まいは部族の本部事務所から五〇キロほどの距離にある人里離れた土地にあり、そこはカナダとの国境線のすぐ近くでもありました。その当時の彼は八八歳で、それからおよそ二年後の九〇歳の誕生日を迎える二日前まで彼は存命でした。それまでのあいだ、私はこの近くに来るたびに、時間を見つけて未舗装の道路を五〇キロほど車を走らせて彼のもとを訪れていました。

彼はこれまでずっと二間の丸太小屋で暮らしながら、そこで一一人の子供を育て上げました。そしてその内の四人が裏庭の墓地に埋葬されていることを私は後に墓標を見て知りました。彼は生涯の大半をその土地で狩猟をしながら過ごしてきました。獲物はウサギやライチョウ、そしてときどき鹿も仕留めました。子供たちが家にいるあいだは家畜を育てていましたが、子供たちが成長して家を離れていってからは〝手間に見合うだけの価値がなくなった〟そうです。家では四羽のめんどりを飼い、食べるのに必要な卵を確保し、一匹の猫を飼って、ねずみを撃退させ、一匹の犬を飼って、侵入者を知らせる役をさせていました。ショーンシーの好みのものを孫娘から聞いていた私は、彼の小屋に向かう途中で店に寄って、飴玉、一カートンのマールボロのタバコ、マックスウェルのコーヒー、スポンジケーキ一箱、そしてコンビーフとウインナーソーセージの缶詰を数個買って、買い物袋に詰め込みました。彼の小屋の所在地を店主に確認した後、私は後に自身の生涯において最も忘れがたい存在のひとりになる人物のもとへと向かいました。

自宅前の庭に車を停めると、一匹の黒い大型犬が私を出迎えてくれました。彼の名はブルーサン（ブルーの息子）であると後で聞きました。私が慎重に入口の扉を開けると、室内の物陰からショーンシーが散弾銃を持って出てきました。そして私の姿を確認してから犬にお座りを命じました。

「あんたがわしにポスターを届けた大学の女性じゃな？」彼が声をかけてきました。

「身に覚えがございます」私はそう答えて彼に歩み寄り、握手の手を差し伸べました。そして買い物袋を差し出すと、彼は中身をのぞき込んで言いました。

「コーラは持ってきたかい？」私が自分のスバルの中に置いてあるクーラーボックスにコーラとサンドウィッチが入っていることを告げると、彼は午後の日差しの下にそれらを置いておかないほうがいいだろうと言いつつも、庭先でコカコーラでも飲みながら話そうと提案してきました。それから二人でハムとチーズのサンドウィッチとオレオのクッキーとコーラ二本を楽しみながらおしゃべりをしている内に、ショーンシーはすっかり上機嫌になっていました。彼は過去のどこかで私の親族の何名かに会っていただけでなく、私自身とも何らかのつながりがある可能性もあることが分かったからです。それは私が彼にとって心おきなく話ができる相手であることを意味していました。

その後で彼は、家の敷地内をいろいろと案内してくれました。家の裏手には家族のための私設の墓地がありました。そして囲いで仕切られた小さな野菜畑の横を通り過ぎるとき、彼はその角を指し示して「あそこで彼を撃ったんじゃ」と言いました。それは異星人のことかと私が尋ねると、彼はうなずきました。そしてまたぐるりと回って正面のポーチに戻ってきて、二人でそこのテーブルに着きました。それから彼がまたコーラの缶のふたを開けたとき、私の目は彼の腕にあるガラガラヘビの刺青に釘付けになりました。そして彼が缶を口に近づけようと腕を上げたとき、蛇の尾がくねくねと動くように見えました。私の凝視に気づいた彼は、この蛇は第二次大戦中にホノルルに一時滞在した際のドンチャン騒ぎのパーティの顚末であると説明しました。

「わしの昔の相棒のブルーの名前も右腕に入れてあるんじゃよ」そう言って彼は少し体をよじらせて、もう片方の腕を私に見せました。そこには、くねくねした線で描かれたブルーの文字があり、そのまわりがハートマークで囲んでありました。

「こいつはブルーサンのじいさんの、そのまたじいさんの名前なんじゃ」そう言って彼は足元にいた犬をポンとたたいて言葉をかけました。

「もしあの異星人にまんまとやられていたら、おまえさんは今ごろここことは違うどこかへ行っちまってたんだよな？　おい」犬はグルグルと喉を鳴らして、主人の足の上に顔を乗せました。

「あなたがその異星人を撃つことになった具体的ないきさつをおうかがいしたいものですね」

「あんたがずっと録音テープを回しとるようじゃから、本当のことを話したほうがよさそうじゃな」ほほえみを浮かべながら彼は話し始めました。

「わしは異星人を撃っちゃあいないんじゃよ。孫たちが話を勝手に作ってしまっておってな。わしは決して撃っちゃあいないのさ。そいつは一種の身内の冗談ってやつでな。わしはただあいつを威嚇しただけなんじゃ。それだけの話さ」そう言って草原のむこうを見やっていた彼の唇には、ほのかな笑みが浮かんでいました。

「やつの姿を初めて見たのは、家の裏手じゃった」

「家の裏手に異星人が立っていたということですか？」私は彼が宇宙からの訪問者と遭遇した際の詳細を記録するために確認しました。

「ああ、宇宙人さ。もう外は暗くなっていたが、あの晩は満月が出ておってな。ブルーサンがクンクン鳴く声が聞こえてきたもんで、わしはベッドから起きて、戸を開けて、庭のほうへ出てみたのさ。するとブルーサンが暗闇に向かって飛び掛かるように吠えていたんじゃ」足元の犬をこづきながら彼はそう言いました。ブルーサンは目を見開いて目玉をグルリと上に向けて年長の主人の顔を見て、自分がもう会話の対象になっていないことに気づくと、また顔をもとの位置に戻してふたたび昼寝を始めました。

「ちょうど建物の角を曲がってきたときに宇宙人の姿が目に入って、そのときにやつを初めて見たんじゃ。やつはブルーサンの上で前かがみになっておった。そのときわしはとっさにもうブルーサンは死んじまってると思ってな。それでやつを撃った、というか、やつをめがけて撃ったんじゃ」

「彼に向かって撃ったあとにどうなったんですか?」

「やつは上体を起こしてわしのほうをまっすぐに見たんじゃ。そして暗闇の中から満月の月明かりの下に出てきた。そのいでたちを見てわしはビックリしたよ。ちっちゃい子供が着るパジャマみたいな、つなぎ服に身を包んでいたんじゃ。生地は暗い色だったが、動くときに妙にテカテカと光ってな。ちょうど月明かりに照らされた雪がきらめくような感じじゃった。やつとわしはただその場に突っ立って、ちょっとのあいだお互いを見合ったままだった。それから近づいてきたやつの格好を見たとき、右肩にあて布みたいなものがあって、腹の真ん中には幅の広いベルトをしておったよ。ふつうのベルトじゃなかったがね。バックルの代わりに奇妙な機械みたいなものが付いておったんじゃ」彼はそこでいったん言葉をとめて、信じられないといった素振りで首を振りました。

「真夜中にここであんな身なりをした者に出くわすなんて思ってもみなかったわい」

「彼の様子をもう少し教えていただけますか?」

「生まれてこのかた、あんなに細身の男は見たことがなかったよ。まるで幽霊みたいな感じじゃったけど、自分が他の星からやってきたってことを、なんかしらの方法でわしに伝えてきたんじゃ。やつは何も敵意はもっておらず、ただブルーサンに興味があっただけで、でも決して傷つけたりはしないってことがわしには分かったんじゃ。やつはこれまで犬というものを見たことがなかったらしい」

その異星人はどうやって裏庭のほうまでやってきたのかと私がショーンシーに尋ねたところ、その男性は彼の家から五〇メートルほど先にある切り立った丘の向こうに宇宙船を着陸させてやってきたとのことでした。

「そこにあんたを連れて行ってやってもいいが、何もありゃしないよ。宇宙人が帰るとき、ブルーサンとわしはやつと一緒に宇宙船のところまで歩いていったんじゃ。それは小さなもんじゃった。とても星から星への旅ができるような大きさじゃなかったんじゃ。それをやつに言ったところ、あれは探検用の小型船なんだそうで、でかいものが別なところにあるということじゃった。そこを基地にしとるんじゃ」そう言って彼が指し示した空のほうを私は見上げました。

「つまり、上空に母船があると彼は言ったんですね？」

「そういう呼び方をしてもいいんじゃろうが、わしはそんな言葉は使ったことがないんでの。やつは基地って言ったんじゃ。基地用の船ってことじゃ」

「彼はブルーリンを盗もうとしたと言ったそうですが、実際に彼がはっきりそう言ったんですか？」

「そうだとも。さっき言ったように、ブルーとわしはやつと一緒に宇宙船のところまで歩いていったんじゃ。その道すがら、わしがブルーサンに『ついて来い！』って命令して従わせるのを見て、あの宇宙人は関心を持っての。もういちどやってみせてくれってせがむんじゃ。それでやってみせてやったら、じつに興味深そうに見ておったよ。さらにブルーがお座りをしたり、わしが投げた枝をくわえて戻ってきたり、地面で体を回転させたりするのも見せてやったんじゃ。ひとつの芸を見せるごとに宇宙人はますます好奇心が高まっとるようじゃった。そして小型船のところについたら、やつがブルーサンと自分の宇宙船を交互に指差したんじゃ。そのときわしは相手がブルーサンを欲しがっておることに気づいたんじゃ。わしは首を振って、散弾銃を縦に構えて見せたら、やつはわしの言わんとすることをのみこんだんじゃ」

私がショーンシーにそれ以降もまた別の宇宙船を目撃したり、または同じ相手が戻ってきたりしたことがあるかどうか尋ねたところ、彼は散弾銃の銃口を小屋の出入口のほうに傾けながら笑って答えました。

「やつらはもうこの辺をうろつくべきじゃないって分かっておると思うよ。やつらの姿はいっぱい見てるよ。頭上を飛んでいくんじゃ。ときどき近くの空に浮かんだまま停まっておることもあるが、降りてきたことは一度もないよ。ブルーサンはやつらの姿を見ると家の戸口の前に座って、わしが戸を開けて中に入れてやるまでクンクン鳴きつづけるんじゃ。そして家の中に入るやいなやベッドの下にもぐりこんで、やつらが行ってしまうまでそこに隠れてじっとしとるんじゃよ」

彼らは友好的な存在であると思うかどうか彼に尋ねたところ、彼はしばらく間をおいてから答えました。

「友好的だとはわしには言えんな。他人の息子を連れ去ろうとするようなやつは、人間じゃろうと何じゃろうとあんまり友好的じゃないからな。ブルーサンはこの家におるたったひとりの息子なんじゃ。この家にわしと一緒に残ったのはこいつだけなんじゃよ。ほかの子供たちはみんなここから巣立っていって、それぞれの居場所を持っておるからの」その言葉に私は思わず頬がゆるみました。私の帰りを自宅で待っている小さな愛犬のことを思い出したからです。彼女も私にとって子供のような存在でした。

「宇宙人についてほかに覚えていることはありますか?」

彼はしばらく考えてから、真面目な表情で私を見ながら答えました。

「わしが思うに、やつは月面に行ったわしらの宇宙飛行士たちと何も変わらんのじゃないかのう。これまでのあいだ、わしはやつが見せた振る舞いについてよくよく考えてみる時間があったんじゃ。もしわしらの星の宇宙飛行士が別の惑星に降り立って、そこでブルーサンみたいな人なつっこい生き物に出会ったら、なんとか地球に連れて帰ろうとはせんじゃろうか？」私は彼の言うとおりだと思いました。クリストファー・コロンブスは先住民たちをスペインに連れていって、女王の前で彼らを練り歩かせました。ですから、別の探検家たちがその代わりに犬を選ぶことも考えられないことではないのです。

「ブルーが知性的で命令に従うことにスターマンが気づいてから、やつは興味津々になったんじゃ。たぶんやつらの惑星には犬というものがおらんのじゃろう。もしおったとしても、どの動物にも地球の犬のように単純な命令に従うように教え込むことはできんのじゃろう。それともそんなことをやろうとすらしてないのかもしれん。そして人間が動物を人間と同じように愛している惑星があることを知って、やつは魅了されてしまったのかもしれん。やつはもしかしたら外宇宙から来た〝人類学者〟かもしれんのう」自分でこう言ったあと、ショーンシーは大きな声で笑いました。私は彼が人類学者たちを引き合いに出した意味が分かっていました。彼らの非常に多くが先住民族のことを理解していないがために、その文化や人々について調査した末に、推測にもとづいた誤った解釈を述べた本を出版していたからです。

ショーンシーは子供のころから空飛ぶ円盤を何度も目撃していたといいます。

「そういうのはここでは普通のことなんじゃよ。ときにはまるで訓練でもしとるかのように編隊を組んで飛行することもあるんじゃ。またあるときは、何かを調べとるか観察しとるかのように地表の上で滞空しておったりもする。誰でも空を見上げていれば見られる光景じゃよ。やつらは別の世界に住んでいて、わしらのところへやってきとるんじゃ。何をしに来とるのかはわしには分からん。たぶん政府の連中はそれを知っていて、発表するのを恐れておるんじゃろう。たぶん宇宙人たちは人間を野蛮人だと思っとるじゃろう。それは白人たちのインディアンに対する見方と極めてよう似とる。連中がアメリカと名づけたこの地に最初にやってきたときのな」

私がショーンシーと会ってからきっかり二年と二ヵ月後に彼はこの世を去っていきました。冷たい一一月の午後の空のもと、私は彼の葬儀に参列しました。彼は自身の二間の丸太小屋の裏庭にある小さな墓地に埋葬されました。ブルーサンは裏庭の新しいお墓の上で寝そべっていました。私は裏に回っていって彼をやさしくなでてあげました。そして彼の顔を自分の顔に近づけて、その表情に浮かんだ悲しみを感じ取っていました。葬儀のあと、私はそこに長く居残って、彼の孫娘のスーザンと話しこんでいました。私は自分がどれだけ彼女の祖父を愛していたかを伝え、彼らの拡大家族のひとりに加えてもらえたことに感謝の言葉を述べました。それから彼の一番若い孫が新婚の奥さんと共にショーンシーの丸太小屋に移り住む予定であることを聞かされました。

「ブルーサンはどうなってしまうのかしら？　私は彼をこのままで放っておきたくないわ」車に戻る途中で私は不安を口にしました。

「彼のことは大丈夫よ」スーザンがそう言いました。

「明日の朝に迎えにくるつもりよ。私の子供たちは彼のことが大好きだから、自宅に連れて帰ろうと思うの。ただ今しばらくは、彼にもここで悲しむ時間が必要なのよ」

自宅に戻る車の中でも、私はお墓でしょんぼりとしていたブルーサンの姿が脳裏から離れませんでした。彼が夜中におびえてしまうのではないかと心配だったのです。そのときもう彼を家の中に入れてくれる人は誰もいないのです。そして私は自分の小さな飼い犬のことをふと思い、彼女もおそらくドアの前に寝そべりながら私が車をガレージに停める音に耳をそばだてているであろうことに気づきました。

その二週間後、たまたまスーザンの勤める学校の近くに戻ってきた私は彼女のもとを訪ね、挨拶を交わしたあと、もうじきやってくるホリデーシーズンのことを軽く話してから、ブルーサンの近況を尋ねてみました。すると彼女は、祖父の葬儀の翌日の朝に彼の丸太小屋に行ってみたところ、ブルーサンはいなくなってしまっていたと言うのです。そして周辺を何時間も探し回ったにもかかわらず、彼の姿はどこにも見当たらなかったといいます。彼女はブルーサンはおそらくさまよい歩いているあいだにどこかに迷い込んでしまい、傷心を抱えたまま亡くなってしまったのではないかと心苦しそうに話しました。そして動物にはときどきそのようなことがあると聞いたとも言いました。

「ブルーサンはもうじき十歳になる老犬だから、たぶんショーンシーおじいさんのいない世界で生きていくことは望んでいなかったのよ」

私はその後もずっと、ブルーサンのことが心にひっかかっていました。そしてあのスターマンが彼を連れ去りに戻ってきたにちがいないと確信していました。ショーンシーが去った途端にブルーサンが消えてしまったのですから。もはや彼を守る人は誰もいなくなっていたのです。このことがあって以来、私は自宅に犬を残して旅行に出ている間はつねに気もそぞろになっていました。そして車で地元を離れる際は必ず彼女を連れていくようになりました。それができないときは留守番をしてくれる人を雇って一緒に家にいてもらっていました。私が留守中に愛犬を置き去りにできないでいることに対して、ある人たちはとても素敵なことだと言い、別の人たちは過保護な愛犬家もしくは単なるおばかさんだと言いました。そんなとき私はいつも思ってしまうのです——もしショーンシーが空の上から見ていたら、きっと私のしていることに賛成してくれているだろうと。

第5章　吹雪の夜に取り残された異星人

世界的に有名な科学者であるステファン・ホーキング博士は、地球外生命体の存在を信じていると述べ、人類は彼らとの接触には慎重であるべきだと警告しました。そして地球人が自分たちのことを鑑みさえすれば、地球外生命体がこちらにあまり良い意図は持っていないだろうと分かるはずだといいます。彼は異星人たちは自らの母星の資源を使い果たしてしまい、新たな別世界を征服して植民するためにやってくるかもしれないと唱えています。そしてその結果として、クリストファー・コロンブスがアメリカに上陸したときと同じ結果となる可能性があると指摘しています。それは先住民たちにとっては歓迎すべきではない出来事でした。

この章では、あるアラスカ原住民が猛吹雪の最中にひとりの異星人と出くわします。彼はアラスカ民族の名誉の規範に忠実に従って、氷点下二〇度の夜間の屋外で凍死してしまう恐れのある相手を自分の車の中に招き入れました。

ロスの体験

「教育長からここに来ればあなたに会えると聞きましてね」迷彩色の厚手の上着を着込んでオレンジのニット帽をかぶった男性が私のいたテーブルにやってきました。

「ここに掛けてもよろしいですか?」

「どうぞ」私はテーブルの向かい側の椅子を指し示して言いました。「ご一緒しましょう」

「私の名前はロスといいます」彼は厚手の手袋をとった右手をテーブル越しに私に差し出しました。

「はじめまして、ロスさん。何か私でお役に立てることがありますか?」

「お話したいことがあるんです。数ヶ月前に私が出くわしたある出来事、遭遇体験についてです。人に話すのは、はばかられることなのですが、あなたのことを聞いたとき、いちどお訪ねしようと決心したんです。私はこのことを他の誰にも話してはいません」彼は周囲を気にするように見渡しました。お昼どきの混雑は三〇分ほど前に解消し、店内には他にひとりの旅行者の姿があるだけでした。そこはアラスカで最高のハンバーガーを提供すると宣伝しているレストランの本店でした。

「ごゆっくりでいいですよ」私はメニューに目を通しながら言いました。

「教育長によると、あなたはインディアンの人たちから異星人やUFOの話を聞いて回っているそうですが、そういうことでよろしいですか?」テーブルに近づいてくるウエートレスを目にした彼は、居心地が悪そうに椅子の上でもぞもぞしていました。彼が話した人物は私がそのとき訪問していた学校区の教育長であることは明白でした。

「私はこちらで一番人気のハンバーガーとダイエットコークをお願いします」そう注文する私に彼がつづきました。

「同じそのハンバーガーを二つと、フライドポテトと、サラダでドレッシングはブルーチーズ、それからコーヒーと、アップルパイと、バニラアイスをお願いします」ウエートレスがその場を離れてからロスは私のほうに向き直って照れ笑いを浮かべて釈明しました。

「私は除雪車を走らせてるんです。高速道路を八〇キロも移動してきたので、お腹ペコペコなんです」

「私は学校区で働いています。モーテルに戻るところだったのですが、高校の先生のひとりがこの店を教えてくれたので、ハンバーガーをひとつだけもらおうと思って寄ってみたんです」

「ええ、この店はすごく有名ですからね。さっきのウエートレスがオーナーで、バーテンダーや料理人も兼ねてるんです。閉店前の掃除すら自分でやってるくらいで、ひとりで切り盛りしてるんです。夜になるとここは野蛮な客が増えて騒々しくなるんですけど、彼女はどんな荒くれ者でもうまく扱ってるんですよ」

「あなたは何かお話しになりたいことがあるんですよね。教育長がおっしゃっていたことはその通りです。私はＵＦＯやスターピープルに遭遇したインディアンの人たちの取材をして回っています。いつかは本にまとめようと思っています。そこで私からお尋ねしますが、あなたもそのような体験をなさったのですか？」ロスはコートを脱いで横の椅子の背もたれに丁寧に掛けました。彼は大柄な男性で、背丈は一九〇センチを超え、フットボール選手のような広い肩幅をしていました。肩までかかる黒髪は中央で分けられて、両耳の後ろに掛けられていました。左耳には銀の矢じりのスタッドピアスをしていました。赤と黒の格子柄のウールシャツの襟元は開いていて、下に少なくとも三枚は着こんでいるようでした。それはアラスカの地で屋外作業をする人の典型的な装いでした。世界のどの文化圏の基準で見ても、彼はハンサムと言われる部類に入っていたでしょう。

「私はアラスカで生まれたんです。ここから北へ少し行ったところにある二間の丸太小屋です。私にはアタバスカ族とアレウト族の血が半分ずつ入っています。母がアタバスカ族だったんです。夏には川で漁のキャンプを張ります。テント暮らしをしながら、魚を獲って干物にするんです。野生のインディアンの暮らしでしたよ」ニッコリ笑いながら彼は言いました。

「父親はアレウト族で、私が子供のころは家にいたりいなかったりでしたので、私は母方の伯父たちや祖父から伝統的なしきたり、つまりアタバスカ族の生き方を教わったんです。それは極寒の中で生き延びる方法、狩猟に適した場所の見つけ方、そして自分自身の管理のしかたなどです。とりわけ大切なものとして教え込まれたのは、どのような状況に直面しても冷静さを保って理性的に判断を下すことです。それが生き残っていく道なのです。気が動転してうろたえてしまう人が危機的状況を切り抜けられることは滅多にありません」

「あなたはしっかりとした人間に育てられたようですね」

「私は六年前に大学を出ました。教員になってバスケットボールのコーチも務める計画を立てていましたが、状況が変わってしまったんです。卒業してからずっと除雪車の運転業務に就いています。その仕事をしていた祖父が他界してしまい、私が後を継いだのです。教師とコーチの仕事よりも給料が良いんです。これは祖父の上司のおかげだと私は思っています。彼は祖父が病を患っているあいだ、私たち家族に本当に心を砕いてくれました」

「運転手だったおじいさんを持つあなたにとっては、きっと天性を生かせる仕事なのでしょうね」

「職場の上司からも同じことを言われました。私がまだ幼かったころ、祖父は家からこっそり私を外に連れ出して、夜間の除雪作業に付き合わせたのです。私は彼が居眠りをしないように見張る役でしたが、たいていは私が寝入ってしまいました。祖父の鼻歌が子守唄のように聞こえていたんです」

彼はそう言って笑いました。

「彼は通り沿いのマクドナルドが見えてくる頃にはいつも私を起こしてくれて、そこでけっこうな値段のマックマフィンとミルク一杯を私にご馳走してくれて、そのあと学校まで除雪車で送ってくれていたんです。七歳にして私は学校でもっともうらやましがられる子供になりました」彼は祖父との特別な時間を思い起こして微笑んでいました。

「私は一年のうち八ヶ月間、道路の上で働いています。九月に始まって、通常は六月に終わります。残りの期間はここから北上したところにある六万坪の土地で過ごしています。そこは除雪車の運転を始めた最初の年に購入したんです。今そこに丸太小屋を立てているところです。私の母の住居用です。母にとっては初めての持ち家になります」

「その場所であなたは遭遇体験をしたのですか？」

「いいえ、それは猛吹雪の吹き荒れた二月のことでした。私は自分の担当となっていた高速道路にいました」

「それは二ヶ月前の今年の二月のことですか？」

「ええ、二ヶ月前のことです」

「そのときは私もここにいたんです。あの猛吹雪の中で足止めを食らってしまって、この通りのモーテルに泊まっていたんです。あの雪嵐はすさまじかったですね。たしか過去の記録をすべて塗り替えたみたいで」

「私は午前一時に呼び出されたんです。予期せずに発生した嵐だったので、誰もが不意をつかれたかたちになりました。最高風速は時速八〇キロに達して、気温はマイナス二〇度まで下がりました。長さ八〇キロメートルの範囲の高速道路の除雪を私ともう一人の二台体制で受け持つことになり、私は北側から、相棒は南側から作業を開始し、二人でその範囲内を往復しながら除雪作業を続けていました。私たちはときには一八時間をシフト制で働き、それ以上になることもあります。相棒と落ち合うのはたいていルーシー・ギルズです」彼の言った場所を私は知っていました。そこは居酒屋とレストランと土産店を備えたホテルでした。

「相方のドライバーのビルがあと一時間ほどで私と交替をすることになっていたとき、彼から無線で連絡が入り、ルーシー・ギルズの手前に奇妙な光が輝いていると伝えてきました。それを見にくるかという彼の問いに反応する前に、目の前の高速道路の真ん中にある円盤状の物体が視界の中に飛び込んできました。その物体は二車線をすっぽり覆う大きさでした。船体は丸みを帯びていて、底面には明るいオレンジ色のライトが一面に配置されていました。私はその手前六メートルのところで除雪車をとめて、懐中電灯を上下に振って照らしてみました。ビルに連絡しようとしましたが、無線機が反応しなくなっていました。そのとき突然に目もくらむような白い光がさしてきたかと思うと、宇宙船が上昇を始めて、そのまま飛び去っていきました。私はそれが視界から消えるまでじっと見ていましたが、その晩は吹雪によって視界がほぼゼロの状態でしたので、わずかの間だけでした。円盤が行ってしまった後、あたり一面は暗闇に包まれました」彼はそこで話をとめて、近づいてくるウエートレスのほうに目を向けました。彼女は私たちの前に食べ物を置き、ほかに何か欲しいものはあるかと尋ね、ロスはコーヒーのおかわりを頼みました。私がハンバーガーを半分に切っているあいだ、ロスはサンドウィッチのひとつにかぶりつきました。ウエートレスが戻ってきて彼のカップにコーヒーを注ぎ、彼の携帯マグカップにもコーヒーをいれるためにそれを持ってカウンターの背後に消えていきました。

「私はしばらくポカンとして座っていました」ロスが話のつづきを始めました。

「自分がたったいま目にしたものが信じられなかったんです。そのときふと私は車のエンジンが止まってしまっていることに気づきました。私は気温の低下の激しいときは、エンジンが動かなくなることを恐れて、決して切ったりはしないのですが、そのときは切れていたのです。私は固唾《かたず》をのんでエンジンキーを回しました。さいわいにも最初の一回でエンジンは息を吹き返しました。私はギアを入れ、除雪車は前進し始めました。そして少しスピードを上げたときのこと、ドスンという振動を足元に感じ、それは右のタイヤで何かを轢いてしまったかのような衝撃でした。その瞬間、背筋が凍りました。宇宙船から出てきた何かを轢いてしまったと思ったのです。私は除雪車を停止させ、表に出る用意をしだしました。そしてパーカーの紐をあごの下で結んでいたとき、横窓の下から手が伸びてくるのが目に入り、それは窓ガラスをドンドンと叩き始めました。そしてもう一本の手も現れました」

彼はそこで少し間をおいて、ハンバーガーをひとつ平らげました。

「それはこれまで目にしたものの中でも群を抜いて恐ろしいものでした。誓って言いますけど、その手には指が四本しかなかったんです」

「それであなたはどうしたんですか?」

「私は運転手台の照明をつけました。そしたら今度は顔が現れて私のほうをじっと見たんです。その顔にはある種の顔面防護マスクのようなものが付いていましたが、目は見えたんです。大きな黒い瞳が私を見つめていました。するとそれは突然きびすを返して道路を横切って、木立の方へ走り去って姿を消したのです」

「どこに行ったのですか?」

「いま私が言ったとおり、駆け足で道路を渡って森の中に消えていったんです。私はその後を追いかける気はまったくありませんでした。猛吹雪の中で車を離れたら致命的な結果になりかねませんでしたから。私はそれで終わったと思っていました。しかしそうではなかったのです。突然その生き物は私の前方の道の真ん中に再び現れたのです。どういうわけか私には彼が凍えていて、避難する場所を求めているのが分かりました。そこで私の除雪車の中に入るように招きましたが、彼はそうすることは全く望んでいませんでした」

「あなたはどうやってその存在とコミュニケーションをとっていたのですか? そしてなぜその生き物を男性として語っているのですか?」

「自分でも分からないのですが、その生き物は女性というよりも男性のように思えたんです。それはともかく、彼は道の真ん中に立って、自分は寒くて困っていて、それは私のせいだと言うんです」

「あなたのせい?」

「彼が言うには、自分たちの乗り物は彼をここに残したまま飛び立っていったんだと。私が宇宙船のそばに行ったときに彼は外にいたそうです。そして他の乗員たちは大急ぎでその場から退避しようとして、彼を置き去りにして行ってしまったというのです」

「それであなたはどうしたのですか?」

「彼にもういちど除雪車の中に入るように誘いました。私は彼に自分は道路から雪を取り除く作業をしなければならず、この寒い屋外に彼を残しておくわけにはいかないのだと説明しました。彼はしぶしぶ車内に入ってきましたが、それは私たちが車に乗り込むような動作ではなく、ただ車の中に現れたんです。いま道路の真ん中に立っていた彼が、次の瞬間には運転手台の私の隣にいたのです」

「そのときはどう感じていましたか?」

「怖くなかったと言えば嘘になるでしょう。私は怯えてビクビクしていました。ただ私は祖父からの教えを胸に抱いて冷静さを保つようにしていました。生き残るために心のギアを入れていたんでしょうね」そのとき、お膳を下げに来たウエートレスのためにロスはプレートを移動させました。再び戻ってきた彼女は彼のコップにコーヒーを注ぎ足して、パイとアイスクリームを置きました。

「あの晩は自分の人生で最も長い夜となりました。最後は平穏無事に目的地まで着くことができました。ずっとスペーストラベラーの用心棒を助手席に座らせていたおかげでね」彼は少し口を休めて笑みを浮かべて付け加えました。「とっても風変わりなコンビだったと思いますよ」

「新しい乗客と一緒に移動中の出来事で何か覚えていることはありますか?」

「折り返しの八〇キロ地点までたどり着いてから除雪車をUターンさせて再び同じ道を戻ろうとし

たとき、激しく降っていた雪のせいで、行く手の道には新たに一二〇センチの雪が積もっていました。その中を進んでいく途中で、再び宇宙船が姿を見せたのです。それは最初に出くわした場所とぴったり同じ地点でした。そのとき隣のスターマンが一瞬のうちに姿を消したのです。その数秒後、宇宙船の正面にいる彼の姿が目に留まりました。明滅するライトが彼のシルエットを浮かび上がらせていたのです。その薄明かりの中で私は彼がわずかなジェスチャーで軽く挨拶をしたか、あるいは手を振ったのが見て取れました。正確な動作は分かりませんが、私に向けられたものでした。そして彼は去っていきました。宇宙船とともにただ宵闇の中に消えていったのです」

「そもそも彼らがなぜ高速道路にいたのかについて、何か聞いていますか？」

「宇宙船が誤作動を起こしてしまったのだと彼は言っていました。それを修理するためにほんのわずかの間だけ、道路の真ん中に着陸させていたらしいんです。彼は雪に興味をそそられて、船外に出て少し調べていたそうです。雪嵐のせいで彼らはそこが高速道路だったとは気がつかなかったんです。そして近づいてくる私に気づいてびっくりしてしまい、彼を外に残したまま大慌てで逃げ去っていったんです。猛吹雪の中で誰かに出会うとは彼らも予期していなかったんです。彼らは地球人と接触することを許されていなかったため、その場に取り残された彼はさらなる窮地に陥ってしまい、私に見つかってしまうことを心配していました。他の仲間たちが彼を置き去りにして即座に飛び去ってしまったのにはそういう事情があったんです。今回の旅の行程の中で彼らはいくつかの規則違反を犯してしまっていました。彼によれば彼らはみな若い乗員たちで、もし今回のミスが上役の知るところとなれば、探検隊員としての資格を失ってしまうだろうとのことでした」

「信じられないような体験をなさったんですね」

「本当に起こったことなんです。でもほかの誰かが私にこのことを話したとしたら、それを自分が信じられるかどうかは自信がありません。作り話のように聞こえますが、そうではないんです。神に誓って言います。これは真実なのです」

「私はこれまでいくつもの驚くべき体験を耳にしてきました。正直に言ってあなたのような体験はひとつもありませんでしたが、私はあなたを信じます。あなたの体験は、ほかとは違うものではありますが、これまで私が聞いてきた数多くの遭遇体験談の中に新たに加えられるものとなるでしょう」

「それからもうひとつ、彼は除雪車とその機能が珍しくて仕方がない様子でした。やや原始的な機械のように思いつつも興味津々といった感じだったんです。彼は私に『地球人は石油燃料をベースにした機械に頼り過ぎています。あなた方は磁気的な推進力の応用を研究することに精力を注ぐべきです』と言いました。地球の科学者たちがなぜこの分野に目を向けてこなかったのか彼は理解に苦しんでいるようでした」

「ほかに何か覚えていることはありますか？」

「彼は今まで一度も雪を経験したことはなく、極寒の気候も初めてだったそうです。彼の惑星では季節の移り変わりは全く見られないらしく、これまでの生涯を通してこんなにひどい寒さを味わったことはなかったそうで、もう二度と同じ思いをしないで済むように願っていると言っていました」

そのとき店の扉が出し抜けに開いて、厚手のジャケットを着た男性二人が入ってきました。

「やあ、ロス」その一人が声を掛けてきました。ロスはその方向を振り向いて手を振りました。

「今晩の試合を見に行く予定かい?」男性がロスに聞いてきました。

「今夜は待機してなきゃいけないんだ。予報によると雪になるそうだから」

二人は隅に置いてあるビリヤード台のところへ歩いていってボールでラックを組んでいました。こちらのほうに注意を戻したロスに私はまた尋ねました。

「あなたが彼と過ごしているときのことで、他に何か覚えていることはありますか?」

「あまりないんです。ほとんどの時間、相手は静かにしていましたから、私は言葉に窮してしまいました。他の星から来た人に何を聞いたらいいのか分からなかったので、黙ったままでいたんです。彼が行ってしまった後、数え切れないほどの質問が頭に浮かんできました。でも実際にその場にいて相手を目の前にしていると、違った感じになるものです」

「彼はどんな外見をしていたか教えていただけますか?」

「体は小さかったです。人間のかたちをしていましたが、人間ではありませんでした。おそらく離れたところから見れば十歳くらいに見えることでしょう。自在に現れたり消えたりする彼の能力に私は魅了されてしまって、それについて彼に聞いてみましたが、彼の世界の人たちは誰でもそうやって行き来できると言っていました。私ですら可能なんだそうです。ただきちんとしたやり方で脳を使えばいいだけのことだそうですが、私には彼の言ったことの意味が理解できませんでした」

ウエートレスが勘定書をテーブルに置きにくると、ロスが私の分に手を伸ばして内容を見ました。私が自分にも見せてほしいと言うと彼はそれを自分の体に寄せて、「私のおごりです」と言ってポケットから札入れを取り出しました。

「ありがとうございます。そのつもりはなかったんですけど」

「分かってます。でも私は自分と食事をする女性に本人の分を払わせるつもりでいたことは一度もないんです」にっこりしてそう言うと、彼はテーブルを片付けているウエートレスに二ドル二〇セントを手渡しました。

「もしあなたが他に何か思い出したことがあったら、私はモーテルにもう二日間滞在するつもりです」

私の言葉に彼は微笑んでうなずきました。

「あともうひとつありました。重要なことかどうかは分かりませんが」彼は立ち上がって私のコートを取ってくれながら言いました。

「あの出来事が起きた翌日に、二人組の陸軍将校が私の仕事場に現れて、嵐の夜に奇妙な光か未確認飛行物体を目撃した者は誰かいるかと尋ねてきたんです。当然ながら私の上司はそういう報告は受けていないと答えていました。私は何も報告していなかったんです。もう一人の運転手もです。私は黙っているのが一番良いと思っていましたので、スターピープルについて何も話していませんでした。だから軍の人間が来たときも知らないふりをしました。政府の調査のせいで職を失いたくなかったんです。それにだいたいこの州では軍部が支配力を持ち過ぎていますからね」

「それで思い出しました。もうひとりの運転手についてお聞きしたかったんです。彼があなたにルーシー・ギルズのあたりの光について知らせてきたんですよね。あなたは彼にスターピープルのことを話したことがありますか？」

「私たちはそれについては何も話していません。あなたに言われるまでは考えてもみませんでしたが、彼のほうからもあの光については何も聞かれませんでした」

ウエートレスからおつりをもらってチップを置いた後、ロスは私をレンタカーの前まで見送ってくれて、私が乗り込むまでドアを開けていてくれました。

「またいつかどこかでお会いできることを願っています。あなたにお会いできて楽しかったです」

彼はそう言ってくれました。

「私もあなたにお会いできて良かったです、ロス。もしまたＵＦＯを目撃することがあったら、いつでも連絡してください」

「あなたに真っ先に知らせます」彼は微笑んで言いました。

私がロスに再び会うことはありませんでした。アラスカ州での私の調査は二〇〇七年の春をもって終了し、今日現在まで私はまだそこを再訪してはいません。ロスと私の共通の友人女性が、彼はもう除雪車を運転していないと教えてくれました。彼女が聞いた話では、ロスは母親と一緒に新居の丸太小屋に引っ越して、近くの村の学校で教師とコーチの仕事に就いているとのことでした。そして彼はいま二軒目の小屋を建てているところで、そこに婚約者の女性と二人で住む予定でいるそうです。彼がアラスカのどこに住んでいようと、きっと漆黒の冬の夜空を見上げながら、輝くオレンジのライトを見逃さないように目を光らせていることでしょう。ちょうど私がここモンタナでそうしているように。

第6章　彼らは我々の中にいる

これまでさまざまな情報筋が、人間のような姿をした異星人たちが地球を訪れていて、人間社会に紛れ込んで現在も大都市圏で暮らしていると伝えてきています。そして軍部や政府当局は異星人たちの存在については百も承知であるというのです。地球の人々の中で生活している地球外生命体についての本を世界で最初に書いたジョージ・アダムスキー氏は、彼の著書『宇宙船の中へ』において自身のコンタクト体験を記しています。世間一般からはペテン師として相手にされてはいないものの、アダムスキー氏によれば、スターピープルは地球人にそっくりなので、それと気づかれることなく私たちの身近で暮らしていて、彼らは仕事を持ち、車を運転するなどして、人間の社会にたやすく溶け込んでいるといいます。より最近では、一九六三年から一九六七年の間、ＮＡＴＯの最高指令部の運用指令センターに勤め、最高機密の情報に触れる立場にあったロバート・ディーン上級曹長が、タイプの異なった四種類の地球外生命体のグループが地球を訪れているというＮＡＳＡの極秘調査の文書を目にしたと主張しています。二〇〇九年一一月二三日には、ブルガリア科学アカデミーの宇宙開発部の副代表を務めるルチェザー・フィリポフ氏が記者会見を開き、今現在、異星人たちが地球で暮らしていると記者団に語り、彼らは地球の監視と調査をしていると主張しました。フィリポフ氏によれば、異星人たちは敵対的ではないが、あまり進化と発達を遂げていない種族であるため、地球人と理性的なコミュニケーションをはかることができないのだといいます。異星人による誘拐、つまりアブダクション現象について三〇年以上にわたって研究を続けているテンプル大学の史学教授デビッド・ジェイコブ氏は、誘拐の目的は異星人と人間のハイブリッド（交配種）を誕生させることにあり、現在ハイブリッドたちは人間社会に潜入し始めているとの見解を示しています。

この章では、自分の所有する放牧場は異星人たちが人間社会に潜入していくための〝降車場所〟となっていると考えているある年長者のお話をご紹介しましょう。

リーランドの体験

私がリーランドに会ったのは二〇〇〇年の夏のことでした。彼は太鼓職人としてインディアンの世界では名の知れた人でした。私は大学の同僚のために注文していた手作りの太鼓を取りにいくために、ネブラスカ州の州境近くの未舗装のでこぼこ道沿いにある彼の小さな小屋を訪れたのです。ですから私はスターピープルとの遭遇体験を取材するためにそこへ行ったわけではないのですが、ときに人生の旅路というものは予期せぬ方向へと導かれてしまうもので、それがその後の生き方を完全に変えてしまうことすらあるのです。リーランドとの出会いは私にとってそのような出来事となりました。

「冬の景色を八二回眺めてきたよ」私の前に置かれたひび割れたマグカップに注意深くブラックコーヒーを注ぎ入れながらリーランドは言いました。私の視線は彼の手に注がれていました。茶色い斑点の目立つ節くれだった指は、越えて来た歳月と平坦でなかった道のりを物語っていました。北の平原のインディアンの男性の特徴として、彼も背の高い人でした。小ぎれいに刈られた粗い塩コショウ模様の髪が褐色の肌を引き立たせていました。彼は慎重な足取りでゆっくりと室内を歩いていました。話を聞くと、ネブラスカ州の牧場で馬の調教をしていた際にアクシデントが起きて膝をやられてしまったといいます。部屋の角のほうをこっそり見ると、壁に手彫り模様のステッキが立てかけてあり、それは屋外での彼の歩行を補助するものに違いありませんでした。

「これまでいろんな人生を歩んできたよ」彼が口を開きました。

「牛の世話役、ゴミの回収業、溝掘り人夫、野生馬の調教師、蹄鉄職人、料理人、牧場労働者、そして戦士さ」

「すごい人生ですね」私は思わず言いました。

「私の祖父はカスター（スー族との戦いに敗れた米国将軍）と戦ったんだ。父は第一次世界大戦で戦った。私は第二次大戦中にフランスにいたんだ。私の戦士生活はとても長いものだった。一八歳になったとき、新兵募集官が保留区にやってきて、日本がわが国に攻撃を仕掛けてきたと告げたんだ。私と友人たちは直ちに入隊したよ。日本がどこにあるのかも知らなかったけど、どこにでも同じように戦いに行かなきゃいけなかった。六人の友人と一緒にね。でも生還できたのは私ひとりだけだった。再び保留区に戻ってきたのは派兵から四年後のことだった」

「ここでずっと暮らしてきたんですか？」

「この小屋で私は生まれたのさ。ここは父さんの土地だったんだ。私は学校へは一度も通わなかった。白人たちがインディアンの子供を寄宿学校に入れるために一軒一軒まわりながら駆り集めにきたときに、父さんは私と弟を家の中に隠したのさ。『学校になんて行く必要はない。母なる地球が我々の学び舎だ』って言ってね」

「弟さんは今どこにいるんですか？」

「彼は一二歳のときに肺炎で亡くなったんだ。あのときは厳しい冬だった」

「あなたは英語をどうやって身につけたんですか？」

「だいたいは軍隊で学んだよ。ラジオを聴いて新しい単語や表現を覚えたりしてね。いまではほとんど英語で話してるよ。もうインディアンの言葉を話す人間があまりいなくなったからね。これまで多くのものを見てきたよ……おおかたの人たちが想像もできないようなものをね」

「それはどういう意味ですか？」

「その前に君にひとつ尋ねたいんだが――地球以外のいろんな惑星で暮らしている者たちがいて、彼らはここを訪れているって君は思ってるかい？」

「それはＵＦＯやスターピープルのことを言っているのですか？」あえて単刀直入に私は尋ねました。

「それだけじゃない。昔の人たちが語り聞かせてくれていたスターピープル以外にもいるんだ。地球は侵略されてきているんだ。私は自分の放牧場が降車場所になっていると思ってるんだ」

「降車場所というのはどういう意味ですか？」私は彼に説明をうながしました。すると彼は戸口に歩み寄って、私にも来るように手招きしました。戸口の前で私と並んで、彼は家のそばの原っぱを指差しました。

「あそこに彼らは降ろしていくんだよ。連中は夜中にやってきて、野原の上で宇宙船を滞空させるんだ。するとそこから車が出てきて、地面に向けて降ろされていくんだ。車内には多くの者が詰め込まれていて、そのまま宇宙船は去っていき、翌日の夜に車が戻ってくるんだが、そこには運転手だけが乗っているんだ。そして宇宙船が車ごと引っ張り挙げて格納すると、また飛び去っていくのさ」

「車に乗っていた者たちはどうなるのだと思いますか？」

「私が思うに、彼らはバスターミナルとか、空港とか、都市部とかに連れられていくんだろう。誰にも見られずに生きていける場所ならどこにでも」

「彼らの姿は目立ってしまうのではないかしら？」

「このあたりでは目立ってしまうだろう。誰もが顔見知りだから、よそ者はかなりの注目を集めてしまうからね。だから連中はよそ者が簡単に溶け込んでいける場所に連れて行くのさ。都市部なら誰も新参者に気づかないはずさ」

「彼らが地球人ではないってどうして分かったのですか？」

「彼らは人間に似ているけれど、人間ではないんだ」

「それはどういう意味ですか？」

「数年前に……正確に言えば六年前だが、宇宙船がやってきて原っぱの上空で浮かんで静止したままで、一台の車を地表に下ろしたんだ」そう言って彼は自分の小屋のほぼ正面の方向にある空き地を指しました。

「車は高速道路の方へ向かっていったんだが、そこに入る前にパンクしてしまったんだ。その様子を私は窓からずっと見ていたのさ」彼は台所の窓を指差しながら言いました。

「家の中の照明は落とされていて、その日は雲ひとつない満月の夜だったから、昼間と同じくらいに外の様子がよく見えたのさ。運転手が降りてきて、車の周りを歩き回っていた。そして彼は小屋のほうに顔を向けて、ゆっくりとこっちに近づいてきたんだ。そして戸口の前まで来ると、閉まったドアの前に立ったままでノックもせずにいるんだ。その様子はあたかも、どうしたらいいのか分からずにいるのか、あるいはどうしようかと考えているかのようだったよ。そしてついに私から戸を開けたんだ。彼は奇妙な格好をしたやつだったよ。つばの広い帽子をかぶっていたけど、インディアンがかぶるようなカウボーイハットや野球帽ではなかった。彼は白いワイシャツの上に黒いスーツを着ていて、ネクタイを締めていたんだが、まるでそれに慣れていないかのように絶えず上に引っ張っていたよ。そして私と目を合わせないようにうつむいていたから、しっかり彼の顔を見る機会がなかったんだ。でも太く短い首をしていて、ほとんど首がないみたいだったよ。頭部がそのまま両肩の上に乗ってるみたいな感じさ。たぶんそのせいでネクタイに悪戦苦闘してたんだろうね。彼はその場に立ちつくしたままだった。そして私は彼が自分に付いてきてもらいたがっているような気がしたんだ」

「彼はなにかしゃべったのですか?」

「ひと言も発しなかったよ。彼は向きを変えて車のほうへ戻っていったので、私はその後に付いていったんだ。車の中には三人の男性と二人の女性がいたけど、誰一人として口を開かなかった。車のそばまで来ると彼はパンクしたタイヤを指差した。私は車のエンジンキーを抜いて、トランクを開けてみた。そこにはタイヤ着脱用の〝てこ〟とスペアのタイヤがあったので、それを前輪のところまで持っていって、彼にタイヤの交換の必要があることを説明したんだ」

「彼はあなたの言うことを理解できたのですか?」

「理解できたよ。でもジャッキで車体を持ち上げるために車内の乗客に降りてもらう必要があると彼に告げたときには戸惑っているようだった。私は反対側にまわってドアを開けて中の者たちに下車をうながした。すると全員が外に出て、車の後方で身を寄せ合いながら立っていたよ。彼らは一度も私のそばには近寄らなかった」

「そしてあなたはタイヤを直したんですね」

「直したよ。それが済んでから、乗客たちに手招きをして車に戻るように伝えたんだ。そして私がその場を去ろうとしたとき、彼が一ドル銀貨十枚を手渡してくれたんだ。本物の銀貨さ」

「今でもそれをお持ちですか?」

「そのうちの九枚は質屋に百ドルで売ってしまったよ。また銀貨を手に入れることがあったら何枚でも買い取るって言われたけど、もう二度とその機会は訪れなかったのさ」

「まだ一枚は残っているんですか?」そう尋ねると、彼はポケットをまさぐりながら、一枚の銀貨を取り出しました。私の見た限りではそれは正真正銘の銀貨でした。私はそれを自分の手の平にとりながら、きっとかつてスターピープルの男性もこうやって手にとっていたんだろうなあと感慨にふけっていました。

「これは私にとって幸運の銀貨なんだよ」私から銀貨を返された彼は言いました。

「これは私が異星人に触れて、その出来事を伝えるために生きてきたことを思い出させてくれるのさ」彼の笑顔には誇らしげな気持ちが見て取れました。私には彼の言わんとしていることが分かりました。彼は戦士だったのです。彼は異星人たちを相手に名誉ある勝利を収めたのでした。〝名誉ある勝利〟とは北アメリカの平原に生きる多くのインディアンたちにとって究極の勇敢さの証なのです。それは戦士が敵の体に触れながらも、相手を殺すことなく逃がしてやることを意味しています。

「車に乗っていた人たちの特徴について何か話してもらえますか？　あなたはなぜ彼らが人間ではないと思ったのですか？」

「そうだね、ひとつには彼らが宇宙船でやってきたことだね。それからフレンドリーではなかったし、誰も話しかけてこなかったからさ。ふるまいが変だったんだよ。まるで何かを恐れているか、この世界の者ではないかのようにね。女性たちはハイヒールの靴を履いていたんだけど、まるでそれをこれまで一度も履いたことがなかったかのように、とっても歩きにくそうにしていたんだ」

「彼らの乗った車が宇宙船から降ろされてきたことは確かですか？」

「それは確かなことさ。連中はそれを私の前でこれまで何度もやってきたんだ。そして私の敷地内で車を走らせたのさ。その跡が残っている場所をこれから見せてあげるよ」

「あなたが最後に彼らを見たのはいつのことですか？」彼に導かれて原っぱに向かいながら私は尋ねました。

「今から四ヶ月ほど前だよ。それまでずっと数日おきに夜間にやってきていたんだけど、そのころを境にピタリと来なくなったんだ」

「どんな種類の車を使っていたんですか？」

「つねに黒い車体だった。大型車さ。シボレとかビュイックとか、そんな感じのやつさ。私は車のブランドにあまり注意を払ったことがなかったけど、アメリカ製だったことは確かだよ」

「これまでその出来事を部族警察に通報したことがありますか？」

「彼らはどういう対応をすると思う？　おそらく社会福祉局に連絡して私を療養所に入れてしまうだろう。あるいは牢屋に入れられてしまうかもしれない。私はこれまでずっと自由でいたんだ。私は自分の見たものが何であって、何が起こっていたのかが分かっているのさ」そう言って彼は原っぱに残った車のわだちを指差しました。

「この上空で宇宙船は吊り下げられたように宙に浮いていて、そこから一台の車がまるで見えないエレベータに乗っているみたいにして降りてきたんだ。そしてこの小道を移動して大通りの高速道路に向かったのさ」彼の指先の示すほうに目を落とすと、草むらの中にくっきりとした二列のタイヤの跡が残っていました。

「この跡に沿っていっしょに歩いてほしいんだ」そう言ってたどたどしく進む彼の体を隣で支えながら私は原っぱの中央に案内されました。

「あれを見てごらん」彼がステッキで指し示す先には、完全に丸い形を描いた不毛のサークルがありました。

「あそこには何も生えてこないんだ。あの真上に宇宙船は滞空していたのさ。彼らは草木をみんな死滅させてしまったんだ」

私は午後の日差しの下でその場に立ち止まり、目の前のサークルと背後のタイヤの痕跡に交互に目をやって、この年配男性の話を懐疑論者はどう解釈するかしらと思い巡らしていました。

「さあ、君はどう思う?」私の物思いの中に彼が割り込んで尋ねてきました。

「この世界で何かが進行しているんですね……ええ、私はあなたの話を信じます」


小屋に戻る途中で、私はリーランドに彼らが地球を訪れている理由についてどう思うか聞いてみました。彼は首を振って空を見上げて言いました。

「きっとわれわれの母なる地球のほうが彼らの星よりも良いところなんだろう。彼らはここの人たちの暮らしぶりを知るために来てるのかもしれないね。あるいは、彼らは現代におけるクリストファー・コロンブスで、われわれインディアンから白人が奪ったものを自分たちが奪い取るチャンスをねらっているだけかもしれないよ」そう言って彼は再び笑いました。私は彼が本当にそう思っているのか、それともその場の空気を和ませようとして言ったことなのか、判断がつきませんでした。

それからまた一緒に数杯のコーヒーを飲んで、ココナッツをまぶしたチョコレート菓子を楽しんだ後、私は来訪の目的であったリーランドの素敵な手作りの太鼓を受け取ってその代金を払いました。帰りがけに彼は私を見送るために、一緒に車のところまで歩いてきました。

「覚えておいてほしいんだ、アーディ。インディアンはスターピープルのことを知っている。彼らは長いあいだ私たちの中に紛れて暮らしている。けれども今回の者たちは違っているんだ。彼らは私たちの祖先ではない。彼らは別の理由でここを訪れているんだ」

「忘れないでおきます」

「またこっちのほうに戻ってくることがあったら、私のところに立ち寄っておくれ。いつでも温かいブラックコーヒーでおもてなしするよ」

「ええ、約束します」

それから二年のあいだ私は機会あるごとにリーランドと楽しいひと時を過ごしました。彼の周囲では何ごとも起こらずに数カ月が過ぎることもありましたが、彼の語る遭遇体験の内容は終始一貫していてブレることはありませんでした。彼の亡くなる二ヶ月前、私は彼のもとに立ち寄りました。そのころは彼の友人のウォルターが泊まりこみで来ていました。夕食を作ろうと思って袋に野菜を詰め込んで持参してきた私がそう申し出たとき、リーランドが話を始めました。

「彼らが戻ってきたんだ。二週間前のことだ。ウォルターも見たんだよ」

「今晩もやってくると思いますか？」

「わからない。彼らの行動は予測がつかないからね。予定を立てて動いてはいないんだ。良かったらここで夜まで過ごして待ってみるといいよ」

私たち三人はフライドポテトとステーキと卵を食べて、最後にリーランドの好物のココナッツをまぶしたチョコレート菓子と濃いブラックコーヒーで締めくくりました。そのあいだ私は他の二人が異星人の来訪目的や今後の動向についてあれこれと意見を交わすのに耳を傾けていました。出来事を細部にわたって検証してきたウォルターは、リーランドの唱える侵略説はその通りだろうと同意しながらも、別の角度からの新たな解釈を試みていました。彼はリーランドが出会ったのは異星人たちの侵略に協力をしている地球人だろうと感じていたのです。

私はリーランドのところに深夜までいましたが、何も起こらなかったのでもう帰ることにしました。宿を取っていたモーテルまで九〇キロの道のりでしたし、明朝は午前八時から学校運営者との会合が控えていたからです。リーランドが私を車まで送ってくれました。

「もし私に二度と会うことがなかったら、ただずっと夜空を眺めていてごらん。そのうちに星々の中で私が散歩を始めるから。そのときには、ここで起きていることを思い出してほしい。そして機会があれば、それを世の中に伝えてほしいんだ」


私はその晩その町を離れていきながら、もうリーランドに会うことは二度とないように感じていました。そして三週間後、調査旅行から自宅に戻ってくると、留守番電話にメッセージが残されていて、リーランドが旅立っていったことを告げていました。その月の終わりに彼の保留区に足を運んだ私をウォルターがモーテルで出迎えてくれました。

「葬儀にこれなくて残念だったね」彼が言いました。

「私はちょうど旅行中だったんです。だから葬儀の一週間後に初めて伝言を聞いたんです」

「君はこの二年のあいだ、リーランドにとってとても大切な存在になっていた。彼は君のことを自分が一度も持つことがなかった子供のように思っていたよ。亡くなる一ヶ月ほど前に彼は、もし自分が娘を持てるとしたら、君のような子を望むことだろうって言っていたんだ。彼から君に渡してほしいと頼まれて預かっているものがあるんだよ。私はそれをずっと持ち歩いていたんだ」

そう言ってポケットから出された彼の手には一ドル銀貨がありました。私はそれを手にとって胸に近づけて言いました。

「リーランドは異星人からこの銀貨を獲得したんです。彼は名誉ある勝利を手にしたんです」

「一度ならずね」ウォルターが言葉を添えました。私は彼の意味することが分かりました。リーランドは戦士でした。今現在でもリーランドは私の心の中にいます。私はバス停や駅で、そして空港ですら欠かさず見知らぬ人たちをチェックするようにしています。リーランドのもとを訪れた人たちを探しているのです。もしリーランドが空の上から私を見下ろしていたら、私が彼との約束を守ろうとしていることにきっと気づいてくれるでしょう。私は彼の話を人々に伝えようと努めています。それはこの世界には私たち以外の者も実在することを人々に気づかせるきっかけともなることでしょう。

第7章　スタートラベラー

スタービープルとのコンタクト体験を持ったという人の中には、地球上で接触したり、宇宙船内に連れ去られたりしたのではなく、相手からの誘いに喜んで応じて一緒に宇宙を巡る旅をしたという人たちもいます。そのような人たちの話では大抵の場合、地球外生命体からある種のメッセージや警告を与えられたり、あるいは深遠な叡智を少しばかり授かったりしてきています。彼らのコンタクトはしばしば継続的なものとなっていますが、中にはわずか一度だけの遭遇であったという人もいます。そして彼らの体験は概して心地良く有益なものとして語られ、相手は人間のような姿をした異星人であり、慈愛に満ちた高度な文明を持つ彼らからのメッセージを地球の人々に広める使命を遂行するために自らが〝選ばれた〟と主張するケースがしばしば見受けられます。

この章でご紹介するのは、スタービープルから接触を受けて宇宙船に乗せてもらい、地球の未来に関する警告を受け取ったと語っているある人物の物語です。

ビリーの体験

ビリーは私の幼馴染でした。私が大学を卒業する頃まで知っていた彼は、カントリー音楽の歌手として成功することを夢見て下積み生活を続けていましたが、才能のあるソングライターでした。ただその当時から彼にとってはアルコールの問題が大きな障害になっていることを、周りの誰もが感じていました。しかしお酒に溺れていたにもかかわらず、ときおり彼は地元のバーなどでインディアンの顧客を相手に歌と演奏を披露していました。しだいに彼の人気が高まっていったあるとき、インディアン問題にとりわけ関心を寄せていたある有名女性アーチストがビリーの評判を聞きつけて声を掛けてきて、彼女が一年をかけてアメリカ大陸とオーストラリアとヨーロッパ諸国をまわる世界ツアーの前座として彼を起用したのです。それからというもの、依然として深酒を続けてはいても、アーチストとしての彼の地位は瞬く間に急上昇し、数年のうちに人気のスタジオミュージシャンとなり、ハリウッド映画の端役として何本かの作品に出演するまでになりました。前回ビリーに私が会ったのは、ニューメキシコ州のアルバカーキで開かれた北米インディアンの芸術祭で彼が出演者として舞台に立っていたときでした。三日間の開催期間を通して、彼は一時間の昼前公演と一時間の昼公演をこなしていました。私は最初のステージを終えた彼のもとを訪れました。彼とは数年ぶりの再会でしたが二人の絆は強く結ばれたままで、懐かしい旧友たちのことや過去の出来事を振り返りながら楽しいおしゃべりの午後をともに過ごしました。

「君からの忠告をもっと何年も前に受け入れておくべきだったよ」間に合わせの屋外テーブルに二人で着いたときにビリーが言いました。そこはアーチストとファンのために会場所有者が空きスペースに急ごしらえで用意してくれたところでした。

「もし僕が聞く耳を持っていたら、自分の人生でもっと多くのことを成し遂げてこられたと思うよ」

「あなたがもうお酒をやめたって聞いてとっても良かったと思ってるの、ビリー。大切なのはこれからよ。何事も遅すぎるってことは決してないわ」

「八年前に、コロラド生まれのある女性と出会ったんだ。彼女に説得されて治療を受けることにしたんだよ。それから二人でアルバカーキに引っ越して、彼女は僕が禁酒を続けるのを支えてくれたんだ。それからもう七年になるよ」ほほえみを浮かべながら彼はそう言いました。

「でも長年の深酒のツケがまわってきてね。僕はまだそんな歳ではないけど、ときどき何だか自分がもう年寄りになってしまったように感じるときがあるんだ」

「良いことだけに意識を向けるようにすることが大切よ、ビリー。あなたがもう飲んでいないって知って私は本当に嬉しく思ってるんだから」私は少し間をおいてからビリーの顔を見て言いました。

「公演旅行中はどうやってお酒の誘惑を断ってるの？」

「もうツアーには出てないんだ。ときどきインディアンの行事で演奏したりはするけど、大半はこアルバカーキと、コロラドとモンタナとサウスダコタとノースダコタのカジノの舞台に立っているだけなんだ。僕は芸術祭で公演するのが好きなんだ。そこはアルコール禁止だからね。昔からの友人たちともよく会うようになったよ。アルバムの売り上げもずっと好調で、いま新作に取り掛かっている最中なんだ。ずっと応援してくれてるファンもいてね。僕のアルバムを買うように他の人たちに勧めてくれてるんだ。おかげで生きていけるだけの収入はあるのさ」

「私もそんなファンのひとりよ。あなたのアルバムを持ってるの。実際のところ、ニューアルバムが出るのを心待ちにしていたのよ」それを聞いてビリーが嬉しそうな笑顔を見せました。私は彼がこれまでいろいろと大変だったことを感じ取っていました。彼のトレードマークだったお下げ髪はボリュームが減って、束ねた髪は白髪交じりになっていました。お腹もかなり張り出してきていて、それを隠すためにシングルのジャケットを着ているにもかかわらず、無意識にポロシャツの裾を引っ張っていました。

「あなたはこれまで自分の音楽をアルコールや薬物の危険性を伝えるために利用しようと思ったことはある？」私はそう尋ねてみました。

「僕の音楽にはもっと重要な目的があるんだ。そのことについて今晩、君に話すよ。今夜八時ごろから自宅でみんなと気楽なパーティをする予定なんだ。住所はここに書いてあるよ」

そう言って手渡してくれた名刺には彼の住所と電話番号が記されていました。

「君にもぜひ来てほしいんだ。できれば早めにね。僕の今後の音楽の方向性について君と話したいんだ。君がどう思うかを聞かせてほしいんだよ。僕の父さんはいつも君のことを偉大な知識と英知を備えた女性だって言ってたしね。しかもまだ君がちっちゃかったころから」そう言うと彼は椅子から立ち上がりました。その目線の先には午後の公演のために戻ってきた彼のバンドのメンバーたちの姿がありました。

「じゃあ今夜お邪魔するわ」私はそう答えました。

五時間後、私はビリーの私設車道に車を停めていました。私が自宅の建物内に入ったとき、彼は居間の中を落ち着きのない様子で行ったり来たりしていました。彼の妻は来客のために食べ物を買いに出ていました。彼は不安げな様子で言いました。

「僕の家は酒類禁止エリアだって言ったから、みんな寄り付きたがらないんじゃないかなって心配なんだ」

「そんなことはありえないわ。みんなあなたがお酒を控えていることに敬意を払っているのよ。あなたがこれまでたどってきた長い苦悩の道のりを知っているから。みんな来てくれるわよ。あなたは私たちインディアンの習性を知っているでしょう？――私たちはいつも遅れちゃうの。それがあなたもみんなも知っている〝インディアンのペース〟ってものよ」私が冗談交じりにそう言うと、ビリーも笑いました。

「それにね、まだ約束の時間まで四五分もあるじゃない？　あなたは私に早めに来てくれって言ったでしょう？　忘れちゃったの？」

「もちろん、早めにおいでって頼んでいたさ。ちょっとこっちへ来てくれるかい？　僕のスタジオを見せたいんだ。そして君に話したいことがあるんだ」そう言って彼は私を階段下の地下室へ案内しました。

「ここが僕の仕事場なんだ」私は地下室の大部分を占拠しているスタジオスペースを見渡しました。部屋の中央にはかなりの数のギターが立てかけてあり、壁には有名歌手や映画スターのサイン入りの写真が一面に飾ってありました。そこにはジョン・デンバー、ヴァル・キルマー、ウィリー・ネルソン、ロバート・レッドフォード、ジョニー・キャッシュ、クリス・クリストファーソン、ボニー・ライト、キャロル・キング、その他大勢の姿が見受けられました。

彼はギターを手に取って腰を下ろし、私をそばに招きました。

「ここに座ってくれないかな。僕のとなりに」私は革のソファに彼と並んで座り、彼の指先が慎重にギターをつまびきながらメロディーを奏でるのを見ていました。それはインディアンの少女に叶わぬ恋をしているインディアンの少年についての歌で、彼のファーストアルバムに収録されていたものでした。

「ブラック・エルクはＵＦＯに遭遇したときに手にした小石を生涯手放さずに持ち歩いていたって君は知ってたかい？」その彼の質問は予期せぬもので、私はいささか驚いてしまいました。私はウォレス・ブラック・エルクについての本を以前に読んでいたことを覚えていました。ラコタ族の長老であり、オグララ・スー族の精神的指導者であった彼は、ジョン・Ｇ・ナイハルト氏によって著された『ブラック・エルクは語る』という本で有名になった人でした。本ではインディアンの呪術医の歴史とともに、彼自身による地球内部や他の世界への旅行についても書かれてあります。さらに自らが授かったヴィジョン（幻視）について語った言葉も紹介されていて、そこで彼は地球とそこに住む人類の精神的な代表者である〝六番目の父祖〟としての自身の姿も見ています。

「ブラック・エルクは一三歳のときに実際にリトルビッグホーンの戦いの現場に身を置いていて、一八九〇年のウンデット・ニーの戦いも自らの目で見てきたんだ」ビリーは言いました。

「自らの部族のこれほどまでの変遷を目の当たりにして生きてきた彼の生涯がどんなものだったのか想像できるかい？」彼は信じられないといった素振りで首を振りました。

「かつて僕はカジノのショーでの演奏を依頼されてパインリッジに行ったことがあるんだけど、そこの人たちは今でもブラック・エルクが従兄弟のベンジャミンの家を訪れた時の出来事を物語っているんだ。ベンジャミンの家族によれば、ブラック・エルクが儀式のための小屋の中にいたとき、円形の飛行物体が空から現れて、小屋の上空で浮いたまま停まっていたんだ。そのとき突然にひとつの石ころが小屋の閉じた扉をそのまま突き抜けて、ブラック・エルクの両足の間に落ちたんだ。彼は石を拾い上げたものの、小屋での儀式を成し終えてから外に出てきたんだ」

「本によると、彼の従兄弟の家族が家の入り口前でその出来事の一部始終を見ていたそうね」

「そのとおり。彼が小屋から出られたときには、宇宙船はもう去ってしまっていたらしい。そしてブラック・エルクはその小石を肌身離さず持ちながら余生を過したのさ。そして同時に彼は四方に存在するあらゆる種族 —— 赤色、白色、黒色そして黄色人種をひとつにまとめるヴィジョンを抱き続けていたんだ」

「そのくだりを私も『ブラック・エルクは語る』で読んだことがあるわ」

「パインリッジにいたとき、ブラック・エルクのことを覚えている保留区の聖者に会ったことがあるんだ。ブラック・エルクがカトリックに改宗したときは、しばらくは彼に失望していたらしいけど、改宗したにもかかわらず、ブラック・エルクは小石を手放すことはなく、聖なるパイプも使い続けていたそうだよ。その聖者によれば、ブラック・エルクは聖なるパイプに火をつけたときは、笑いながら自分のパイプのタンパーをスターピープルとコンタクトするためのアンテナと呼んでいたらしい」

「それはおもしろい発想ね」

「ブラック・エルクはスターピープルは何十万年も前にシリウスとプレアデスから地球にやってきたと信じていて、彼らのことを人類の祖先と呼んでいたんだ」

「私の祖母も同じことを言っていたわ。彼女は私たちの先祖は他の星々からやってきたと信じていたの」

ビリーはしばらくのあいだ沈黙を続けてから口を開きました。

「ブラック・エルクとパインリッジの呪術医が僕の新しいアルバムのインスピレーションの源だったんだ。取りかかり始めてからおよそ一年になるよ。もう大半の歌は仕上げているから、あとはただレコーディングをするだけなんだよ。今回のアルバムは長編物語風の詩のようなものになるんだ。それぞれの歌が次につづく展開の布石となっていて、他の惑星から来た僕らの祖先と僕のコンタクトを物語っていくんだ」

「ちょっと言ってることが分からないのだけれど」

「僕はずっと人スターピープルとコンタクトを続けているんだ。彼らはこれまで僕を他のいろいろな世界を巡る旅に連れていってくれたんだ。ちょうどブラック・エルクがそうしてもらったように。僕は新しい世界を見てきたんだ。彼らが僕たちのために作ってくれたところを」

「それはスターピープルが、北米インディアンのために別の惑星を用意してくれたっていう意味？」

「旅を続ける中で、僕は母なる地球の避けがたい運命を見せられたんだ。地球は崩壊してしまうんだ。スターピープルが僕に接触してきて、僕の音楽を通じて人々に来たるべきときに備えておくように呼びかけるように言ったんだ。つまり壊滅のときが近づいてきたら、インディアンたちは宇宙船に乗せられて、この地球を離れることになるんだ。他の星にいる兄弟たちがやってきて、僕たちを別の惑星へと連れていってくれるのさ。そこで僕たちはかつてそうしていたように、偏見も病気も貧困も、そしてアルコールもない生活を送ることができるんだ。最初にインディアン部族がこの母なる地球に連れてこられたのと同じように、またスペースピープルが僕たちをこの死滅する地球から脱出させて、再び自由の民として生きられる世界へと運んでいってくれるのさ」

「スターピープルはいつ迎えにくるかをあなたに教えてくれたの？」

「彼らは『準備をしなさい。そしてあなた方がここを去るときがやってくることを人々に伝えなさい』って言ったんだ」

「あなたからスターピープルの話を聞くなんて、面白い偶然ね。私はそういう話をいつか本にしたいと思って取材してきているの。自分の調査の一環として、世界中の先住民の人たちから話を聞いてきたの」

「僕の話もそこで紹介してもらえるといいな」

「約束するわ。あなたの話は私がアリゾナで聞いたものと似ているの」

「僕も同じような話をいくつか聞いてきているよ。一年ほど前にホピの長老と会ったとき、彼は母なる地球で戦争が起こって、爆弾が地震と火山の噴火を引き起こしてしまう日が近づいてきているって言っていたんだ。彼らの部族の預言者たちは母なる地球が大きく揺れ動いて、やがては崩壊すると預言しているらしい。それが起きるとき、宇宙船が飛来してきてホピ族を乗せて別の惑星へ運んでいってくれると彼は確信していたよ。それらがすべて起こった後、次なる世界が始まって、ホピ族が人々を再び暗黒から抜け出させて導いていくんだって彼は言っていたんだ」

「あなたはスターピープルがすべてのインディアンたちを別の世界に連れて行くって言っていたけ

ど、その新しい惑星はどんなところなの？」

「僕はそこを見てきたんだ。そこは母なる地球そのものだった――でも太古の時代の母なる地球なんだ。野生の生き物たち、果物を実らせた木々、澄んだ小川、そして緑の生い茂った山々、それに花々が一面に咲き誇る野原があったよ」

「あなたをその旅に誘ってくれた異星人たちはどんな容貌だったの？」

「君や僕のような人たちだよ。彼らはずっと昔にこの地にやってきた僕たちの兄弟姉妹たちだったんだ。彼らはこの惑星で暮らし始めて、そしてある時点で、当初のスペーストラベラーたちはここを去っていったんだ。彼らはまもなく戻ってくるけど、今回は我々がここから離れるのを手伝うためにやってくるんだ」

「どうやって私たちみんなを連れて行くの？　この惑星には二百万人以上のインディアンがいたるところに散らばって暮らしているのよ。もし自分はインディアンの血を引いていると言う人たちも勘定に入れれば、その数は一千万人かそれ以上かもしれないわ。スターピープルは南米やメキシコにいるインディアンも連れて行ってくれるの？　それとも私たちは特定のどこかに集まらなくてはいけないの？」

「彼らは母なる地球のどこにインディアンたちがいるかを把握しているんだ。どんな部族であろうとね。用意ができていて彼らと共に旅立つ意思のある人は、誰一人として置き去りにされることはないんだ。僕の新しいアルバムの最初の歌は、まもなく我々の祖先がやってくるから準備をするようにってみんなに伝えるものなのさ」

「その歌を私に聞かせてもらえるかしら？」私はそう頼んでみました。

彼は再びギターを抱えて、かき鳴らし始めました。私はその歌詞に耳を傾けていました。

そして歌い終わったあとでビリーが聞いてきました。「どうだった？」

「とても美しい歌だったわ。あなたの言った通りね。これはあなたの最高傑作だわ」

「この歌を聴いてみんなは理解してくれるかな？　それとも拒絶してしまうかな？」

「どうして拒絶するなんて思うの、ビリー？　これはあなたの物語よ。あなたが心から語りかける歌なのよ。それに、ほかの人たちがどう思うかをあなたは本当に気にするの？　あなたはアーチストであって、アーチストの仕事は作品を生み出すことよ」

「こういう内容のものを歌ってもらいたくない人たちもいるんだ。この業界のある人たちから、こんなものを出したらこれまで築いてきたものを失ってしまうよって釘を刺されているんだ」

「私が言えるのは、自分のハートの声に従いなさいっていうことだけよ。あなたは自分が何を伝えたいのか、どんなメッセージを人々に届けたいのかが分かっているはずよ。大切なのはそこなの」

「君ならそう言うだろうと思っていたよ」

「ほかにも歌はあるのかしら？」

「この歌をアルバムの一曲目に持ってこようと思ってるんだ。『出現』っていうタイトルでね」

それから彼は、ある日の真夜中に宇宙船で自分のもとにやってきたスターピープルについての叙情詩を朗読してくれました。私は彼の言葉からそのときの場面をありありと思い浮かべることができました。最後の一節を読み終えたとき、ビリーが招いた他の来客たちが到着し、それを知らせに彼の妻が地下まで降りてきました。他の惑星を巡った旅についての彼との会話はそこで終わってしまいましたが、私がパーティの席を離れるとき、彼が他の来客たちにも彼の旅行の話をしているのを耳にしました。

その後の数ヶ月間、私はアラスカからハワイへと沿岸を巡る旅を続けていました。その途中でいったん自宅に戻った私のもとに、ビリーからの荷物が届いていました。彼は発売前のアルバムを一枚贈ってくれたのでした。それには『航行』という、まさにふさわしいタイトルがつけられていました。彼の言葉のとおり、そのアルバムのオープニングは宇宙船が飛来してくる効果音となっていて、エンディングは地球の重力圏から抜けていく宇宙船の音でした。そしてそれぞれのトラックには『出現』そして『脱出』というピッタリのタイトルが添えられていました。ところが歌の内容は別のものとなってしまっていたのです。それらはビリーが私に読み聞かせてくれたものとは違っていて、あのアルバカーキでの晩に彼が私のために歌ってくれたあの歌も収録されていませんでした。そこにあったのはメロディーが同じでも、歌詞が変えられていたものでした。そしてそこで物語られていた旅とは、他の惑星へのものではなく、霊的な世界を巡ったものとなってしまっていました。私はあの晩にビリーが私に聴かせてくれた歌や朗読してくれた詩はどうなってしまったのかしらと思っていましたが、それを彼に尋ねる機会はとうとう訪れませんでした。

ビリーと私は成長期をともに過ごして、高校時代までずっと友人でいましたが、大人になってから二人の歩む道が交わることはめったにありませんでした。私はビリーの住む世界に足を踏み入れることはなく、彼もまた私の領域には入ってきませんでした。私は学問の世界に、ビリーは音楽の世界に生きていました。私は彼の活躍を見守りながら、アルバムも買い続けていましたが、お互いに仕事を始めたばかりのもっと若かったころとは状況も変わってきていて、直接会う機会はめっきり減っていました。彼が『航行』に続いてリリースしたもう一枚のアルバムは、これまでのどの作品よりも好評を得ていました。二〇〇一年、私はソルトレイクシティの空港で共通の友人とばったり出くわして、ビリーが亡くなったことを聞かされました。肝硬変が彼を四七歳にして死に至らしめたのでした。彼は人生を再出発させたばかりでしたが、時は遅すぎたのでした。自身の体に与えたダメージを修復することができなかったのです。私はしばしば彼のことを考え、あの晩に彼が熱く語ってくれた言葉を思い出します。そしてたびたび彼の歌を流しています。そして彼がすでにあのとき私に言っていた場所にたどりついていて、残された私たちが加わりにくるのをひたすら待っていることを願っているのです。

第8章　退役軍人たちの第一種接近遭遇

現代において良く知られているUFO目撃事件が最初に起きたのは、一九四七年に実業家のケネス・アーノルド氏がワシントン州のレイニア山付近を小型自家用機で飛行中に、九つの飛行物体を目撃したときでした。その出来事を報じた新聞記事がその物体がお皿のような形をしていたと伝えたことから、空飛ぶ円盤という呼称が日常語のひとつとして定着していきました。一九四七年七月八日、ロズウェル陸軍飛行場の広報官のウォルター・ホート氏が、ニューメキシコ州ロズウェル近郊の牧場に墜落した〝空飛ぶ円盤〟を五〇九爆撃部隊の隊員が発見したというプレスリリースを出しました。翌日にロジャー・レイミー准将が記者会見の席上で、それは〝空飛ぶ円盤〟ではなく、実際にはレーダーで追尾されていた気象観測用気球であったと述べました。その後にさらに会見が開かれ、そこでは現場で収集された残骸が記者やカメラマンに披露されました。空に目撃される未確認の現象はその後も増え続け、一九四八年に空軍は「プロジェクト・サイン」と呼ばれる調査機関を発足させました。当初はUFOは旧ソビエトの最新式の飛行機ではないかという見方がされていましたが、一年もたたないうちに「プロジェクト・サイン」は「プロジェクト・グラッジ」に名称変更され、さらに一九五二年に「プロジェクト・ブルーブック」となり、その本部はオハイオ州デイトンのライトパターソン空軍基地内に置かれ、一九六九年まで続いた最も長い公的調査機関となりました。その報告書でまとめられた目撃報告はおよそ一万二千件で、その九四％は大気現象もしくは人工的なものと分類され、残りの六％が未確認のものとされました。

それ以降もＵＦＯの目撃報告は後を絶たず、ＣＩＡの働きかけで政府はこの現象を調査するための科学者による委員団を設立し、それはカリフォルニア工科大学の物理学者ハワード・Ｐ・ロバートソン博士を長とする物理学の専門家二人と天文学者とロケット工学者で構成されていました。委員団はプロジェクト・ブルーブックによって収集された報告の検証と数名の軍職員へのインタビューを一九五三年に三日間にわたって行い、目撃報告の九〇％は気象現象もしくは大気現象に帰するものと結論づけました。さらに、国家の安全を脅かす恐れのあるものや、人々が言うような地球外の知的生命体の存在を示す証拠は認められないと述べました。

科学界で認められた調査機関として一九六六年に設立されたのが、エドワード・コンドン博士率いるコロラド大学ＵＦＯ調査委員会で、そこから二年後に出された報告書においては、五九件の目撃報告が詳細に検証されており、その全ては一般的な現象以外の何ものでもなく、さらなる調査の必要性は認められないという結論が下されました。

そして一九六九年にニール・アームストロング宇宙飛行士が月面に最初に降り立つ瞬間に全米市民が注目しているなか、プロジェクト・ブルーブックは閉鎖へと向かいました。そしてＮＡＳＡの宇宙探査と有人宇宙飛行の時代の到来とともに、再びＵＦＯが脚光を浴びることになります。ＮＡＳＡがアメリカの宇宙飛行士によるＵＦＯ遭遇体験の証言を事実として認めずにいるいっぽうで、長年にわたって公式声明と対立を続けている宇宙飛行士たちもいます。ＮＡＳＡの通信システムの設計を任されていたことがあるというモーリス・シャトラン氏は、アームストロング宇宙飛行士は月面クレーターの縁に二機のＵＦＯを見ていたと主張し、宇宙飛行士たちが司令部に目撃報告をするたびに、口外を厳重に禁じられていたといいます。またシャトラン氏によれば、マーキュリー八号に乗っていたウォルター・シラー宇宙飛行士は、異星人の宇宙船を意味する暗号名として〝サンタクロース〟という呼称を造り出したといいます。

ＳＴＳ－８０に搭乗した搭乗科学技術者である宇宙飛行士のストーリー・マスグレイヴ博士は、米国スペースシャトル・コロンビア号よりも大きな円盤状の物体を目撃したと二〇一〇年に報告しています。当時彼らは地球から約三五二キロ離れた場所にいました。帰還後にマスグレイヴ博士は職を辞して、自らの目にしたものを公表しました。また、アポロ計画のあいだＮＡＳＡの月試料研究所でデータおよび写真の管理部門の主任を務めていたケン・ジョンストン氏は、二〇一一年一一月に月面にある異星人の都市と見られるものに関する情報を公表した後に解雇されてしまいました。

この章でご紹介する三名の男性たちは別々の部族の出身ですが、同じ米国空軍基地に配属されて、その敷地内でＵＦＯに遭遇しました。しかしその何時間か後に三人とも国内の別の基地にばらばらに移動させられてしまいます。そして事件発生から四五年近くが経った時点でも、彼らは当時の出来事をありありと記憶していて、お互いにずっと音信が途絶えていたにもかかわらず、その証言内容はほとんど差異のないものでした。彼らの体験は、軍部が長年にわたってＵＦＯの存在に関する情報を隠しつづけてきていることを物語っています。この三人が自らの体験を口にしたのは今回が初めてのことです。

アーランの体験

アーランが彼の体験を私に打ち明ける一五年前に私たちは知り合いました。私が彼と初めて会ったのは、彼がモンタナ州立大学によって設立された面接委員会の一員を務めていたときで、そこでは北米インディアンの学生募集と教育単科大学での授業を担当する新人教師を募集していました。私はその最終選考に残った応募者のひとりでした。アーランは同州における部族社会に貢献するために面接委員の役を引き受けていました。端正な顔立ちをした彼は、背丈は一九〇センチあり、ボディビルダーのような筋骨隆々とした体の持ち主で、髪は肩に掛かるほどの長さで、頭にはヘッドバンドを着けていました。そしてその少年のような笑顔と紳士的な物腰は、出会う女性の誰からも好感を持たれていました。彼の格好はいつもラングラーのジーンズ、格子柄のシャツ、そして皮のジャケットという組み合わせで、私が目にしてきた彼は常にカウボーイブーツを履いていました。

私が大学に雇用されてから、アーランと私はずっと連絡を取り合っていました。その後の長年の付き合いを通して、アーランと彼の妻や子供たちは私の近親のような存在となり、私はしばしば彼らの保留区を訪れて夕食をともにしました。アーランも私の大学のオフィスに頻繁に顔を見せていました。彼は月に一度インディアン問題に関する政府の連絡係と会うためにヘレナの町に出張に来ていたからです。

そうした訪問が続いていたある日、私の事務所で部族政策について意見交換をしていたアーランの視線が、壁に掲げられていたポスターに注がれていることに私は気づきました。そこにはＵＦＯの写真が掲載されていて、その下に〝私は信じます〟という言葉が記されていました。

「君は信じるかい？」ポスターを指しながら彼が尋ねてきました。

「信じていますよ」

「私も信じているんだ」彼はそう言って話を始めました。

「私が兵役に就いていたときは空軍に配属されていたんだ。大部分のインディアンたちは陸軍に行くんだけど、私は空軍に入ったんだ。ある晩、基地全体に厳戒態勢が敷かれたことがあってね。未確認の物体がレーダーに映ったというんだ。それは基地に向かって真っ直ぐにやってきていたから、すぐに数機から成る戦闘機部隊が緊急発進して追跡したのさ。しばらくして彼らは戻ってきたけど、まだ引き続き警戒態勢が続いていた。ようするに私たちは全員が戦闘装備をして敷地内に散らばって各々の配置についていたわけさ。そして深夜二時になったころ宇宙船が現れたんだ。それは基地の上空に、ゆうに三〇分は滞空し続けていたよ。船体にはいくつかの窓があって、そこに人影が見えたんだ。誰かが船内を動き回っている感じがした。我々はライフルを構えて射撃体勢を取ったままその場に立っていたんだ。発射命令は最後まで出されなかったけどね。そのＵＦＯはただ浮かんだままで、まったく動かず、少しも音を立てていなかった。そのとき間抜けな兵士がひとりで隊列から飛び出して、頭上にライフルを振りかざして何やら叫び声をあげながら宇宙船のほうへ駆け出していったんだ。すると一条の光線が宇宙船から放たれて、彼の体がピタリとその場に凍りついたように止まり、光線が引いていくとともに彼は前のめりになって地面に倒れ込んだんだ。その数秒後に宇宙船は飛び去っていってしまったよ。その二時間後、兵士全員が召喚されて、さっきの出来事はひとつの演習であったので、この件に関しては一切の口外を禁ずるって言われたんだ。だから私はそれに従ったよ。今こうやって君に話すまで誰にも言わなかったんだ」

「それをなぜいま話す気になったんですか？」

「あのポスターさ。あの宇宙船があの晩に我々が見たものとそっくりだったからなんだ」

「その事件のあとに同僚たちとそれについて話したりはしなかったんですか？」

「一度もしなかったよ。目撃から何時間かあと、私は別の基地に移動させられてしまったんだ。友人たちも同じ日にそれぞれ違う基地に転属を命じられたんだ。そのための準備期間として一二時間だけ与えられたけど、用意しなきゃいけない書類が山ほどあったから、お互いの転属やUFOについて仲間と話す時間があまりなかったのさ。何人かと互いの連絡先の住所を教え合ったけど、なにしろその当時はみんなまだ一八歳だったからね。便りを出そうと思ってはいても結局出さずじまいって感じになっちゃうものさ。私もその当時の仲間とはそれ以来一度も会っていないし、誰からも連絡をもらってないんだ」

「それは残念ですね。まだその人たちの名前と連絡先のメモが残っていればいいんですけど」

「彼らの名前と住所なら分かるよ。少なくとも入隊のときにどこに住んでいたかはね。家に戻ったら小型トランクの中を調べてみるよ。もし見つかったら、こんどまた会ったときに君に渡すよ」

次に彼の保留区に出張したときには私は彼のところに立ち寄りました。事務所に顔を出した私に彼は微笑んで言いました。

「君が来るって聞いていたよ」そして彼はポケットに手を伸ばして、中から黄ばんだ紙切れを取り出して私に手渡しました。そこにはオクラホマ州とアリゾナ州に住む二人の名前と住所が印字されていました。

「この連中は私と行動をともにしていたんだ。二人が今どこにいるのか、そしてまだ生きているのかすら私には知る由もないけど、もし彼らに会えたらアーランがよろしくと言っていたと伝えておくれ」

私は紙の内容をメモにとって、彼と長らく音信が途絶えているこの二人を見つけられたら、彼らから聞いたことをきちんとしたレポートにまとめて持ってくることを約束しました。

大学の夏の講習が終わった後、秋期の授業が始まるまで私は三週間の休暇を得たので、それを利用してアーランから聞いた二人の所在を確認すべく、南に向けて旅に出ました。オクラホマ州に入った私は、ターレクワの町の近くに住む自分の親戚たちと待ち合わせをして相談してみました。あちこちに当たって調べていくなかで、警察署に務める従兄弟がアーランと同じ部隊にいたマックスという名の元航空兵を探し出してくれました。私がその住所を車で訪ねたところ、彼の娘のドリスが応対してくれました。彼女によると両親はマックスがベトナムから帰還してからまもなく離婚してしまっていて、彼女は父親のことを覚えていないとのことでした。

「父は私が一八歳になるまで毎月養育費を送ってくれていたんです。でもこっちにやってくることはありませんでした。母が言うには、戦争が彼を変えてしまったんだそうです。でも父が毎月小切手を送ってきた封筒が残っていて、そこに住所が書いてあります」そう言って彼女は数分ほどかけて手紙を探し出して、住所を書き写したメモを手に戻ってきました。私は彼女にお礼を述べて、翌朝早くに自分の親族にお別れの挨拶をした後、ニューメキシコ州に向けて車で南下し始めました。そこにおそらく、まだ存命中と思われるドリスの父親がいるはずでした。

マックスの体験

私は無事にドリスの父親を見つけ出すことができました。彼はメキシコとの国境近くのニューメキシコ州北部でトレーラーハウス（移動式住宅）に暮らしていました。トレーラーは二万五千坪ほどの敷地の中に一台だけ停められていました。その一帯はほとんど砂漠地帯で、サボテンやヤマヨモギが生い茂っていました。トレーラーの周りはとても手入れが行き届いていて、マックスによって丹念に配置された岩盤のあいだに多様な砂漠の植物が育っていました。彼によれば岩盤は自分の趣味で、植物は夏の厳しい暑さに耐えられる野生のものを利用しているそうでした。ロジャーという名の大型犬がトレーラーのひさしの陰の中をうろうろしていました。自己紹介を済ませてから私がアーランのことを話すと、彼のことをマックスも覚えていて、元気でやっていることを知って喜んでいました。私は自分がアーランから聞いた話を他の目撃者たちからも聞こうと思い、マックスの娘のドリスにたどりついて居所を聞いてきた経緯を説明しました。

「君はドリスに会ったのかい？」

「ええ。彼女はとっても可愛らしい女性ですよ」

「彼女は私にとって最も大きなミスのひとつなんだ。彼女がっていう意味じゃなくて、自分がオクラホマを去って二度と彼女に会わなかったってことがだよ。私の息子たちは自分たちに姉がいることすら知らないんだ。今となっては遅すぎるけどね」

「それはどうでしょう。彼女はあなたがずっと彼女を支えてくれていて、贈り物も送ってきていたことを知っていますから、遅すぎるということはないと思いますよ」私はそう言って自分のノートの切れ端に彼女の電話番号をメモして彼に手渡しました。

「ときどき電話してあげてください」彼はそのメモを受け取ってジーンズのポケットにしまいこみました。

「あなたが空軍にいたころに起こった奇妙な出来事をまだ覚えていますか？」私は尋ねました。

「それはＵＦＯ事件のことかい？」

「ＵＦＯのことを覚えているんですか？」

「ああ、覚えているよ。自分たち兵士は将校から決して誰にも言うなって言われてたんだ。実際のところ、もししゃべるようなことがあったら、追われる身になるぞって言われたのさ。上の者たちが言うには、あれは我々兵士が特異な状況で心理的な圧迫を受けている際にどんな反応を示すかを見極めるための最高機密のテストだったそうだけど、そんなことは一度たりとて信じたことはなかったよ。真っ赤な嘘さ。彼らはこっちは世間知らずのお人よしだから上から言われたことは何でもそのまま信じ込んでしまうものと思い込んでいたのさ。あれは実験用の飛行機だって言ってたけど、大嘘だよ。あれの正体が何で、どこからやってきたかは、お偉方ですら分かってなかったのさ。彼らは震え上がっていて、ひと言も発することができないほどだったんだ」そこで言葉をとめてマックスは咳き込みだしました。それは肺に問題を抱えている人独特の喉のゴロゴロ音を伴っていました。

「タバコの吸い過ぎでね」そう言いながら彼は地面の上に紙巻タバコを落として、ブーツの先でもみ消しました。彼の手についたニコチンのシミに少し目をやりながら、私は彼の苦しげな咳がやむまで静かにしていました。日焼けして筋張った体格をして、フィルター無しのキャメルのタバコを次から次へと吸っているマックは、まだ六〇歳まであと一年あるという実年齢よりも老けて見えました。そしてカウボーイブーツは彼を実際の身長よりも高く見せていました。細身の体を包んでいる汚れたシャツにはメキシコのカンクンにあるハードロックカフェのロゴがプリントされていて、あとは裾の擦り切れたジーンズといった格好でまとめていました。背中は早くも丸まり始めていて、ベトナム戦争で足に銃弾を受けた後遺症でびっこをひいていました。そのせいで歩き方が前かがみになっていて、足よりも先に上半身が前にのめり出てしまうため、庭を歩き回る彼を見ていた際に、そのまま前のめりに倒れてしまうのではないかと思ったことが何度かありました。咳が鎮まって落ち着きを取り戻したところで、私は彼に尋ねてみました。

「もしよかったら、あの晩にあったことを話してもらえますか?」

彼の返答を待っている間、私は小物入れから咳止め用の飴を取り出して彼に手渡しました。彼は少し間をおいて、長いポニーテールの髪を結い直し、空のほうに目をやりながら話し出しました。

「自分の見たものを、私は一生忘れることはないだろう。あれは夜遅くのことだった。我々は真夜中にサイレンの音で起こされたんだ。基地に厳戒態勢が敷かれていた。とても寒い夜だったのを覚えているよ。私は冬の寒さが大の苦手でね。だからアリゾナとかニューメキシコで暮らすほうがずっと良かったんだ」そう言って彼は飴の包みをひとつ開いて、口に放り込みました。

「アーランとハンク、そして私――三人は基地の入り口の警備を命じられたんだ。私たちは配置について、まだ見ぬ敵に備えていた。一時間はそうしていたと思う。私は寒くて歯がガタガタ震えていたよ。そのときにそれは起こったんだ。どこからともなく飛行物体がやってきたのさ。まったく音は聞こえなかった。そしてそれは空中で急停止して、基地の上空に静かに浮いたままでいたんだ。私たちはどうしていいのか分からなかった。みんな恐ろしく緊張していたのさ。指揮官が我々に向かって『発砲はするな。ただし何かが起きたときのために準備はしておけ』って命じたんだ。そのときにひとりの兵士が――気がふれてしまったのかどうか知らないけど――宇宙船に向かって発砲しながら走っていったんだよ。すると船体から一筋の光が発せられて、彼はまるで体が麻痺したかのように、走っている最中で一瞬止まってしまったんだ。そして意識を失って地面に倒れ込んだんだよ。その数秒後に宇宙船はゆっくりと上昇して夜空の彼方に消えていったのさ」

「その兵士は宇宙船に向かって発砲していたとおっしゃいましたか？」

「うん。彼は発砲していたよ。だから俺はびっくり仰天したんだ。もし交戦状態になってしまったら、我々は壊滅させられるだろうと分かっていたからね」

「アーランはその兵士が発砲していたとは言わなかったんです。銃を頭上で振りまわしていたって言っていました」

「彼は発砲していたよ。私はそれをはっきりと覚えているよ」

「その兵士に何が起こったのかについて聞いていますか?」

「軍隊っていうところでは、上の者たちが知らせたいことしか聞かされないものなんだ。聞かされたのは、その兵士は病室で観察下にあるって説明だったけど、それは遠まわしに気が狂ったって言ってるんだと誰もが分かっていたよ」

後になってからマックスは、自分は除隊後に通常の市民生活に適応することに困難さを覚えて、再びさらに六年間の兵役についていたことを私に打ち明けました。

「再入隊してから数年が経ったころ、あのUFOが現れた晩に基地の病院で勤務中だった衛生兵のひとりにたまたま出くわしたんだ。彼によると、あの飛び出した兵士は顔と体に全面的な火傷を負っていて、彼を診た医者は放射線による熱傷だと言っていたらしいよ。医者たちは兵士をしばらく薬によって深い睡眠状態に置いてみて自然な回復を待つことにしたそうだけど、彼はそれから一ヵ月もたたないうちに死んでしまったんだ」

「その兵士の名前を覚えていますか?」

「いいや。彼のことはまったく知らなかったんだ。別な部隊に所属していて、兵舎も我々とは違ってたからね」

「宇宙船がどんな感じだったか教えてもらえますか?」

「とてつもなく巨大だったよ。今まで見たこともないくらいの大きさだった。それがただぽっかりと宙に浮いていたんだ。まるで糸で吊るされているみたいにね。音はまったく出さなかった。たぶん船体の周囲の長さは一五メートルから一八メートルくらい、高さは七メートル半から十メートル半くらいかな。窓がいくつかあったけど、中は見えなかったよ。すごく小さな窓で、ただぼんやりした明かりが漏れていただけだった。船体は灰色の金属で、完璧な滑らかさだったよ。角張ったところは一切ない完全な円形をしていたのさ。外は暗かったけど、基地の照明がすべて点灯していたから、よく見えたんだよ。船体にはどこにも継ぎ目は見えなかった。それはちょっとありえない感じだったよ。まるで一片の素材で出来ているのか、あるいは船体を薄い膜で覆ってそんなふうに見せていたのかもしれないな」

「宇宙船にライトは付いていましたか？」

「基地の上で滞空しているときに青と白のライトが見えたよ。そして飛び去っていくときに、赤みがかったオレンジ色の明滅光が見えたんだ。最初は上昇して、何秒かしてから夜空に消えていったのさ」

「それ以外にもＵＦＯに遭遇したことはありますか？」

「ときどきベトナムで仲間の兵士と一緒に見ていたよ。いちどに五、六機で現れたこともしょっちゅうあったけど、決してこっちに近づいては来なかった。ただ飛び去っていったんだ。ときどき編隊を組みながらね。まるで戦争の様子を観察しているみたいだったよ。操縦士たちの間でも話題になっていたんだ。飛行機に乗っている我々の仲間がその会話を耳にしていて、操縦士たちはＵＦＯの存在を不安に感じていたらしいよ。最初のうちは共産圏あたりの飛行機が我々を脅してベトナムから追い出そうとしているんだろうって考えていたんだ。追跡していた戦闘機が墜落したっていう話もいくつか耳にしていたけど、ほとんどのパイロットは皆と同じ考えだったと思うよ――あの飛行物体はこの惑星のものじゃない。我々の手に負える相手じゃないってね」

「空軍がこれまでそれらについての公式見解を出したことはありますか?」

「一度も無いよ。二年ほど前に、ここのメキシコ国境近くでUFOの目撃があったんだ。そのとき空軍機が総出で現場に向かったって聞いたよ。それでけっきょく彼らはあれはスワンプガス(沼気)だって言ったのさ。たぶん空軍は砂漠には沼がないってことを忘れてたんだろうね」そう言って彼はクスクス笑いました。

「基地で遭遇したUFOについて、これまで誰かに話したことはありますか?」

「再び兵役についた後で、軍の臨床心理士に話したことがあるんだ。すると彼は私にある種のショック療法を受けることを勧めたんだ。そのとき自分がまずいことを言ってしまったことに気づいたのさ。それで次に彼に会ったときには、自分はマリファナを吸っていたんだって言い訳をしたのさ。そしてその二日後に軍は私をハワイへ派兵したんだ。そこからベトナムに送られることになっていたわけさ。それから四年もの間、飛行機に乗っていない時はベトナムのジャングルの中でベトコンを追跡していたよ。私はインディアンだから追跡の名手だと思われたんだろうね。ほとんどの時間を私はひとりで過ごしていたよ。そして最後はグリーンランドに送られて、そこで兵役を解かれることになったのさ。任期を終えた後はもう二度と兵役にはつかなかったよ。でも自分は幸運だったと思ってるんだ。もしあのときショック療法を受けていたら、おそらくテキサスのどこかの病棟に入れられていただろうね。あそこはおかしくなった者たちを収容してるんだ」

「戦争で心を病んでしまった退役軍人のための病院を軍がテキサスに持っているということですか?」

「おかしくなってしまった者とエイズ患者をね。少なくとも私はそう聞いてるけど」

「あなたは軍隊でマリファナを吸っていたんですか?」

「ベトナムにいるときにマリファナを勧められたんだ。ＵＦＯ事件のときにはマリファナは吸っていなかった。ベトナムではマリファナを吸うことが義務になっていたんだ。そうしていなかったら、部隊内で大きな反乱が起こっていただろうからね。だから軍部は決して兵士たちにマリファナをやめさせようとはしなかったんだ。それは我々を落ち着かせて従順にしておいてくれるものだから」そう言って彼は信じられないといった素振りで首を振ってから、また別のタバコに火をつけました。

「軍隊を去ってからは、いちどもマリファナはやってないよ。紙巻タバコは吸ってきたよ。ときどき葉巻もね。でも自分の知ってる限りではそれらが幻覚症状を引き起こすことはないんだ。それに非合法の薬物を摂取したことも決してないよ。ここに住んでから私は二度結婚してるんだ。二回ともメキシコの娘とね。それぞれとの間に男の子がいるんだ。息子たちのためにもしらふでいなきゃいけなかったのさ」

「自分の体験を世間に公表しようと考えたことはありましたか?」

「一度もないよ。それから、いま私の話したことを他の誰にも言わないでおいてほしい。今回はアーランのことがあったから君に話しただけなんだ。彼は何度も私の援護射撃をしてくれたからね。もし君がこのことを本に書くのなら、これはひとりの男の妄想なんかじゃないってことを読者にしっかりと伝えてほしいんだ。あとは私の名前を匿名にしておいてくれさえすればいい」

この後、マックスはバーベキューコンロでステーキとトウモロコシを焼いて、私にもご馳走してくれました。そして私たちの語らいは夜遅くまでつづきました。


翌朝また私は車でマックスの自宅を訪れました。彼の息子たちがお父さんと一緒にパラソル付きテーブルの下で腰かけていましたが、それはゴミの集積所から拾ってきたもののように見えました。私がロールケーキの箱を手に持って近づいていくと、上の息子のルイスが作りたてのコーヒーが入ったポットとカップを私のために持ってきてくれました。一番年下のジェロニモは最近大学を卒業し、ロズウェルにある銀行に採用が決まっていて、二週間後にそこで働き始めることになっていました。マックスが彼を私に紹介し、息子が優等生名簿に載っていたことを自慢げに話すと、ジェロニモはニッコリと微笑みました。彼らと朝食をともにしていく中で、二人の息子が父親のことを深く愛していて尊敬もしていることがとてもよく分かりました。ルイスは自分はジェロニモよりも父親に性格が似ているんだと教えてくれました。

「僕はお父さんみたいに独りで過ごすのが好きなんです。弟のジェリーはみんなの輪の中にいるのを好むほうなんです」この分析は弟から見てもまさに言い得て妙であるとのことでした。

「今朝、初めて息子たちにUFOのことを話したんだ」コーヒーを飲み干してからマックスが言いました。

「これまでずっと彼らには絶対に言うまいと思っていたんだ。もし軍部の人間が近づいてくるようなことがあったら困るからね。将校はあの出来事のすべては、兵士たちが未知の何かに遭遇した際の反応を見るために仕組まれたものだったって言ったけれど、彼らはあれは最初から最後まで全部でっち上げだったんだって我々に思い込ませようとしたんだ。我々は自分たちが目にしたのはそんなものではなかったことが分かっていたけど、発言する機会を与えられなかった。そして我々の尻を叩いて大急ぎで別々の未知の場所へ散り散りに飛ばしたのさ。それぞれ荷物をまとめる時間すらほとんどない状態で他の基地へ向かう飛行機やバスに飛び乗ったんだよ。あの晩に一緒だった仲間とは誰とも二度と会うことはなかったよ」

私からアーランの現在の仕事について聞いたマックスは、嬉しそうな笑みを浮かべて言いました。

「グループの中でアーランが最も冷静沈着だったからなあ。彼はいいやつだよ。ああいう友人を持てた自分はしあわせ者だと思うよ」

「アーランもしあわせ者だと思いますよ」私の言葉に二人の息子たちが同時に満面の笑みを浮かべてうなずきました。お昼も近づいてきたころ、私は彼らに別れを告げて車に乗り込み、アリゾナ州に向けて発進させました。アーランのリストの二番目に記されていたハンクの住む場所です。

ハンクの体験

私がハンクに出会ったのは彼の保留区にある地域文化施設でした。彼の事務所には長年に渡って収集されてきた美術品や工芸品が飾られていて、それらは地元の部族職人たちの手によるものでした。そして机の上には彼の誇りである父親と祖父の写真が立て掛けられていました。私が自己紹介をしてアーランの名を口にすると、一瞬にして彼の顔に満面の笑みが浮かびました。私は彼にアーランから情報を得てここまでたどりついた経緯を説明し、彼らがともに空軍に配属されていた際に遭遇したUFOについて、私に話してやってほしいと頼まれてきたことを伝えました。彼は私に着席をうながしてお茶を出してくれてから話し始めました。

「つまりあなたは私の古い友人のアーランの知り合いというわけですね。我々が空軍で一緒だったときから多くの年月が経ってしまいました。あのときの自分たちはただの少年でした。そこでは我々三人が駐屯していました……三人のインディアンです。たいていのインディアンは陸軍に入隊するんですけど、私たち三人は例外でした。みんな空軍に入って同じ場所に配属されました。寝泊りした宿舎も同じです。軍曹からは〝三銃士〟なんて呼ばれてましたけど、自分たちもときどきそんなふうに感じていました。当時は空軍内で人種差別があったせいで、三人は結束していたんです。お互いに会ってすぐに意気投合しました。でもそれは単にインディアン同士であるということ以上に何か共通するものを感じ合っていたからでした。三人とも操縦士志望だったんですけど、自分たちに求められているることが分かったときにその夢は露と消えました。けっきょく我々は戦闘機を飛ばす代わりにそれらを倉庫で修理する機械工になったんです」

「アーランも同じことを言っていました。でもおもしろいですね。あなたがた二人はそれ以来会っていないのに、とっても多くの共通点があって、双方とも部族の文化を守っていく仕事に従事しているんですから。アーランは部族の言語と文化に精通している専門家として高く評価されていて、ここと非常に似たような施設を運営しているんです」

「アーランと私の心はいつもつながっているんです。我々は兄弟のようなものです。そしてマックスのことをいつも気に掛けていました。彼は人と違ってたんです。軍隊生活にもあまり馴染んでいませんでした。彼は一匹狼でした。だから周りに大勢の人間がいる兵舎の中に閉じ込められた生活は性に合ってなかったんです。彼はアーランや私よりも年下でした。我々二人はいつも彼を弟のように扱っていました」

私はハンクに自分がマックスと会ってきたことを話し、彼が最初の兵役を解かれた後に再度入隊して六年間を過ごしたことを告げると、驚きの表情を見せました。

「彼がそんなことをするとはまったく考えてもみませんでした。てっきりどこかの砂漠の真ん中にでも暮らしてるんだろうと思い込んでましたよ」

「ええと、でもほとんど当たっていますよ。彼は人里はるか離れたところの二万五千坪の敷地内で一匹の犬とともにひとりで暮らしていますから」それを聞いてハンクが笑いました。

「いや、べつに馬鹿にしてるわけじゃないですよ。マックスはいいヤツなんです。ただ彼は自分のまわりに空間が必要なだけなんです」

「ＵＦＯについては何か話していただけることはありますか？」そう私が尋ねると、ハンクは疑い深そうな目で私を見てから言いました。

「あなたは政府の人間ではないですよね？」私はそれを聞いて笑って答えました。

「私は政府の人間ではありません。教師をしています。モンタナ州立大学の教授です。私はモンタナに赴任したときにアーランと会ったんです。彼は私がＵＦＯに関心を持っていることを耳にして、さらに遭遇体験を持つ先住民たちを取材して回っていることを知って、あなたやマックスと話してみるように提案してくれたんです」

「あなたを信用しても大丈夫ですか?」

「信用していただいて大丈夫です。あなたに誓います。私は自分の語った言葉に最後まで忠実でいます」

「それが我々インディアンの伝統でした。誓いの言葉は我々にとって名誉そのものでした。あなたが私に誓って言うというのでしたら、私はそれで十分です」

「私は遭遇体験を聞いて回っています。いつかそれらを本にするかもしれませんが、それが決まった際は、あなたの個人情報は必ず保護します」

「あなたもUFOを見たことがあるんですよね?」ハンクはやや真剣なまなざしで問いかけてきました。

「はい、あります」私の返事を聞いた彼は椅子の背もたれに寄りかかって、かっぷくの良いお腹に両手を置いて、アーランやマックスが語ったくれたこととほとんど同じ内容の話をしてくれました。

「基地の警報で我々は真夜中にたたき起こされたんです。私は急いで服を着替えて、ライフルを手にとって、それから入り口近くの配置につくように命じられたのを覚えています。アーランとマックスも一緒にいました」彼はそこでひと息ついてお茶を少しすすってから話をつづけました。

「とても寒い夜でした。外の気温はマイナス二〇度くらいまで下がっていて、三人ともブルブルふるえていましたよ。マックスはずっと寒さに不満を言い続けていました。部隊長が何度もやってきて、無駄話をせずに警戒を怠らずにいろという注意を繰り返していたので、アーランがマックスを威嚇して黙らせたんですよ」彼はそう言って笑いました。

「それは少しの間は効き目があったんですけど、しばらくしたらまたマックスはぶつぶつ文句を言い始めました。そこでアーランがマックスに『血の巡りを良くするために、立ち上がって足を踏み鳴らしみろ』って言ったんです。そのときに我々の目の前に飛行物体が現れたんです。それは巨大な円形をしていて、金属的な灰色の物体で、たぶん基地の入り口から一五メートルほど中に入った位置にいたと思います。それは音をまったく発することなく、我々とコミュニケーションを図ろうともまったくしませんでした。きっと彼らにとって我々は対等の存在というよりも興味の対象に過ぎなかったのでコミュニケーションをとる必要はなかったんでしょう」

「それはどういう意味ですか？」

「なんだか自分たちが顕微鏡でのぞかれている昆虫にように感じたんですよ。科学者たちは昆虫に話しかけたりはしませんよね。ただその様子を観察するだけです。まさにそんな感じがしました。彼らにとって我々は昆虫なんですよ」

「それと同じことを他の人たちからも聞いたことがあります」

「彼らの存在は脅威でした。宇宙船は基地の敷地内に完全に侵入して上空で二〇分間ほど停空飛翔していました。そのとき何の前ぶれもなく突然にひとりの兵士が隊形を乱して宇宙船に向かって走り出したんです。そして船体のほぼ真下までたどりついたときに明るい光が――ビームのようなものが――彼に照射されたんです。彼はまるでその場に凍りついたようになって、光が引っこむと地面に倒れ込みました。そして微動だにしませんでした。そこに二人の衛生兵が担架を持って急いで駆け寄っていって、彼をその場から運び去っていきました。それを私が眺めているとき、宇宙船が動き出したんです。それは真っ直ぐ急浮上してから、一秒か二秒の間に飛び去ってしまいました。我々はただその場に棒立ちになって、目の前で起きたことにあ然としていました。警戒態勢はその後も五、六時間にわたって継続されました。そして夜が明け始めたころ、我々全員が召集されて、今回の出来事は未知のものに遭遇した際に我々が心理的にどのような反応を示すかを見極めるためのテストであったと言われ、我々はそのテストに合格したと告げられました。そしてこのことは誰にも話してはならないと命じられました。その日の正午を迎える前に、私はアラバマ州の基地への移動命令を受けました。マックスがどこへ送られたかは覚えていませんが、たしかアーランはカリフォルニアへ向かおうとしていたと思います。我々の所属していた部隊の全ての兵士が、まるで風に散らされる木の葉のように、あちこちに飛ばされていったんです。それ以来、どの兵士にも二度と会うことはありませんでした」自分の話を終えたハンクは私に尋ねました。

「この話はあなたがマックスとアーランから聞いたものと同じですか?」

「ほとんど同じです。マックスはＵＦＯに近づいていった空軍兵はそれに向けて発砲したと言っていましたが、あなたは彼が銃を撃ったかどうか覚えていますか?」

「法廷で証言できるほど確かなことは言えませんが、彼が銃口を向けていたのは見ました。でも引き金を引いたかどうかは分かりません。本当にすべてがあっという間の出来事でしたから」

「宇宙船の様子について教えていただけますか?」

「大きなものでした。それまで見てきた飛行物体の中で最大のものでした。あんなふうな飛び方ができるものは軍隊には存在していなかったんです。音も立てずに上空で停止したままでいる様子を目にして、ただただ驚いていました。船体は丸い形をしていました。周囲の長さはたぶん一五メートルくらいで、高さは一二メートルほどだったと思いますが、もっと大きかったかもしれません。うまく表現できないんですが、船体の表面はまるで砂やすりをかけたみたいに滑らかで、それでいてテカテカしてはいないんです。私はよくあの宇宙船はどうやって船体表面に何の傷もつけずに宇宙を航行できるんだろうと不思議に思っていました。私が見た限りでは船体に文字やシンボルマークなどは確認できませんでした。どこから来たのかを示すような何らかの印も見当たりませんでした」

「これまでこの出来事について誰かに話したことがありますか？」

「このＵＦＯ事件を通して私は昔の人たちが言っていたことが本当であったと確信できました。我々はひとりぼっちではないということです。この世界には他にも多くの生命体がいて、別のさまざまな宇宙も存在し、それらと遥か遠い昔から我々は共存しているんです。それは我々の部族が信じてきたことのひとつであり、私の体験は自分が子供のころから聞かされてきたことを確証してくれただけなんです。そうは言っても、本当に恐ろしい思いをしたというのが正直な気持ちです」お茶を飲み終えた彼は、私にもう一杯勧めてくれました。

「ＵＦＯの目撃については誰にも話してきませんでした。率直に言って、軍部を恐れていたからです。私の若い時分は、今の多くの若者たちと違って、インディアンは社会的な地位が低かったんです」

「つまり体験を思い切って打ち明けることを、恐れていたということでしょうか？」

「もちろん恐れていました。我々に一切の口外を禁じた軍部の脅しめいた口調は、いつまでも心に不気味な余韻を残していましたから。それが実際に何を意味するのかは自分には分かりませんでしたが、その当時はそこにただならぬ気配を感じ取っていました。私はひとりのインディアンの少年でした。親元を離れて暮らすのも初めてで、まだ世の中のことを何も知らなかったんです。だから軍部が自分に何をしてくるのか不安だったわけです」

「現在ではそれをどう感じていますか?」

「これまで誰にも言う必要性を感じていませんでした。自分の家族にすらです。もしそれについて自分が口にすれば、彼らに危険が及ぶのではないかと恐れていたからです。だから私はそのことを完全に心から追い出して、自分の人生を生きてきたんです」

「なぜそれをいま話す気持ちになったのですか?」

「おそらくもう時効だからでしょう。今の私に彼らは何ができるでしょう? 私はひとりの老人です。そして弁護士の息子がいます。もし私がいざこざに巻き込まれたら、彼が私を守ってくれるでしょう」そう言ってハンクは笑いました。

「それにマックスとアーランは私の友人でした。私は彼らのために真実を語る責任があるんです」

私はここの保留区にもう二、三日滞在して、ハンクの親族の五、六人と会いました。彼は身内の人たちに私の訪問目的は決して話しませんでしたので、私も彼の意向を尊重して何も言いませんでした。私はただ彼の古い友人たちの友人として紹介されましたが、インディアンの世界においては、新たに仲間に入れてもらうためにはそれだけで十分でした。

　その数日後、私はアリゾナ州のチンルの町まで車を走らせて、ホリデイ・イン・ホテルに宿をとりました。そこで私はハンクとマックスとアーランのことを思い起こしていました。彼らはそれぞれの受けとめ方で自分たちの体験を振り返っていましたが、その他にひとつだけ共有しているものがありました。それは四〇年あまりにわたって沈黙を守り通してきたことです。彼らにとっては、異星人に対して感じるいかなる脅威よりも、自分たちの政府に対する恐怖心のほうが勝っていたのでした。

第9章　宇宙船内で出会ったもうひとりの自分

〝エイリアン・アブダクション（異星人による誘拐）〟とは、地球外生命体にさらわれて、彼らの宇宙船に乗せられたと主張する人々の体験を示すものです。その典型的な事例は、主に生殖に関係した医療的な実験を強要される体験をともなったものです。誘拐された人々（アブダクティ）は、ときとして環境破壊や核兵器の危険性などのメッセージを伝えるようになったりします。被誘拐者の多くは自らの体験を恐ろしいものとして語っていますが、いっぽうでは自らを変容させるものとしてとらえる人たちや、喜ばしいものと考える人たちすらいます。はっきりとした物理的な証拠が乏しいために、大半の科学者や精神衛生の専門家たちはこれらの主張を虚偽記憶、睡眠中の夢、あるいは精神病とみなしていて、まともに受け止めてはいません。異星人による誘拐事件として最初に大きく取り上げられたのは一九六一年のベティ＆バーニー・ヒル夫妻の体験談ですが、合衆国における初期のエイリアン・アブダクション事件の記録は、一八九七年におけるカリフォルニア州の新聞ストックトン・デイリー・メールの記事で、それによるとH・G・ショー大佐とその友人が、人間のような姿をした背の高い細身の三人に誘拐されそうになり、なんとか逃げ出してきたと書かれていて、その三人は全身が細い綿毛のようなもので覆われていたといいます。

一九六〇年代にワイオミング州立大学の心理学者であるレオ・スプリンクル博士は異星人による誘

拐事件に興味を抱きました。その後の数年間において彼は、学会の中でこの分野の研究に没頭する唯一の研究者でした。スプリンクル博士はこの種の誘拐現象の現実性を確信するにいたるとともに、このアブダクションとキャトル・ミューティレーション（臓器を不可解な手段で切り取られた家畜の死骸が発見される事件）との関連性を指摘した最初の研究者にもなりました。キャトル・ミューティレーションはアメリカ西部のいたるところで報告され、その多くはインディアン保留区内かその近くで起きています。

一九九〇年代になると、異星人による誘拐現象がより本格的な研究対象として注目されるようになり、研究家のバッド・ホプキンス氏、作家のホイットリー・ストリーバー氏、そして大学教授のデビッド・M・ジャコブ博士やジョン・エドワード・マック博士などがアブダクションを正真正銘の現象として取り上げるようになりました。北アメリカ大陸の南西部は、多くの北米インディアン部族の故郷としてだけでなく、UFOが数多く飛来する最も有名なエリアのひとつとして長年にわたり注目を集めています。実際のところ、最も有名なアブダクション事件のひとつである〝トラヴィス・ウォルトン事件〟も南西部のアリゾナ州で起きており、それについて書かれた『ファイアー・イン・ザ・スカイ』という本はベストセラーとなり、それをもとにした同名タイトルの映画もカルト的な人気を博しました。この事件は森林伐採作業員のウォルトン氏が他の六人の同僚とともに仕事帰りの道すがら、輝きを放つ平らな円盤を目撃したことに端を発します。仲間たちの証言によると、その物体にすっかり魅了されたウォルトン氏は、それをもっと間近で見てみるためにトラックを降りて近づいていきました。すると円盤から青い光線がウォルトン氏に向けて発せられ、地面に倒れこんだ彼はそのまま消えてしまったといいます。そして五日間の行方不明の後に現れた彼は、その間に異星人の宇宙船内で自分が体験したことを語りました。彼の話が本当かどうかについて、嘘発見器（ポリグラフ検査機器）によるテストでは疑わしいと判定されましたが、彼はその後も各地で催されるＵＦＯ会議における人気講演者でありつづけています（訳注　アリゾナ・ポリグラフ研究所のジョン・マッカーシー氏が行った本人への最初の検査では疑わしいと判定されたが、その手法について賛否両論があり、その後のサイ・ギルソン氏をはじめとする数々の専門家による検査では真実を語っていると判定されたという。またアリゾナ州公安局においてギルソン氏が六人の目撃者をポリグラフ検査した結果、一人は判定不能、残り五人は本人たちがＵＦＯだと信じた物体を目撃していると判定されている）。

この章でご紹介する人物は、自らの体験についてずっと沈黙を続けてきた男性で、彼は有名になることを望んではおらず、自身の体験によって金銭的な利益を得る機会を求めてきてもいません。彼が欲していたのは、普通の生活だけだったのです。

ウィリー・ジョーの体験

大学教育を受けた四〇代半ばのナバホ族の民、ウィリー・ジョーが語ってくれた体験は、私が取材してきた中で最も変わったもののひとつです。ウィリーと初めて会ったのは一九八七年の晩春のことでした。アリゾナ州のフェニックスでの会合に参加していた際に、私は滞在を数日延長してグランドキャニオンを訪れることにしました。車で向かう道すがら、ナバホ族の保留区内で路上に立ち並ぶ宝石売りの屋台に立ち寄りました。その中のひとつの店で、異星人の頭部のかたちをした銀製のキーホルダーが目にとまりました。その両目の部分には青緑色のトルコ石がはめ込まれていました。そして店主と話している中で、それを作ったのは彼の従兄弟であることを知りました。彼にスターピープルの存在を信じていますかと尋ねたところ、ＵＦＯは頻繁に保留区にやってきていると言いました。ただ彼自身は何度か宇宙船を目撃してはいるものの、地球外生命体を目にしたことは一度もないとのことでした。会話をつづけていく中で、私がＵＦＯやスターピープルに個人的に関心を抱いていることを伝えると、彼は私の話に途中で口をはさむことなく熱心に耳を傾けてくれました。そして私が話し終えると、彼はクーラーボックスを開けて、中から取り出したジュースを私にサービスしてくれました。そのとき車でやってきたオハイオ州からの観光客のグループに何点かの商品を売り渡した後、彼はあの異星人のキーホルダーの作者である従兄弟が私と同様にＵＦＯやスターピープルに深い関心を持っていることを明かしてくれました。そして店主は自分の軽トラックのほうへ歩いていって、そこで携帯電話を操作してナバホ語で口早に話し始め、それからこちらへ戻ってきて私を見ながら笑顔で言いました。

「ウィリー・ジョーが明日の朝、チンルのレストランであなたと一緒に朝食を兼ねてお会いしてもいいと言っています。もしあなたが彼に会うことに興味があればですが。彼のことはすぐに見つけられますよ。保留区内で最も大きな黒のカウボーイハットをかぶっていますからね」

「ええ、おうかがいします」

「待ち合わせ時間は七時です。彼は九時までに出勤しなくてはいけないので」

「その時間までにレストランに行きます」私は彼と握手を交わして車に乗り込み、行き先をチンルにあるホリデー・イン・ホテルに定めました。

翌朝の早い時間に私はウィリー・ジョーと会いました。彼は小柄でがっしりとした筋肉質の体をしていて、その笑みをたたえた目に、こちらまでつられて微笑んでしまいそうでした。彼の従兄弟があらかじめ言っていたように、レストランに入ったとたんに黒いカウボーイハットが目に留まりました。それは銀色の貝殻で飾りが施されていました。そして右手首に大きなトルコ石のブレスレットをしていて、首もとの紐ネクタイにも大きなトルコ石があしらわれていました。簡単な自己紹介の挨拶を済ませたあと、私たちは腰を下ろしてそれぞれの家族のことについて教え合いました。それはお互いの緊張をほぐして座を和ませるための北米インディアンたちの典型的な慣習です。聞いたところでは彼はアリゾナ大学出身で、在学中は二人の兄に学費を援助してもらっていたそうです。

「私は兄たちに多大な恩があるんです」そう彼は言いました。四〇代半ばの彼は一度も結婚することなく生きてきましたが、〝その気になったことは、一、二回ほどあった〟といいます。私たちの交友関係はこの十年後に彼が早世するまでつづきました。

「従兄弟から聞きましたけど、あなたは私の作ったキーホルダーに興味を示されたそうですね」二人の朝食が運ばれてきてからウィリーが話を切り出しました。

「ええ、発想が面白いと思ったんです。トルコ石の目をした異星人っていう」

「空いた時間を利用して宝飾品を作ってるんです。それを従兄弟が売ってくれています。私にとっては仕事と言うよりも趣味みたいなものなんです。昼間は別の職業に就いています。少年の更生施設で働いているんです」

「あなたはＵＦＯを目撃したことがあるとも聞きました。その体験を聞かせていただくことはできますか？」私は自分が北米インディアンの人たちによるスターピープルやＵＦＯとの遭遇体験を聞いてまわっていることを説明しました。ウィリーはそれを静かに聞いていました。そしてコーヒーのおかわりを注文して、ウエートレスがその場を離れてから私に顔を向けて言いました。

「これまで私の人生は、一度も自分自身のものであったことはないんです。生まれたときから、私には双子の弟がいたんです。自然な双子として同じ母から生まれたのではなく、異星人たちが私の血液から創り出して、はるか彼方の惑星で養育していたんです。彼らは毎年やってきて私を弟に会わせていました。しばしのあいだ二人でいっしょに遊んでいましたが、しばらくすると二人ともある部屋に連れていかれて、体を機械につながれて、くまなく検査をされました。私は自分の得てきた知識がもう一人に転送されているのだろうとずっと思っていました。彼らが私のところに来るのはいつでもありえることを常に意識しながら私は育ってきました。なぜ彼らが私の複製を必要としているのかは自分には分かりません。たぶん誰もに自分の双子の兄弟姉妹がいて、やがては人類すべてが双子たちと入れ替えられてしまうのかもしれません」

「あなたはそう考えているのですか？　異星人たちは地球にいるあなたと入れ替えるために複製を作っていると思っているのですか？」

ウィリー・ジョーは椅子に深く掛け直し、帽子を取って、黒々とした真っ直ぐな後ろ髪を手で撫で付けてから、店の窓の外に視線を向けました。

「小さいころは、彼らには何でもできるんだろうと思っていました。さらわれて複製を作られた子供は私だけではありませんでした。繰り返し宇宙船の中に連れ込まれていたときに、そこに自分と同じような子供たちの姿を見たんです。長い年月をかけて何百人も、たぶん何千人も、あらゆる人種の人間が誘拐されてきたんです。私は政府はこのことを知っているに違いないとずっと自分なりに思ってきました。彼らにとって私たちはただの消耗品に過ぎないんです」そう言って彼はコーヒーにミルクを注ぎ、その上に三袋の砂糖を落としていきました。

「政府が異星人たちと手を組んでいるとあなたが思った理由が何かあったのでしょうか?」

「たぶん疑い深くなり過ぎていただけなんでしょう。つまるところ私はインディアンであって、政府への不信感というものは遺伝子の中に組み込まれているんですよ」そう言って彼は笑いました。

「あるいは、誘拐されていたときに何かを教わったのかもしれません。今はもう私も大人になって、そのぶん少しは賢くなっているので、自分は単なる実験の対象だったのだろうと考えています。ただこの件については政府が絡んでいると今でも確信しているんです」

「なぜ政府が協力していると思うのですか?」

「シンプルなことです。異星人たちが地球人やその政府よりも優秀で力が強ければ、パートナーシップを組むことはまったくもって自然な成り行きです。それはたぶん恐怖心からであったり、おそらくは異星人側からの見返りを得るためだったりするのでしょう」

「見返りとは?」

「きっと進化したテクノロジーでしょう。そういう事情があるからこそ、政府は異星人の存在を否定することにやっきになっているんだろうと私は思います。技術的な進歩を遂げるための交換条件として、自国の一般大衆を異星人たちの人体実験用に提供しているなどということを、誰が認められるでしょう？　そこで必要になってくるのは煙幕を張ることです。そして何名かの御用学者たちに本を書かせて世間に広め、真相を語る人々が表に出てきても愚か者扱いされるようにしておいて、実際に恥をかかせて、嘲笑の的とするのです。そうやって彼らは真相を隠ぺいしてきているのです」

「あなたの〝複製〟の相手は人格を持っているのですか？」私の質問に彼は瞳をキラリと輝かせて、含み笑いを浮かべて答えました。

「自分の胸にだけしまっておこうと思っていたことがあるんです」私が彼をせっついて説明を求めたところ、彼はつぎのように語りました――「彼らのテクノロジーにも限界はあるんです。たとえば、もし彼らが複製人間を私と入れ替えに地球に送り込んでも、彼が私たちの文化を理解できるとは私には思えません。彼は部外者でしかないでしょう。それはちょうど、白人がナバホ族の慣習についての本を読んでも、そのエッセンスを魂にまでしみこませていないようなものです。あの異星人たちは地球人の体に入り込んできてその複製を作り出すことはできますが、魂を奪うことはできません。複製人間たちには、魂が宿っていないのだと私は思います。彼らは体の形や構造や声などをそっくりに再現していますが、魂あるいはスピリットは複製不可能なのです。コピー人間は決してナバホ族にはなれないんです」

その後も数年間、私はウィリー・ジョーと何度か会う機会を持ちましたが、いつも彼の話は最初に聞いたままの内容で、途中で変わったりすることは決してありませんでした。彼はお酒に溺れるようなことは一度もなく、地域の若者たちの模範とされていることを誇りに思っていました。ただ彼によると、自分の甥や姪が幼い頃は、彼がベビーシッターとしてやってくるのをあまり歓迎していなかったそうです。それは彼が厳格すぎたからでした。彼としては、もし幼子たちが何者かから目をつけられていた場合、夜間に危険が迫ってくることを本人たちは分かっていないだろうと心配になって、自ら世話役を買って出ていたのだと私に打ち明けてくれました。なぜなら彼が子供の頃には誘拐者たちはいつも夜の帳に身を隠して忍び寄ってきていたからです。

私が最後に彼のもとを訪れたとき、彼はすい臓がんであると診断されたと私に告げ、自分ではその病気はアブダクション体験と関係していると思っていると言いました。彼によると、数ヶ月前に異星人たちは彼を誘拐することをピタリとやめたといいます。彼は自分が癌を患っていることを彼らが知ったのだと信じていました。

「彼らはそれほど万能ではないんです。もしそうだったら、この癌を治せるはずです。あるいは、もう私は用済みとなったのかもしれません」

アリゾナでの最終日の晩、私は滞在先のホテルのレストランで彼と夕食を共にしました。

「自分を誘拐してきた相手に対して、あなたはどんなふうに感じていますか?」私の質問に彼が答えました。

「自分が死ぬまでに、彼らがなぜ私を誘拐し、なぜ複製を作ったのかが分かればいいなと思っていました。自分は実験の対象以上の存在だったと信じたかったんです」

私たちは食後に二人でホテルの敷地内を散策しました。

「あなたの人生にとってアブダクション体験が与えてきた最大の影響は何でしたか?」私の問いかけを受けた彼は、深く何かを思うように少しのあいだ夜空を見上げていました。私は彼の心の痛みを感じて、質問をしたことを後悔しました。ようやく彼は口を開きました。

「若いころは、結婚して子供をたくさん持ちたかったんです。私は大家族の出身で、ナバホ族は大人数の家庭が大好きなんです。私は決して結婚はしませんでした。彼らが私の子供のひとりを連れ去って複製を作ろうとするのではないかといつも不安だったからです。私は自分の子供にそんな運命を背負わせたくはなかったんです」

「でも彼らは一度も、あなたを傷つけたりはしなかったんですよね?」

「そのとおりです。でも彼らは私から私生活というものを、他からの干渉を受けずに自分の人生を生きる権利を奪ったのです。この世に生を受けたすべての人間は、その友人たちや親族たちから敬意を持って接してもらう必要があります。誰もが個人の尊厳をもって自分本来の生き方をする必要があるのです。異星人たちは決して私をそのように扱ってはきませんでした。彼らに聞きたいことはひとつだけです。彼らが地球人の子供を誘拐する正当な理由がどこにあるのかということです。しかし彼らは決して答えてはくれませんでした」私たちはベンチをみつけて腰かけました。

「このところ私は死ぬことについて考えているんです」彼の言葉を聞いて私が口をはさもうとするのを彼は片手を挙げて制しました。

「いいんです。私にはもう数ヶ月しか残されていませんが、あなたがもし本を書くのでしたら、私の話を必ず伝えてほしいんです。異星人たちによる誘拐現象はただの好奇心や実験よりも大きな意味があることを、人々は知っておく必要があります。彼らの中には悪意が存在します。親御さんたちに覚えておいてほしいことがあります。もし子供たちが実際にはいないはずの双子の話をしたり、あるいは夜中に寝室に入ってくる見知らぬ者たちについて語ったりしたときは、彼らの言うことに耳を傾けてください。たぶん彼らは私と同じ目に遭っているはずです」

「あなたの体験を伝えることをお約束します」私はそう返事をしました。

「たぶんそれが私がこの地球に存在する理由なのでしょう。あなたに出会って、私の体験を伝えることが。そうすることで、あなたが本を書いてくれたときに私の話がそこで伝えられて、私は自分の人生の役割を全うすることになるのでしょう。私たちにはお互いの役割があるのだと私は信じています」

それから五ヶ月が過ぎたころ、ウィリーは自身の子孫を残すことなくこの世を去りました。彼の言っていた双子の弟は現在どこにいるのか、そして彼はウィリー・ジョーの記憶と知識を今でも保っているのか、私は思いを巡らさずにはいられませんでした。ウィリーが亡くなってからきっかり二週間後に、スコットランドの医師がクローン羊のドリーを世界に公表しました。そして私はウィリーに思いを馳せました。彼はこの技術の存在を少なくとも四〇年前から知っていたのです。私たち人間がクローン技術で子供たちを誕生させる日は、いったいどのくらい先に訪れるのでしょうか。

第10章 第五種接近遭遇

ＵＦＯ学（ユーフォロジー）において、「接近遭遇」とは未確認飛行物体を近距離で目撃することを意味します。この用語は天文学者でＵＦＯ研究家でもあるジョセフ・アレン・ハイネック博士による造語で、彼が一九七二年に出した著書『ＵＦＯ体験 ―― その科学的研究』で紹介されました。博士は接近遭遇を次の三つのタイプに分類しました。

第一種接近遭遇　一五〇メートル以内の距離でＵＦＯを目撃した場合
第二種接近遭遇　ＵＦＯの目撃と同時に電気的な干渉等の物理的な影響が認められた場合
第三種接近遭遇　ＵＦＯの内部もしくは外側に異星人等の生命体を確認した場合

ハイネック博士が独自の分類法を考案して以来、さらにいくつかのカテゴリーが提起され、広く普及してはいないものの、次のような分類がなされています。

第四種接近遭遇　異星人による人間の誘拐（アブダクション）
第五種接近遭遇　人類が地球外生命体と自発的にコンタクトをした場合
第六種接近遭遇　ＵＦＯの目撃に関連して人間もしくは動物が死んだ場合
第七種接近遭遇　地球人と異星人との交配種（ハイブリッド）が誕生した場合

この中の第五種についてはテレパシーによる交信のみを指すと定義する研究家もいますが、この章では人間と地球外生命体の物理的な接触を含む広義の解釈を採用しています。
ここではスターピープルと遭遇したと主張する、二人の銀細工師をご紹介しましょう。

ダレンの体験

私がダレンのことを知ったのは一九九九年で、ナバホ族のインディアン保留区にいる共通の友人を介してでした。私が聞いていた彼のプロフィールは、一匹狼で、スポーツの観戦が大好きで、そして著名な宝石細工師としてさまざまな芸術祭で最高賞を含む数々の賞を獲得しているということだけでした。私は友人から教わったダレンの携帯電話の番号にかけて彼と話し、その日の夕方に地元の高校のバスケットボールの試合会場で待ち合わせをすることになりました。彼だと分かるためにはどうしたらいいかと本人に尋ねたところ、「私があなたを見つけますよ。あなたのことを見かけたことがありますから」とのことでした。

午後七時に私は地元の高校に向かいました。体育館に入ると、ホームチームの選手たちが試合前のウォーミングアップのために体を動かしていました。たいていのホームゲームの会場で見られるとおり、聴衆が大きな声で地元チームに声援を送っていました。ダレンらしき人を見つけようとして会場を見回したとき、背後からささやく声が聞こえました。

「言ったでしょう、私が見つけますよって」振り返った目の前には、笑みを浮かべたナバホ族の男性の顔がありました。ダレンは三〇代の独身男性で、頭にかぶった野球帽には地元の高校のチーム名である〝族長〟の文字があしらわれて、彼が熱心なファンであることを誇らしげに物語っていました。

彼は私を外野席の最上段へと誘い、階段を上る私に手を差し伸べて、最後列の席まで導いてくれ、そこに私たちは並んで腰かけました。その付近には他の観客の姿はありませんでした。

「ここが私のお気に入りの場所なんです。ここから叫んだり、野次を飛ばしたり、勝手な指導をしても、誰にも聞こえやしませんから」彼はそう言って笑いました。

「ときどき私の友人たちもここにやってくるんですが、今晩は近寄ってこないでしょう。私が抱っこちゃんと一緒にいると思うでしょうから」

この保留区でいうところの〝抱っこちゃん〟とは、ガールフレンドを意味する俗語でした。

「あなたの伯母さんから、あなたはいちど異星人に会ったことがあると聞きました」私がそう言うと、ダレンはうなずきましたが、彼の目はバスケットボールのコートを見据えていました。

「〝スカイゴッド（天空の神々）〟を見たのは一族の中で私が最初ではありません。祖父の話では、かつて宇宙船がニューメキシコ州に着陸して、インディアンたちが異星人をかくまったことがあるそうです」

国歌斉唱のために一緒に立ち上がりながら、私は彼のほうを見ました。

「それはいつのことですか？」一緒に着席しながら彼に尋ねました。

「一九四〇年代のことです。ロズウェル事件と同じころです。ロズウェルのことは知ってますよね？」

「もちろんです。あなたは異星人についてのおじいさんのお話を信じますか？」

「祖父の話では、彼と友人たち数名は、砂漠をさまよい歩いている異星人と出くわしたそうで、彼らには相手がスカイゴッドのひとりであることが分かり、政府の軍人たちに捕まらないように隠れた場所に保護したといいます。でも彼は亡くなってしまったので、祖父たちはその遺体を埋葬したそうです」

彼が語っていることを頭の中で整理して理解しようとしている私の横で、彼が突然に飛び上がって声援を送りました。試合開始のジャンプボールを味方の選手が取ったからです。

「私はいちど異星人に会ったんです」座りながら彼が言いました。

「彼は祖父のホーガン（土で覆ったナバホ族の木造住居）の前にやってきたんです。私は彼を見ておびえました。彼は見たことがない人でした。私は見知らぬ人は誰でも怖かったんです。だから私は家の中に駆け込んで、祖父に『外に男の人がいる』って知らせました。祖父は鉄板を熱していた火口を消して、出口のほうに向かいました。二人の話し声は聞こえませんでしたが、たしかに会話をしていたと思います。それから祖父は家の中に戻ってきて、私に一緒に来るように言いました。表に出ると、異星人は外壁に寄りかかって、手元の小さな金属製の物体を見つめていました。私は腕を伸ばして祖父の手を握りましたが、『怖がらなくていいんだ。何も心配はいらない』と言われました」

「その異星人はどんな感じでしたか？」

「彼は背が高く、浅黒い肌で、黒い瞳をしていました。彼の髪はいちども見ていません。服は茶色で、体にピッタリとフィットしていました。そして不思議なブーツを履いていて、その中にズボンの裾を押し込んでいました。ブーツは服と同じ色で、つま先がとがっていました。そのような服装はそれまで見たことがありませんでした。両手には手袋をつけていて、頭にはフードのようなものをかぶっていましたが、それはゴム入り生地のように密着していました」

「彼はあなたに話しかけてきましたか？」

「ひとこともしゃべりませんでした。でも祖父とは意思が通じ合っていました。私たちは三人で歩いて渓谷に向かいました。祖父は何度か立ち止まって足跡を確認していました。彼は地面に残された痕跡をたどっていたのです。その足取りを追って尾根の反対側に出ると、そこに大きな宇宙船の姿がありました」

「つまりは、その異星人の男性は迷子になっていたということですか？」

「祖父はそう言っていました。その男性は地球を訪れた少人数の探検隊のメンバーのひとりだったそうです。彼らは別行動をとることにし、彼はひとつの渓谷を上っていき、他の者たちは別の方向に行きました。彼はある装置を携行していて、それは宇宙船に戻る際に誘導してくれるようになっていましたが、作動しなくなってしまったんです。それで彼は私たちの家に助けを求めに来て、祖父と私で彼を宇宙船まで連れ帰ってあげたというわけです」

「あなたは自分の見たものについてこれまで誰かに話しましたか？」

「祖父とだけよく話していました。あれ以来、祖父は何かの話をするとき、『あれはスターマンの来る前だった』とか『スターマンが来た後で起きたことだった』などと言うようになりました。祖父によると、彼が子供のころはスターピープルについてのたくさんの話を聞いていたそうですが、実際に会ったのは今回が二度目だったといいます」

会場の売り子がポップコーンとジュースを抱えて外野席のほうにやってきたので、ダレンは彼をこちらへ呼び寄せて、コーラ二つと紙袋入りのポップコーンをひとつ買い求めました。

「おじいさんとスターピープルについて語り合っていたときには、どんなことを話していたんですか？」

「たいていの場合、祖父はスターピープルがいかに友好的で、決して我々に害は及ぼさない人たちだと語っていました。祖父は彼らのことを先祖たちと呼んでいました。そして彼らは大昔から地球を訪れてきていて、我々にあらゆるものの調和を保つことを忘れさせないようにしているんだと言っていました。そして彼らを〝種まき人〟とも呼んでいました」

「種まき人？」

「要するに、彼らは地球でもきちんと育つかどうかを見てみるためにここに種をまいて、それからそれらを確認するために戻ってくるんです」

「それは人間のことでしょうか？　それとも植物でしょうか？」

「両方だったと思います。それから動物もです」

「どんな種類の動物でしょうか？」ダレンは肩をすくめて見せました。

「ただ動物を連れてきたとだけ祖父は言ったんです」

「あなたは宇宙船のそばまで近寄ってみましたか？」

「そうしたかったんですけど、祖父が離れているようにと警告したんです。それから船体に触れてはいけないと言いました」

「宇宙船はどんな感じでしたか？」

「丸みを帯びていました。銀色でしたけど、光沢はありませんでした。窓はひとつもなかったです。ドアだけがありましたが、閉じてしまうと、それまでどこにあったのか分からなくなりました」

「あなたのおじいさんがスターマンを宇宙船まで連れていってあげたとき、他のスターピープルたちはあなたたちのほうを見ましたか？」

「ええ、彼らは宇宙船から出てきて仲間どうしで挨拶を交わした後で、迷子になっていたスターマンが祖父のほうを振り向いて、彼らに紹介しているように見えました。他のスターピープルは祖父に会釈をして、それから彼と立ち話をしていましたが、声は聞こえませんでした。彼らが宇宙船に乗り込んだとき、祖父は私に『我々は安全な距離まで離れなくてはいけない』と言いました。それから宇宙船が上昇していくのを二人で眺めていました。それは砂ぼこりすら巻き上げなかったんです。それが私にとって一番の驚きでした。ここでは風が吹けば必ずほこりが立ちますが、宇宙船が離陸したときにはまったくほこりが舞い上がらなかったんです。理由はよく分かりませんでしたが、なにか普通ではないことがここでは起きているということは理解できました。私はとにかく見慣れない人を怖がる子供でしたが、ここにいた見知らぬ人たちは町で見かける人たちとは様子が違っていました。彼らは別の種類の人たちでした。私は帰り道はずっと祖父の手を握っていました。そうしていると何だか安心だったんです」

「これまで他に宇宙船を目撃したことはありましたか？」

「他の宇宙船は一度も見ていませんが、私はあのときのスターマンにさらに二回会いました。あれから十年後も私は祖父の家にいました。当時は一七歳でした。同じ異星人がまたそこに現れたんです。

私には同一人物に見えました。彼は私の祖父に会いたがっていました」

「彼がそう言ったのですか?」

「いいえ、ただ彼がなぜやってきたのかが分かったんです。私は彼を裏の牧場へ案内しました。祖父はそこで一歳の家畜の世話をしていました。二人は古くからの友人のように挨拶を交わしていました。それからまもなくしてスターマンは帰っていき、私はそのあとに付いていきました」ダレンはそこで話を止め、フリースローを決めた選手に喝采を送ってからまた続けました。

「彼は渓谷のほうへ歩いていきました。私がまだ少年だったころに祖父と二人で彼を導いていったのと同じ場所です。彼は私が後ろから付いてきているのを知っていたに違いありません。渓谷に入る直前に彼は立ち止まりました。私は自分はそれ以上先へは行ってはならないことを悟り、祖父の家へと戻りました」

「おじいさんは再会したときのことを何かあなたに話してくれましたか?」

「彼が言うには、スターマンはただ旧友に挨拶をするために立ち寄っただけだったそうです」

「ほかには何か?」

「ええ、父はトルコ石の入った革製の小袋をスターマンに渡しました。相手はとても喜んでいたそうです。そんなところです」

「あなたは彼に二度会ったとおっしゃっていましたよね? また戻ってきたのですか?」

「五年後のことです。そのころ私は終日、祖父と共に過ごしていました。彼は八〇代の後半で、あまり体調が思わしくありませんでした。私は祖父のことが心配だったんです。私は差し掛け小屋の中に小さな店を構えて、夏のあいだはそこで働き、冬になったら室内に移りました。祖父はもう装身具類を作ってはいませんでした。視力が衰えてきていたんです。けれども彼は私が一緒にいる生活を楽しく感じていて、自分の古いテーブルで装身具類をまた作ったりしていました」ダレンはそこで口を休めて、また地元チームに声援を送り、私にポップコーンを勧めてくれました。

「スターマンが何の前触れもなく突然に現れたのは深夜のことでした。彼は祖父のベッドのところまで歩いていって、ひざまずいて祖父の上にかがみこみました。そしてしばらくすると彼は立ち去っていきました」

「そのときのことについておじいさんは何と言っていましたか?」

「ただスターマンは『私たちはあなたのことをお待ちしています』とだけ言いに来たそうです。その三日後に祖父は町の個人病院で亡くなりました。息を引き取るほんの何時間か前に祖父は『彼らが私に会いにくるだろう』と言いました」

私はダレンにとっては祖父の死について語るのはつらいことであるのが分かっていましたので、それ以上の質問はしませんでした。彼の文化においては、死者について語ることは、たとえその人が近親者であったとしても、古くから禁じられていました。それにもかかわらず、このナバホの若者は亡くなった人について話すことに、より寛大であるようでした。

彼の祖父の死から二年後、私はダレンの母親の家を訪ねました。ダレンもそこにいたのです。私が到着してまもなく、彼は私を離れの作業場に案内してくれました。

「夏にはいつも祖父がいた場所で働いているんです。冬のあいだは展覧会を巡っている時以外はここで仕事をしています」

「ちょっとお尋ねしたいんですけど」私は言葉をはさんで質問しました。

「あのスターマンにまたお会いになりましたか?」

「いいえ。でも彼がまだここへ来ていることは知っています」作業小屋の扉の鍵を開けながら彼はそう答え、ドアを開いて私を迎え入れてくれました。

「ここで数々の賞を獲得した装身具が作られたんですね」作業場を見渡しながら私は言いました。

「ええ、この場所でです。あなたがまたいらしてくれることを願っていたんです。あなたにお見せしたいものがあります。でもその前に何が起きたのかをお話ししないといけませんね」そう言いながら彼は、折りたたみ式の庭イスを開いて私を座らせてくれました。

「昨年の夏に祖父のいたところで一ヶ月あまり過ごしていたんです。そのころ妹が結婚したりして、母のまわりはあれこれと慌しくなっていたもので。祖父の家に着いて最初に目に入ったのは、以前に私がそばに建てた小さな作業場の入口前に置かれた革製の小袋でした。それは祖父が以前まで使っていたものでした」

「それは、あなたのおじいさんがスターマンにあげたものだったということですか?」

「同じものでした。手にとって開けてみたら何個かのトルコ石がこぼれ落ちました。それらは祖父がスターマンにプレゼントしたものでした。なんらかの理由で彼はそれを返しにきたんです。私は祖父が彼なりのやり方で自分は何の問題もなく元気にやっているということを伝えてきたんだろうと思います。私にはそれ以外に解釈のしようがないんです」そう言って彼は作業台の引き出しを開けて箱をひとつ取り出しました。

「私はそのトルコ石を七つのネックレスにあしらいました。ひとつを母のために、四つを姉や妹たちのために、さらにひとつを私の婚約者のために、そしてあなたのためにもひとつ。このネックレスにはパワーが宿っています。あなたを危険から守ってくれることでしょう。真実を求めて旅をするあなたに、必要なアイテムになるのではないかなと思いますよ」

その後も私はダレンに年に一度は会っていて、ときには年に数回になることもあります。初めて会ったときに独身だった彼は現在は結婚して、三人の素敵なお嬢さんの父親になっています。彼はそのぶん年を取りましたが、今でも各地の展覧会で栄誉を獲得し続けています。そして今でも私を友人や知り合いの人たちに彼の〝抱っこちゃん〟として紹介しています。そしていつもそれにまつわる思い出話として、保留区内のあらゆる男子たちから〝博士号を持つインディアンの娘と付き合っている〟ことをうらやましがられていたものだと自慢げに語っています。私はその話を訂正はしません。私たちはふたりとも本当のことを知っていますから。でも自慢したかったのはむしろ私のほうでした――かつて私が〝デートしていた〟ナバホ族の男は、他の惑星から来た人と散歩していたのだと。

チーの体験

私がウィリー・ジョー（第9章で紹介した男性）のもとを最後に訪れていたとき、彼は私に会いたがっているという友人の名前を伝えてくれていました。チーという名の男性は精巧な装身具を作り出している銀細工師で、彼の作品は世界中のお洒落なお店で売られています。私は次の出張で南西部へ行く途中でチーに電話をかけて自己紹介をし、朝食を共にすることにしました。場所はニューメキシコ州アルバカーキの西端にあるちょっと風変わりな小さなレストランでした。お店に入ってきて私のテーブルの前に腰を下ろした彼を見たとき、私はずっと前から彼を知っているような感じがしました。UFOにまつわる体験を話すように私に求められると、彼は微笑んでポケットに手を伸ばし、中から赤地のネル布に包まれたある物を取り出して言いました。

「あの出来事の記念として七年前にこのブレスレットを作ったんですが、売りに出したことは一度もないんです」

彼の見せてくれたブレスレットには、赤いルビーの目をした異星人の顔が施されていました。

「異星人は大きな黒い目をしているっていう人たちもいますけど、私のは赤い目なんです」手の平の上でブレスレットを傾けながら彼は説明してくれました。

「ご覧のように、顔の部分が真ん中にきているんです。ここがブレスレットの模様の中心で、その右側に彫られた月と星々はこの異星人が地球に来るまでの航路を表していて、左側には彼が訪れた私の家、そしてまた星々と月が彼の故郷の象徴として描かれているんです」彼はブレスレットを私に手渡して言いました。

「これをあなたに差し上げます。いちどこのブレスレットをウィリーに見せながら話をしたことがあるんです。そしてこれはあなたが持つべきものだっていう結論に達したんです」

「なんて申し上げていいのか……でも、ありがとうございます。本当にうれしいです」私は突然の素晴らしい贈り物に驚きながらお礼を言いました。

「いつかきっとスターピープルのことを知っている人と出会えるだろうと思って、ずっと保管していたんです。今はそれがあなたのためであったことが分かっています」

「そのお気持ちは決して忘れません」この贈り物をいつまでも大切にするという約束の気持ちを私はそう伝えました。ウエートレスが急に現れて、私たちそれぞれのカップにコーヒーを注いで注文を取りました。彼女がこちらの話し声が聞こえないところまで離れていってから、チーが自身の体験を語り始めました。

「私がスタービジターに会ったのは六年前の夏の暑い夜のことでした。頭上一面に無数の星々がきらめいていて、空には雲ひとつありませんでした。私はいつもの習慣で、砂漠に出かけて一夜を過ごそうとしていました。そこで夜明けと共に起きて祈りを捧げる時間が好きだったのです。砂漠は神聖な場所です。私の心を落ち着かせて、頭の中を整理させてくれます。日暮れ間近に砂漠についた私は、キャンプを張って火を起こし、お茶を飲むために鍋でお湯を沸かしました」彼はコーヒーをひと口すすり、食堂の周囲を注意深く見渡しました。

「突然に、どこからともなく、彼はやってきたんです。暗がりの中だったので、私は彼を近くに住む若者のひとりだと勘違いしていました。私は彼にそばに来て隣に座るように誘いました。そして彼が焚き火の灯かりの中までやってきたとき、私は彼の赤い目と青くきらめく服を目にしたのです。初めて見たときはビックリしました。彼は私の驚きに気づいたに違いありません。自分は遠く彼方からやってきたスタートラベラーだと自己紹介をしたからです。そして自分の使命は草、植物、土壌そして石などの標本を採集することだけれども、歩いている内に疲れてしまったのだと言いました。彼の住む惑星にも酸素はあるものの、地球のものとは違うらしいのです。それはたぶん気圧のせいなのだろうと思いますが、砂漠なのでなおさらだったのかもしれません。私は彼にコーヒーを一杯勧めましたが、彼は私たちのように液体を飲むことはありませんでした。彼の故郷について尋ねたところ、天の川の端のほうを指し示して、その辺りにあるのだが人間の肉眼では見えないのだと答えました」

「そのスターマンはどのくらいあなたのキャンプにいたのですか?」

「一五分から二〇分くらいで、長くはいませんでした。その晩は私にとってはかなり暖かかったのですが、彼は寒そうにしていましたので、私は彼の体を敷き毛布で覆ってやり、もっと火のそばに来るように言いました。彼の家族について聞いたところ、地球の人が言うところの家族のようなものは彼の世界にはないと答えました」

私はチーにスターマンと接して怖さを感じたり不安を覚えたりしたことはあるかと尋ねると、彼は相手は優しい感じだったと答えました。

「彼は仕事のためにやってきていた科学者だったんです。これまで地球のいろいろなところを訪れたけれども、お気に入りは砂漠地帯だと言っていました。彼によると彼の祖先はこの地帯に何千年も前にやってきていて、その頃は大地は現在ほどは乾燥していなかったといいます。そして保留区内では人々に出会うことはほとんどなく、地球の生命体に干渉することなく自身の職務が遂行できるので好都合なのだそうです。私はなぜ彼が私のキャンプ地に入ってきたのか尋ねてみました。彼が言うには、地球人に話しかけてみたいという心の誘惑に打ち勝つことができなかったからだそうで、しかしそれはやってはいけない行為だったらしく、もし上の者に知られてしまったら叱責を受けることになるらしいです」

「彼は実際にあなたに口頭で話したのですか？」チーは首を振りました。

「自分でもそこのところをはっきりさせようとしてきたんですが、さっきも言いましたように、周囲が暗かったんです。明かりは焚き火の炎だけでした。私には分かりません。彼の目は覚えています。そして青く光った服も。それは砂漠の赤土の上でかなり場違いな印象を与えるものでした。彼があなたや私と同じような話し方をしていたかどうか、私には思い出せません。確かなのは私からはそうやって話していたということだけです」

「他に何か話したことはありますか？」

「私は彼に異星人が地球の人間を誘拐しているというのは真実なのかと聞いてみました。彼は自分の同胞あるいはその種族の人々は人間を誘拐したことはないと答えました」

「ということは、他のグループの中には人間を誘拐している者たちが確実にいるわけですね」

「彼はそう認めました。彼の話では、この宇宙には数多くの文明社会あるいは惑星があり、その中には他の星の生命体を実験の対象にしたり、人間たちを連れ去ったりする者たちもいて、場合によっては彼らを盗んだりすることすらあるそうです」

「彼らを盗むとは？」

「彼の語った内容を伝えるものとしては、それ以上の表現は私には思いつきません。人間を連れ去って、二度と地球に返さない異星人たちがいるということでした。その目的については彼は知らないそうで、これらの問題について私とあまり話したくはないようでした」

「これがあなたにとっての最初の遭遇体験ですか？　それ以降はありましたか？」

「これが私にとって最初であり、目下のところこれが最後です。たしかに今では砂漠に入っていくときには以前よりも多少身構えて周囲に注意を払うようになっています。スタートラベラーに会う前は異星人による誘拐事件やＵＦＯに関係した行方不明事件などの話は、まったく信じていませんでしたが、今は違います」

「あなたは自身の体験をこれまで他の誰かに打ち明けたことはありますか？」

「私たちの共通の友人であるウィリー・ジョーは知っています。彼は私の話を信じました。そして今あなたに話しています。私以外にも体験者はいます。私の知っている人たちです。彼らはＵＦＯを目撃していて、中には宇宙船に搭乗した人たちすらいますが、それらの遭遇体験を見ず知らずの誰かに話すような者は私の知る限りひとりもいません。ナバホ族の人間の大半は一族以外の人間とはあまり口を利きません。部族内のことは外には漏らさないんです。ウィリー・ジョーはあなたのことが好きでした。あなたのことを心から応援していて、力になりたいと思っていました。だから私はあなたに打ち明けたのです。それが彼の私への遺言だったのです」

「彼は私にとってかけがえのない人でした。もうここは彼のいない保留区になってしまったんですね」私がそう言うと、チーはサングラスを掛けました。それは彼が友人との別れをとても寂しく思っていることを物語っていました。突然に彼は両手をテーブルについて立ち上がって叫びました。

「忘れてた！　午後から孫娘をギャラップの町へ連れて行ってやる約束をしてたんだ！」彼は私に手を差し伸べて握手をして言いました。

「そのブレスレットをあなたに身に付けてもらえたらうれしいです。そのときはまわりの友だちに『宇宙人に会ったという頭のおかしなナバホの男が私のために作ったの』って言ってください」

私はその後、チーを一度だけ見かけました。彼はサンタフェのインディアン市場にブースを構えていました。彼は工芸の世界の著名人で、何十人もの収集家が彼のまわりを取り囲んで、写真を撮ったり、彼の装身具のどれかを手に入れるチャンスを得ようとしたりしていました。私が来ていることに気づいた彼は笑みを浮かべて、帽子をちょっと上げて軽く挨拶をしました。私たちは言葉を交わす必要はありませんでした。ふたりだけに通じる無言のやりとりができたからです。私が今日にいたるまでずっと彼のブレスレットを誇らしげに身に付けていることを、彼が知っていてくれたらなと思います。もしこれを初めて見た友人が、どこでこの赤い目をした異星人の顔のブレスレットを手に入れたのかと尋ねてきたら、その由来を話してあげます。そしてこれは〝宇宙人に会ったクレイジーなナバホの男〟が作ったものであることをしっかり伝えるつもりです。

第11章 消えたスターピープル

ナバホ族の間では現代においても周期的に、〝超自然的な〟スカイゴッド（天空の神々）が姿を現していていています。一九九六年にクレイグ・ワトソン氏が書いた記事によれば、あるとき、目の不自由な母親とその娘の前に二つの存在（背が高く色の白い者と、それより背が低めの青緑色の者）が出現し、こう言ったといいます――「我々にはもはやナバホ族とそれ以外の者たちの区別がつかない。ナバホ族はもう祈りや聖なる儀式を行わなくなっている。ゆえにもう我々はあなた方を手助けすることはできない。皆の者に昔からの祈りと礼拝の習慣を取り戻すように伝えなさい。それが災いを防ぐ道なのだ。あなた方の言うことを信じようとしない者もいるだろう。しかし彼らに告げなければならないのだ」ワトソン氏によれば、その二人の存在が残した唯一の物的証拠は、青緑色のほうが残したモカシン（鹿革の靴）の足跡であったそうです。その神のような白い存在は地面の上を流れるように移動して、砂ぼこりだけを残していったといいます。この二つの存在の出現を受けて、ナバホ国は一族をあげて一九九六年六月二〇日に一時間の祈りを捧げて心をひとつにすることを宣言しました。ナバホ族の保留区では以前から似たような不思議な現象が起きています。

この章では、巨大な宇宙船で地球にやってきた存在が姿を消滅させるのを目撃した夫婦のお話と、自宅近くの砂漠で突然に姿を消した異星人を目撃した青年の体験をご紹介しましょう。

ネルソンとロレッタの体験

二〇〇一年三月末、私はナバホ族の保留区内の学校の現地視察プログラムに招待されました。インディアン保留区における薬物乱用やアルコール依存症の防止のための、連邦政府への新たな助成金申請を進めるグループの活動に私もかかわっていたからです。午前中は教室訪問と、講堂で開かれた生徒たちによる発表会に参加し、その後で地元の女性たちと調理師が来訪者のために用意してくれたナバホ族の伝統料理をご馳走になりました。昼食後は自分たちで自由に校内を見学してまわり、教職員たちと話す機会を持ちました。いくつかの教室を訪問した後で、私は学校の管理運営部門のあるほうに向かい、教育長のオフィスを訪ねました。私はそこで地元の長老であるネルソンを紹介され、彼は私を冷たい炭酸飲料がある教員用の休憩室まで案内してくれました。そこに向かう途中でネルソンは、自分は長年にわたってチェロキー族に関心を抱いていると言いました。

「古くからインディアンに伝わる宗教的儀式においてナバホ族は水晶を使うんですが、その習慣を持っているのはチェロキー、パイユート、マヤ、そしてナバホの四部族だけらしいのです。我々は遠い昔に何らかのつながりがあったと思うんです」それから癒しの儀式に用いられる水晶について二人で話していた中で、最近この保留区内で出現したというスカイゴッドの話題に私が触れると、彼は次のように説明してくれました。

「あの出来事で多くの人たちが不安を覚えたんです。そして出現の現場近くまで行ってみようと大勢が車で乗りつけました。ここはそういう不思議なことが起こる場所なんです。私も何度か目にしています」さらなる説明を私が求めようとしたとき、ちょうど教員用の休憩室が見えてきて彼がその方向を指しました。冷蔵庫から冷たい飲み物を取り出してから彼が尋ねてきました。

「ちょっと車に乗ってお付き合いして頂く時間はありますか？」私は腕時計を見てからうなずきました。

その十分後には、私たちは切り立った崖の頂上に立っていました。そこからは眼下に渓谷が一望できました。

「今から一四ヵ月前のことでした。私はいつもここへやってきて祈りを捧げたり、ときにはただ物思いにふけりにやってきたりするのです。夕暮れ時に太陽が渓谷の河床に消えていくのを眺めるのが好きなんです。それは一日のうちで特別な時間です。あれは暖かな一一月の夕方でした。私はここにひとりで来ていました。祈りを捧げ終わって帰途につこうとしたとき、それが現れたんです。遠くの山を越えてやってきて、左へ方向転換してから着陸しました。とてつもない大きさでした――ほとんど谷底を覆い尽くしていたほどです。この切り立った丘が立ち並ぶ中を、そのような巨大な宇宙船を操ってピッタリと河床に着地させる腕前に私はただただ驚きました。その宇宙船は私がこれまで目にしてきた中で最も不思議なものでした。小さなライトが無数についていて、まるで小さな都市のようでした」

「それが着陸したとき、あなたはどうしたのですか？」

「最初はその場を離れませんでした。スターピープルがここにやってくるという話はよく耳にしていましたが、私はまだ見たことがなかったからです。それから軽トラックの車内に入って、じっと様子をうかがっていました。もし何かあったらすぐに逃げ出せるようにしておいたんです。そのとき宇宙船のドアが開いたんです。そして二人の男性が船外に出てくる様子を、私は息をひそめて座席から観察していました。彼らは周囲を見渡していましたが、私のことは目に入っていませんでした。それから彼らは私たち双方の向かい側の位置にある山のほうへ真っ直ぐに歩いていきました。そして山の真正面まで来たとき、彼らは消えてしまったのです。そのまま私は二時間もしくはそれ以上もの間じっと待っていました。すると彼らはさっき消えた場所からまた突然に現れたのです」

「再び姿を見せてから彼らはどうしたのですか?」

「宇宙船のほうへ歩いていって、その手前で立ち止まって周囲を見渡してから、中に入っていきました。そしてドアが閉まって、宇宙船は浮上して飛び去っていきました」

「山には隠された入り口があったと思いますか?」

「その場を見てきましたが、それらしきものは見つけられませんでした。翌日もまた私はここへやってきてあたりを見てまわりました。その日は日曜日だったので仕事が休みだったのです。まず宇宙船が着陸した場所を見てきて、それから山へ行きましたが、どこにも入り口はありませんでした。彼らは隠れた出入口を持っているのか、あるいはただ岩を通り抜けることができたかのどちらかだろうと私は思います。とにかく私はこの目ではっきりと見たのです」

「保留区の中でほかに誰か同じような出来事を目撃した人をご存知ですか?」

「私の弟の息子がスタンディングロックの保留区の近くで二名のスターピープルを見ています。弟から数ヶ月前に聞いたことです。ここの人たちはUFOをしょっちゅう見ているんです。このあたりではありふれたことなんですが、でも今回のように山に向かって歩いていた二人が消えてしまうというような現象は実に不可思議なものでした」少し間を置いてから彼は続けました。

「私はここによく来るんです。あれからまだ彼らは現れませんが、私は気をつけて見ているんです。最近、町の店でカメラを買いました。彼らが再びやってきたときは写真を撮ってみたいと思っています。あなたがまたこの保留区に来ることがあったら私に声をかけてください。もし撮影に成功していたらお見せしますから」

私はそろそろ学校へ戻らなければいけなかったので、話のつづきをまた聞かせてほしいとネルソンにお願いしたところ、彼はその日の夕食を共にしないかと誘ってくれました。

「妻をチンルの町に連れて行く約束をしているんです。ですから三人で食卓を囲んでお話できますよ。妻にもあなたをご紹介したいですから。彼女もいろいろと目撃しているんですけど、あまり話したがらないんですよ。でもあなたに会えばたぶん気が変わると思うんです」

待ち合わせ時間を午後五時半に決めて、彼は車で私を学校まで送ってくれました。そして到着したと同時に視察団の送迎バスもやってきました。

約束の時間に指定のレストランの駐車場に車をとめたとき、彼と奥さんも自分たちの車から降りてきたところでした。私たちはレストランに入って静かな席をお願いしました。そして注文を済ませたあと、ネルソンの奥さんのロレッタが話を始めました。

「ネルソンから彼があなたをあの渓谷へお連れしたって聞きました」その言葉に私はうなずきまし

た。

「あそこはＵＦＯにとってお気に入りの着陸場所なんです。私が彼らを最初に見たのは八歳くらいのときでした。そのときは母と姉も一緒でした。染料用の植物を採っていたんです。日が暮れてきたのでそろそろ帰ろうとしていたときにそれは現れたんです。三人とも震え上がりました。まったく得体の知れないものだったからです。泣き出してしまった姉と私に静かにするようにと母が言い聞かせました。その声にも恐怖がにじみ出ていました」

「それからどうしたのですか？」

「みんなで駆け出しました。家に着くまでずっとです。そして玄関に入るなり、自分たちの見たものを父に話しました。父はユージーン伯父さんのところへ行って、二人で現場まで見にでかけました。彼らが戻ってきたとき私はまだ床に就いていませんでしたが、姉と私に聞こえないように声を落として母が彼らに言う声が聞こえました」

「でも聞こえていたんですよね？」

「聞こえました。聞いていないふりをしていましたが、耳をそばだてていたんです。父たちの話では、現場に着いたらそこに大きな機械の乗り物があって、何千もの小さなライトが灯っていたといいます。あたり一面が明るく照らされていて、乗り物のそばに二人の乗員がいたそうです。彼らは何か機体をチェックしているようで、ちょうどその時にドアが開いたので、彼らは帰っていくところなのだろうと父たちは思ったんですが、中からもうひとり出てきて、全員で山のほうに歩き出したんです。そしてネルソンが見たのとまったく同様に、彼らは山の中に消えていったんです。父たちがその場に残って二〇分ほど観察を続けていたところ、急に先ほどの三人が山から現れて、宇宙船に引き上げて去っていってしまった、というわけなんです」彼女は指を鳴らして話を締めくくりました。

「ということは、あなたが子供のころから彼らはここを訪れつづけているということですか?」

「ええ、五〇年以上です」

「宇宙船はどんな感じだったか覚えていますか?」

「丸みを帯びていました。私たちの家の一〇倍、いや二〇倍はあったかしら。船底の周囲に赤と白のライトが光っていました。今まで見たこともないような不思議な赤色でした。鮮血よりは暗い感じです。白い光のほうは白銀色でした。それから何百もの光の群れが見えましたが、たぶん小さな船窓の列から漏れてくるものだったのでしょう。離れた位置から眺めると、宇宙船はまるで小さな都市の夜景のように見えました。山の上から小さな町並みを見下ろしたことがおありでしょうか? あの宇宙船はちょうどそんな感じに見えたんです。灯りのついた夜の小都市の眺望のようでした」

「あなたは宇宙船にいた乗員たちを見たことがありますか?」私は尋ねました。

「いちどだけあります。二〇代のころでした。羊毛の染料となる草を採取していたときです。午後の早い時間でした。こんな時間に現れるとは思っていなかったのでびっくりしました。彼らは夜間にのみやってくるものだと思い込んでいたからです。宇宙船が着陸したあと、ドアが開いて、三人の乗員が出てきました」

「背丈はどのくらいでしたか?」

「一八〇センチ近くあったかしら。でも離れていたので、あくまでも目測です。服の色はほとんど白に近い明るい感じでした。みんな手に何かを持っていました。当時は何なのか分かりませんでしたが、今思えばあればトランシーバーだったのでしょう。私の孫息子がそれを持っています。船外に出てしばらくすると、彼らは山のほうへ歩き出しました。すると砂ぼこりがもうもうと立ち込めてきて谷間を覆いましたが、そのとき風は吹いていませんでした。ほこりがおさまると、彼らの姿は消え去っていました」

「彼らがどこに入っていったか見えましたか?」私の問いに彼女は首を振って言いました。

「何が起こったのか分かりませんでした。私は怖くなってその場を去りました」

「最近また彼らを見ましたか?」私の問いに、彼女は夫のほうに目をやりながら答えました。

「彼らはもういなくなったのだと私は思っていたんです。あれから私は彼らを見ていませんし、家族の誰もそれについて口にしてはいなかったからです。でも一年ほど前にネルソンがあそこへ行って、また同じものを見たって聞いたときに私は恐ろしくなりました。一五年間も姿を見せなかった彼らがまた戻ってきたからです」

「彼らが数週間前に二人の女性の前に現れたスカイゴッドだったと思いますか?」

「分かりません。あのスカイゴッドたちは宇宙船に乗ってはきませんでしたけど、彼女たちがただそれを見ていなかっただけかもしれません。私は自分の見たのは別のスターピープルだったと思います」それがロレッタの考えでした。

デストリーの体験

ナバホ族の保留区内で〝姿を消すスターピープル〟を目撃したのは、ネルソンとロレッタの夫婦だけではありませんでした。次にご紹介するのは、二〇代半ばのナバホ族の青年デストリーのお話です。彼の伯父のキャメロンと私は、インディアン保留区内の暴力事件や非行少年の問題に取り組む委員会のメンバーとして、数年来の知り合いでした。あるとき私はキャメロンから、彼の甥が宇宙船を目撃して、そこから出てきて突然に姿を消したスターピープルも見たという話を聞きました。似たような体験談を別のナバホ族の人からも聞いたことがあると私が伝えると、彼は私を自分の甥に会わせてあげようと言って車でデストリーのもとに連れていってくれました。彼の家に着いたとき、デストリーは暖炉に薪をくべているところで、彼の母親が私たちを招いてお茶を出してくれました。

「僕はＵＦＯについて話すのは好きじゃないんです」デストリーが口を開きました。

「このあたりの人たちはそういうことは言わないようにしているんです。エイリアンを一目見ようと大勢の白人たちに保留区内にドカドカと入り込んでこられるのは迷惑だからです。そういうことはセドナでやってくれていればいいんです。僕たちのことは放っておいてほしいんです」

私は彼に対して、遭遇現場の所在は決して公表しないこと、そして具体的な部分についてはすべて内密にしておくことを保証すると伝えました。その後に彼は私に話す気になってくれました。

「僕がこれからお話しする内容は尋常ではないものです。僕はここで母さんと二人で暮らしています。三年前に父さんが死んだとき、僕は実家の母の手伝いをするために大学を中退してここに戻ってきたんです。ここは僕が生まれ育った場所です」

「この近くでUFOを見たのですか?」

「ここから西のほうです。ある晩、カエンタの町から帰ってくる途中、メニー農園の半ばくらいの場所でUFOが目の前に現れたんです。それはゆっくりと道路を横切って東の空に消えていきました。着陸したに違いないと思った僕は好奇心が湧いてきて、それを確かめにいくためにハンドルを左に切って、丘陵のほうにつづく未舗装の道に車を走らせました。そして一一キロほど進んだ先に宇宙船の姿を見つけたんです。それは幹線道路からうまく隠れる場所に着陸していました。僕は彼らに見つかるのを恐れて、車のライトを落として接近しました。それから車を降りて宇宙船のほうへ慎重に歩《ほ》を進めていきました」

「その道には他に誰もいなかったのですか?」

「いませんでした」

「UFOの周りで何か動きが見られましたか?」

「三人の姿が見えました。人間のようでした。たぶん平均的な身長だったと思います。彼らは何か探しものをしているかのように船体の周囲を歩きまわっていました。すると突然、その中のひとりが何かを見つけて他の者たちを呼びました。そのときです」

「何が起こったんですか?」

「彼らが消えてしまったんです。まるで地面が口を開けて三人を飲み込んでしまったかのようでした。僕はその場にへたり込んでしまい、暗がりの中で三時間ほど呆然としていました。そうしていると、どこからともなく彼らが再び現れて、宇宙船の中に戻っていったんです。僕は身を潜めたままで動かずにいました。すると突然に宇宙船はゆっくりと浮上し始めて台地のほうへ向きを変え、つぎに急速に上昇してあっと言う間に行ってしまいました。次の日に僕はその場所に再び車でやってきて、あたり一帯を見てまわりましたが、何も見つけられませんでした。彼らの痕跡は何も無かったのです。着陸した跡すらも残っていませんでした。僕は確かに同じ現場に戻ってきていましたが、そこで何かが起こったことを示す証拠が何もなかったんです」

「そのあたりに洞窟や井戸などがあるか知っていますか?」

「僕はなにも知りません。彼らが洞窟に消えたとは思えません。いまそこに立っていた人たちが、次の瞬間にはいなくなっているのですから。そのくらいスパッと消えたんです」

「それを誰かに知らせましたか?」

「母と伯父に話しました。キャメロン伯父さんからは、このことについては黙っているほうがいいと言われました。伯父さんが言うには、スカイピープルはずっと昔から保留区を訪れているのだから、彼らについては余計なことは言わないほうが無難だと。そして私が具合が悪くならないように儀式を受けておくべきだと言いました」

お茶を飲み終えてから、デストリーは彼がUFOを見た現場まで私を連れていってくれると言いました。それから四五分後に私たちはそこに到着しました。そこで皆で一時間ほど周辺をうろついてみましたが、デストリーの言っていたとおり、その場所から丘陵や他の場所へとつながっているような開口部や扉、あるいは隠された入口の痕跡を示すようなものは何も見あたりませんでした。

私は二〇一一年の七月に再びデストリーのもとを訪ねました。彼は少し前に結婚していて、私をお茶に招いて奥さんに紹介してくれました。そのときはまだ彼は母親と一緒に住んでいましたが、同じ敷地内に夫婦のための新居を建てる予定でいました。デストリーは地元の高校で働いていましたが、夏休みの期間中は大学に戻って学位に必要な単位を取得するつもりだそうで、「僕は教師かカウンセラーになりたいんです」と語っていました。あれからまたＵＦＯを目撃したことがあるかという私の質問に対して彼はこう言いました。

「夜に屋外で腰かけているときにときどき見ました。彼らを見ないようにするには視力を失うか、岩の下で暮らすしかないですね。僕はもう彼らを追いかけたりはしません。彼らが何をしているのかも知りたくはないです。僕はただ自分の妻と自分の母親を大切に守っていきたいんです」

ＵＦＯを目にしないようにするには視力を失うか岩の下にいるしかないというデストリーの言葉が私の耳にいまでも残っています。実際には彼の言ったことが真実だとは思いませんが、アメリカ人が空を見上げることをしなくなったのは事実だと思います。私たちの社会は、この広い宇宙には何があるのだろうと思いをめぐらすことにほとんど時間を費やしません。私たちはそこに何があるかは知っています――ＮＡＳＡがそれらを見せてくれましたから。ただ残念なことに、ＮＡＳＡは自分たちが見たもののすべてを私たちに教えてくれてはいないはずです。

第12章　ＵＦＯはミサイル基地に舞う

原子力発電所、ミサイル基地、研究施設、そして基地内の核兵器観測室などの上空におけるＵＦＯの目撃報告は、非常に多数寄せられています。政府の科学者や軍関係者たちによる多くの証言は、ＵＦＯを操っている知的生命体たちが核兵器と核開発に関心を持っていることをうかがわせます。二〇一〇年に七名の元米国空軍職員が首都ワシントンにおいて、核兵器施設でのＵＦＯ目撃についての記者会見を開きました。この会見を企画したＵＦＯ研究家で作家のロバート・ヘイスティング氏は、これらの事実は地球外生命体が全世界の核兵器を絶えず監視していることを如実に物語っていると長年に渡って主張しています。彼によれば、一九六三年から一九九六年にかけて全米各地の空軍基地で五〇人以上の軍職員から報告が上がってきており、それはモームストロン（モンタナ州）、マイノット（ノースダコタ州）、Ｆ．Ｅ．ウォレン（ワイオミング州）、エルスワース（サウスダコタ州）、ヴァンデンバーグ基地（カリフォルニア州）、そしてウォーカー（ニューメキシコ州）などの基地であるといいます。記者会見はナショナルプレスクラブで開かれ、そこには六人の元軍将校と一人の元兵士が出席しました。そして各々が地上や地下の核ミサイル格納庫の上空で舞うＵＦＯの個人的な目撃体験や、部下からの報告等を回想して語りました。

この章でご紹介する二つの出来事は、サウスダコタ州にある地下核ミサイル格納庫の付近で発生しました。この格納庫は現在は軍部によって取り壊されていますが、ここで登場するラコタ族とスー族の証言者たちの話は、この惑星に蔓延している核兵器に地球外生命体が注意を払っていることを明白に示すものとなっています。

ジェイクの体験

一九九三年、ある二八歳のラコタ族のトラック運転手が新型の軽トラック数台を荷台に積んで、サウスダコタ州ピアにある販売代理店のもとへ運搬していました。そして深夜二時頃の高速道路を一台きりで走っている彼の目の前に、チカチカと明滅する光が近づいてきました。最初はそれは別のトラックがヘッドライトを下向きに変えるのを忘れているのだろうと彼は思っていました。そこで彼は自分の車のヘッドライトを明滅させて合図を送ったところ、前方の物体は地面から垂直に浮上して、こちらに急接近してきました。

「それは僕のほうに真っ直ぐに向かってきたんです。そして運転手台のわずか三メートルくらい上を通り越していきました。いま思い返すだけでも背筋がぞくぞくします」

私の向かい側に座ってコーヒーを飲みながら話すジェイクのようすを私は観察していました。彼の遭遇体験のことは、本人の妹を通して知りました。彼女は私の受け持つ新入生のひとりとしてモンタナ州立大学にやってきていたのでした。

「兄のジェイクはそれまで友人たちからミサイル基地の近くで目撃されるＵＦＯの話を聞かされても懐疑的だったんです。ただのうわさ話に過ぎないと聞き流していました」彼女はそう言いました。

「でもいまでは夜通し空を見上げながら、ＵＦＯが再び現れないかと期待して過ごしているんです。兄といちど話されてみるといいと思いますよ」

私は翌週にジェイクがボーズマン市を通る際に会う約束をしました。その市境から一三キロほど西にあるベルグラードという小さな町のトラックの停車場に私が到着したとき、彼はすでに二杯目のコーヒーを飲んでいたところでした。私が近づいていくと彼は立ち上がって私の上着を手にとって、きれいにたたんでから自分の横の仕切り席に置きました。メニューを差し出した彼に私はもう昼食を済ませたことを伝えると、彼はチーズバーガー二個とフライドポテトを注文しました。彼はおどおどした様子で自分の坊主頭をなでて、首から下げた軍の認識票を下にぐいっと引っ張りました。

「あなたの妹さんと知り合えて嬉しく思っています」私が話を切り出しました。

「彼女は大学で非常に良くやっていますよ」

「ええ、自慢の妹なんです。そして大切な存在です。妹はちっちゃな頃から将来はお医者さんになりたいって言ってたんです。僕は妹が夢を叶えるのを見守っていきたいと思っています。家にひとり医者がいるっていうのも良いですし」かすかに笑みを浮かべて彼は言いました。その表情には誇らしげな様子が見えましたが、同時にそわそわとした落ち着きの無さも感じ取られました。私は彼に長距離トラックの運転手の仕事のことや、これまで訪れた場所などについて尋ねました。彼はアメリカ大陸を端から端へと横断したことや、二つの大洋を見てきたこと、そして母なる地球の美しさに対する尽きることの無い感動について語り明かしてくれました。

「これまでたくさんのものを目にしてきましたが、あの晩に遭遇したＵＦＯほど奇妙なものはありませんでした」

「宇宙船に遭遇した際に、あなたはトラックを停止させましたか？」

「道路わきにトラックを停めて、頭の中を整理して、気持ちを落ち着かせようとしていましたが、飛行物体を再び見ることはありませんでした」

「宇宙船の様子について、覚えていることはありますか？」

私の質問に答える前に彼は、ウエートレスにコーヒーのお代わりを頼んでから言いました。

「それは巨大な三角形のかたちをしていました。縦の長さは僕のトラックの二倍くらいあって、横幅は五、六倍はあったと思います。最も広い部分の幅です。そして白いライトが船体の輪郭を夜空の中で浮かび上がらせていて、トラックの周辺全体も照らし出していました」そう言って彼は手元のコーヒーに目を落とし、スプーン五杯の砂糖を入れてかきまぜました。

「ひとつだけはっきりと言えるのは、あれはこの世界のものではないということです」

「どうしてそう思うんですか？」

「そうですね、ひとつには、あのような飛行物体が深夜の二時にサウスダコタでいったい何をしているのか、そしてどこからやってきているのかという疑問です」

「たぶんエルスワースかモームストロンの空軍基地からじゃないでしょうか？」

「僕はそうは思いません。僕は軍隊で四年間を過ごしました。そして基地内でほとんどすべての種類の飛行機を見てきました。あれはわが国のものではありません。僕はそう確信しています。それに、なぜ自国の飛行機がミサイル基地の上空をうろついたり、見つかったら急いで逃げたりするんでしょうか？　そのあとで僕は無線で他の運転手たちに警戒を呼びかけようとしたんですが、電波障害が起きていてずっとつながらなかったんです。やっとひとりとつながったのは、一五キロ以上も移動したころでした。そのときですら、たびたび通信が途絶えてしまっていました」

「ほかにも飛行物体を目撃した運転手はいましたか？」

「ひとりもいませんでした」そう言って彼は仕切り席の椅子に深く座り直して、窓の外に目をやりました。

「だから先生にお聞きしたいんです。他にも僕と似たような体験をした人にお会いになりましたか？それとも世の中で僕ひとりだけなんですか？」そう言って彼はコーヒーをひと口すると、マグカップをテーブルの隅に置いて、ウエートレスが持ってきた二個のチーズバーガーをおくスペースを空けました。そして味見をする前に、バーガーに塩を振り掛けながら言いました。

「たぶん僕は自分だけじゃないっていう言葉を聞きたいんだと思います」

「あなただけじゃありませんよ」私は答えました。

「それから、ええ、似たような体験をしている多くの人たちに私は会ってきています。その中にはあなたの保留区の部族警察に属している警察官も含まれています。さらに彼はミサイル基地まで飛行物体を追跡してもいます。彼は無線で救援を要請しようとしましたが、無線機が動かなくなってしまっていて、腰に付けたホルスターから拳銃を抜き出すことすらできませんでした。あなたと同じ保留区内に住むもうひとりの男性は、宇宙船を目撃した後、それが消え去るまで追いかけていきました。他の証言者の中には、スターピープルと遭遇した出来事や、彼らとのやりとりを詳細に語っている人たちもいます。それらの中には友好的なものもあれば、あまり友好的とは言えないケースもあります。安心してください。あなたは気がおかしくなっているわけではないんです」

「そう先生に言っていただけてありがたいです。こんなことがあると、ときどき自分でもおかしくなったんじゃないかって思ってしまうときがあるんです」

ジェイクが食事を終えて、携帯マグカップにコーヒーを入れてから、私たちは駐車場まで歩いていきました。彼は自分と会ってくれたことに対して私に礼を述べ、私たちは握手を交わし、私は彼がレストランの南側に停めたトレーラーに戻っていくまで見ていました。車に乗る前に彼はもういちど振り向いて、手を振りました。そのときの私は、また彼に会うことになるとは思っていませんでした。

その四ヵ月後、彼の妹が私の事務室に入ってきて、ジェイクが私にまた会いたがっていると告げました。そこでまた同じ場所で、待ち合わせをすることになりました。

「また現れたんです」仕切り席の向かい側に座る私に彼が話し始めました。

「真夜中近くに同じ場所で出くわしたんです。今回は、前方に光が見えた時点で僕は今後の展開が分かったので、路肩に車を停車させ、ライトを明滅させて合図を送り始めました。するとただちに飛行物体は浮上しだしました。そして今回は僕はトラックから飛び降りて、自分の頭上を飛んでいく様子を見ました。それは巨大で頑丈なブーメランのようでした」そう言って彼は、テーブルの上に指で三角形の輪郭をなぞって見せました。

「ライトは全部で七個ついていました。前面にひとつ、両側面に二つずつ、そして後部に二つです。

明るく白い光を放っていました。そして数秒のうちに飛び去っていきました。空をジグザグ飛行しながら消えていったんです。それから僕は、ミサイル基地のほうへ歩いていきました。そのとき空気中に硫黄の匂いが色濃く立ち込めていました。基地はフェンスで囲まれていましたので、敷地内に入ることは不可能でしたが、あきらかに宇宙船はミサイル基地の上空を漂っていたんです」

「本当のところは誰にも分かりません」私は答えました。

「真相は確認しようがありませんが、同様のことを報告している人たちが大勢いることは確かです。研究家の中には地球外生命体が私たちの核兵器に常に目を光らせていると考えている人たちもいます」

「そうですか。専門家の意見についてはよく知りません。そういう人たちは僕より頭がいいんでしょうけど、自分としては、宇宙船は核施設から何かのエネルギーを吸収しているんじゃないかと思うんです。そうでないとしたら、なぜ彼らはただその上でずっと滞空したままなのでしょう? 監視しているっていう見方には僕は納得がいきません。たぶんその理由は決して明かされないんでしょうけど」

そのときウエートレスがコーヒーを入れたジェイクの携帯マグカップを返しにやってきて、彼は十ドル紙幣を手渡しました。

「毎度のことで、僕はこれからもうひと仕事ですけど、また会いに来て頂いて感謝しています。先生のおかげで僕はこのおかしな世の中でも正気を保っていられます」

私は彼と一緒に店を出て、彼がトラックの停車場へ向かっていく姿を見送っていました。

「空を注意して見ていますよ」彼が大きな声で言いました。「何か見たら、また先生にお話しします」

それ以来、私はジェイクに一度も会っていません。彼の妹はやがて無事に大学を卒業しましたが、トラックで移動中だった彼は卒業式に出席することができませんでした。彼からは何も連絡がないので、新たな遭遇体験はしていないのだろうと私は思っています。

ルイとジンジャーの体験

私がルイとジンジャーに初めて会ったのは、一九八一年に開かれた全国インディアン教育会議の会場でした。ジンジャーと私は北米インディアンの若者たちと、アルコールの乱用の調査に関する討論会のパネリストとして選ばれていました。しかし私が二人の遭遇体験について聞かされたのは、お互いをよく知るようになってから五、六年後のことでした。

「あれは一九八九年のことだったんだ」ルイが話し始めました。

「ジンジャーと僕は、国道二一二号線沿いのトラックの停車場にあるお店で、ハンバーガーを買うために車を停めたんだ。時間は夜の九時ごろだった。それから十分くらいでまた道路に戻ったときに、高速道路の前方の道の上空に明るく輝く赤い光を見つけたのさ。最初に気づいたのはジンジャーなんだ」

「ルイがあれをどう思うか尋ねてみたの」ジンジャーが言いました。

「私たちはこの道を何度も通っていたけど、あんな光を目にした覚えはまったくなかったの」

「僕は新しい電波塔かもしれないと思ったんだ。ほかに思い当たるものがなかったから。この道の上空に赤い光を見たことは過去に一度もなかったし、ここはもう何百回も行き来していたんだ。僕はこのあたりで育ったからね。自分にとっては庭みたいなものなんだよ」

「そのまま車を走らせていくにつれて、なんだかあの光は変だなって二人とも感じ始めたの。そして光はだんだんと明るさを増していって、ようやく私たちはそれが電波塔なんかじゃないことに気づいたの」

「それはUFOだったんだ。そして道路に面したところにあるミサイル基地の上空に、ずっと滞空していたんだ。このあたりに住んでる人なら誰でも、あの基地には地下核ミサイル格納庫があることを知ってるんだよ。地上に出ている部分は一見すると質素な平屋作りの家みたいだけど、そこには二四時間体制で監視員が常駐しているんだ。外から見る限りでは、その下に万が一の核戦争の際に備えたミサイルが隠してある形跡はまったく確認できないけど、建設中の現場は誰もが見ていたのさ」

「私たちがミサイル基地のそばに差し掛かったとき、そこで起きていることが分かったの。そしてルイが路上で車を停めたの。そのとき私たちは反対車線のほうにいて、その物体からの距離は一五メートルくらいしかなかったわ。それはミサイル基地の上空九メートルほどの位置で宙に浮いたままで、敷地内全体を明るく照らしていたの。軍人の姿はどこにも見えなかったわ」

「僕らは二人ともただ唖然としていたんだ」ルイが口をはさみました。「とても信じられなかったよ」

「それで私たちが身動きもせずに座ったままでいると、突然にその飛行物体が道路を横切ってこっちに真っ直ぐに向かってきたの。二人とも思わず体をのけぞらせて、それが車の上を通過していくのをサンルーフ越しに見たの。V字型をしていたわ。三角形だったの。先端に赤いライトがひとつあって、そのほかに六つの白いライトがあったの。それが頭上を飛び越えていってから、私たちは車の外に飛び出して、飛んでいく方向を見ていたんだけど、自分たちの車でそれを追いかけてみることにしたの」

「それで道路の真ん中でUターンして、追跡を始めたんだ。でもおかしな感じだったんだよ。その物体は、まるでこちらの心を読み取っているかのように、僕たちが来るのを待っていたんだ。そうやって車で彼らのいるところまで追いついたとき、僕たちはまた高速道路に車を停めて、二人で車外に出たんだ。そうすると連中はまた飛び去っていったんだよ」

「まるでイタチごっこをしてるみたいだったわ。逃げる相手をこっちが追いかける、相手はこっちが追いつくまで待っている、そして近くまで来たらまた逃げる、っていう具合に」

「でもやがて彼らも飽きてきたんだろうね。ある段階で突然に空中でジグザグ飛行を始めて、消えていってしまったんだ。僕たちはがっかりして、また車をUターンさせて保留区に向けて戻っていったんだ」

「でも話はそこで終わりにはならなかったの」

「翌日の晩のことだよ」ルイが再び話し始めました。

「二人が仕事を終えたあと、ジンジャーがUFOを探しにドライブしに行こうって言ってきたんだ。ふつうなら変な話に聞こえるだろうけど、それはいい提案だって思えたんだよ。それで軽く夕食を済ませてから二人で出かけたのさ。僕たちは人里離れたところに向かう砂利道をコースに選ぶことにしたんだ。その途中に従兄弟たちの家が何軒かあるので、ちょっと立ち寄って挨拶をしてこようと思っていたんだよ」

「そこは二車線分の幅のある道で、小高い丘をいくつも越えていくの。そこで私たちはまたあれを見たの」

「UFOを見たということかしら?」私の問いにジンジャーが答えました。

「そうよ。また宇宙船が現れたの。でも今回はV字型じゃなくて、丸い形をしていたの」

「それは小型の円盤で、船体の周囲の長さは九メートルから一二メートルくらいだったと思うよ。そして彼らはまたイタチごっこの続きを始めたんだ。丘の向こうに姿を隠して、僕たちが丘を越えたところで姿を見せてってことの繰り返しさ。それが数分ほど続いたのは間違いないよ。そんなとき、丘を越えて下り坂にさしかかった僕らの目に突然に飛び込んできたのは、前方の道のど真ん中に着陸して僕らを待ち構えている円盤の姿だったんだ」

「それでルイが慌ててブレーキを踏んだの。そして車を急停止させたときに円盤までの距離は一メートルもなかったわ。このとき私は恐怖に襲われたの。そしてルイに車をバックさせてここから逃げましょうって叫んだんだけど、彼は何の反応も示さなかったの。そのときドアの開く音が聞こえて、明るい光が洪水のように押し寄せてきたの。私は二人とも誘拐されてしまうんだと悟ったわ」

「僕は車のことが気になってたんだ。買ったばかりのマスタングのスポーツカーだったから、誰かに持っていかれてしまうんじゃないかって不安だったんだ。車がその場に置き去りにされてしまったと思っていたんだよ。その生き物たちは心配することはないって僕たちに言ったんだ。車のことは大丈夫だからって。自分たちにまかせておけばいいって言われたんだ」

「私はそれは覚えていないわ」ジンジャーが言いました。「私が覚えているのは白い光なの」

「僕は宇宙船に乗っていたことを覚えているよ。長い廊下を歩いていって、その脇に並んでいた部屋の中に他の人たちの姿も見たんだ。僕の従兄弟のルーベンもそこにいたと思うんだけど、そのときは確信が持てなかったんだ。彼らは僕のことを検査したんだけど、傷つけることはなかった。とにかくずっとジンジャーのことが気がかりだったよ。彼女は別のところへ連れていかれてたんで、何をされるのか心配だったんだけど、彼らは心配いらないって言ったんだ。彼女を傷つけるようなことはしないって」

「私はそれについては何も思い出せないわ」ジンジャーはそう言い、ルイが話をつづけました。

「僕の気持ちがいくぶん落ち着いてきたころ、彼らは対等の立場の仲間に接するような感じで話しかけてきたんだ。そして僕が以前に働いていたロスアラモス空軍基地での職務について尋ねてきたんだ。それからカークランド空軍基地のことも聞いてきたよ。そこでも僕は働いていたんだ。それから彼らは僕をモニターの前に連れて行って、そこに映っている宇宙の映像を見せて、プレアデス星団の中のひとつの星を指し示したんだ。そこが彼らの発祥の地らしい。僕からの彼らへの質問として、宇宙空間で我々の宇宙飛行士たちを見たことがあるかって尋ねてみたところ、彼らは地球人の宇宙計画は有益というよりも危険なものだって答えたんだ」

「それがどういう意味であるかを彼らは話してくれた？」私は尋ねました。

「彼らが言うには、宇宙空間においては、ときには、自らの存在を知らしめることよりも、目立たないようにして素性を隠しておくほうがいい場合もあると。僕なりにその意味は、宇宙には我々に対して友好的ではないかもしれない者たちもいるっていうことだと解釈したよ」

「宇宙船はどんな感じだったのかしら？」

「僕たちは二種類の宇宙船に乗ったと思う。円盤型のものは近距離用のシャトル便みたいなもので、より大きな宇宙船との往復に使うんだ。僕は階段を下りて、とっても長い廊下を歩いていたことを覚えている。これといって特徴のない場所で、角は丸みを帯びていたよ。色は銀色だった。廊下沿いに部屋が並んでいて、その中に他の人たちもいたんだ。そこで自分の従兄弟の姿を見たんだよ。確かに彼がそこにいたんだ」

「本人にそのことを聞いてみたの？」

「いちども聞いてないよ。なぜか分からないけど、彼にはその出来事については話してはいけないっていう心の声をずっと感じているからだと思うんだ。実際のところ、その件についてはジンジャーとも一度も話したことはなかったんだ。話すきっかけになったのはおよそ二年後のある日のことで、ソファに座っていた彼女がいきなり僕にこう言ったんだ――『私たちがあなたの従兄弟のルーベンのところへ向かう途中でＵＦＯを見たときのことを覚えてる？』って。そのときにまるでダムが開いてすべての水があふれ出てきたように記憶がよみがえってきたんだ。そのたった一度の機会に、あの晩にあった出来事を思い出すことができたんだよ」

「それはつまりあなた方ふたりともそれまであの晩のことを一度も話していなかったっていうこと？」

「そのとおりなんだ。あの出来事があった次の日の朝、僕たちは自宅のベッドで目を覚ましたんだ。

僕が窓の外を見たら、そこに車が停めてあった。僕はなぜ自分はこんなに疲れを感じているんだろうって不思議に思いながらもシャワーを浴びて、また再び仕事場に向かったよ。僕はここで部族民のためのコンサルティングの仕事をしていたんだ。そしてその日の業務を終えると、僕たちは車でラピッドシティ地域空港に向かって、飛行機で自宅のある町へ戻ったんだ。そしてそれからおよそ二年後の晩に、ジンジャーが再びあの日の出来事に触れるまで、僕たちは一度もそれを話題にすることはなかったんだ」

「ジンジャー、あなたはなぜルイにUFOについての質問をしたのか覚えている？」私が尋ねました。

「テレビのニュース番組で何かを見ていて、そこで誰かがラピッドシティの近くのエルスワース空軍基地の上空に現れたUFOについてレポートをしていたの。それが私の記憶のふたをこじ開けたんじゃないかしら。だから尋ねたんだと思うわ」

私は昨年の一一月に、ニューメキシコ州のアルバカーキでルイとジンジャーに会いました。二人とも全国インディアン教育会議に出席するためにそこに来ていました。彼らは私がUFOに関する調査をまとめた本を出すことになったのかと尋ねてきて、私は現在それに取りかかっているところだと答えました。私たちはしばらく腰をおろして彼らの体験について再び話していました。

「ミサイル地下格納庫は全部なくなってしまったんだ」ルイが言いました。

「ミサイル基地が移転して以来、ずっとUFOを見てないよ。サウスダコタの空はいまとても静かなのさ」

第13章 スターピープルから教わったマインドコントロール

一九六六年、現在も使われている南ベトナムの海岸沿いのナートラン陸軍基地で、変わったＵＦＯ目撃事件が起こりました。午前十時ごろ、おびただしい数の兵士たちが見守る中、閃光を放つＵＦＯが基地に接近してきて下降を始め、地上六〇メートルから九〇メートルほどの位置で宙に浮かんだまま停止していたといいます。宇宙船から放たれる輝きが周辺一帯を明るく照らしていました。それと同時に基地の発電機が作動不能となって停電を引き起こし、飛行機やブルドーザー、そしてトラックのエンジンも止まってしまいました。やがて突然にＵＦＯは素早く垂直上昇をして、そのまま飛び去って視界から消えていきました。すると発電機は通常通りに再び作動し始めて、その他の乗り物のエンジンも問題なく動き出したといいます。ベトナム戦争中には非常に多くのＵＦＯ目撃報告が米軍将校や兵士たちから寄せられていました。目撃されたＵＦＯの形状は円盤型のもの、細長い円筒形のもの、そしてブーメランのような形をしたものまでありました。しばしば軍の迎撃機が緊急発進しましたが、ＵＦＯはいつもそれらをうまくかいくぐって逃げていくか、あるいは相手が来る前に姿を消してしまっていました。

この章では、スターピープルの訪問をたびたび受けていたあるベトナム帰還兵のお話をご紹介します。彼はスターピープルから授かった〝パワー〟によって、カトリック系のインディアン寄宿学校での厳しい状況をうまく乗り切れただけでなく、ベトナムの捕虜収容所の過酷な囚人生活をも生き延びることができたといいます。

ラッセルの体験

私はラッセルの別れた妻ジューンを通して彼に会いました。ジューンは私に前もって警告をしていました――「彼にあなたのことを紹介するけど、あの人はコミュニケーションが上手なタイプではないの。もし会ってから彼が十分以上黙ったままだったら、席を立ってそのまま置き去りにして構わないわよ」大学で毎年春に催されるインディアンの踊りの集会〝パウワウ〟に二人で向かう道すがら、彼女は私にアドバイスをくれていました。

「悪く受け取らないでね、ラッセルは良い人なんだけど、最初の三〇秒で相手を推し量って、相手の言うことに耳を貸すか閉ざすかを決めてしまうところがあるの。私は彼と二年間いっしょにいたから分かってるの。彼のそういう振る舞いは、寄宿学校時代の経験から来ているところが多いんだろうなって私は思っているの」

「寄宿学校で何があったんですか?」

「彼があなたにそれを話したければ教えてもらえると思うわ」

彼女から助言をもらったあと、私はたとえラッセルに会っても結局何も話してもらえずに終わる可能性がきわめて高いのだろうなと思いました。彼は基本的に誰も信用しない人間であるとも聞かされました。

体育館の中に入ると、ジューンが屋根の垂木のほうを見上げて、「あそこに彼がいるわ」と言いました。

「最上列のところにいるわ。いつもあそこに座ってるの」二人で座席の最上段のところまでたどりつくと、ジューンはラッセルがこちらに気づくように上から二列目の席の前を歩いていきました。そして振り向いたラッセルに彼女は挨拶をし、彼はきちんと起立をして彼女と握手を交わしました。そして私のことを紹介されると彼は、目線を合わせずにただうなずきました。彼が身につけていた薄緑色のジャケットは、同じくベトナム帰還兵だった私の伯父が着ていたタイプのものでした。見慣れた記章が肩に縫い付けられていました。上部に広く個人認識票がプリントされていて、度重なる洗濯のせいでぼやけてしまってはいましたが、消えてはいませんでした。

「ベトナムにいらしたんですか?」私の質問に彼はひと言も返事をせずにうなずきました。

「私の伯父三人と兄一人もベトナムに行ってたんです」

「ここに座りなよ、おねえさん」彼はそう言って、自分のとなりに座るように私に手招きしました。

それを見て微笑んだジューンは、これから妹を探しにいくからと言ってその場から離れ、垂木の下にラッセルと私だけが残されました。その付近に座っている他の人たちはごくわずかでした。

「ジューンの話では、あなたはUFOに非常に何度も遭遇してきたそうですね」私は慎重に話を本題に持っていこうとしました。

「私は五、六年前から北米インディアンとスターピープルとの遭遇体験を取材して回っているんです。それでできればあなたの体験についてもお話をうかがえればと思っているんです」

「本当の話さ。何度か遭遇してきたよ。寄宿学校にいたときに一度と、ベトナムで何度かね。でもなんでそんなことに興味があるんだい？」

「もうだいぶ取材を重ねてきています。たぶんいつか本を書くと思います。スターピープルに対して北米インディアンは他の文化圏の人たちとは異なった見方をしていることを世間の人たちに知ってほしいんです」

「もし自分の名前が本に出るんだったら、私は何も話したくはないよ」

「その心配はありません。本を書くことになった際には、必ず全員を匿名で紹介するようにします」

「私は人前に出るのは好まない人間なんだ。おそらくジューンから聞いてるだろうけど、私は人付き合いが苦手なんだ。もし見知らぬ誰かが私と会いたがったり、質問などをしてきたりしたら、対応に困ってしまうんだよ」

「あなたのプライバシーは必ず守ることをお約束します。ただそれでも私の言葉を信用することが難しいようでしたら、あなたのお気持ちを尊重します」

「つまるところ、我々にはそれがすべてなんだ。そうだろう？　我々インディアンは常に人の言葉を信じてきた。我々にとって言葉とは自らの名誉なんだ。そして信頼できない言葉を発する人々について我々はよく知らなかった。彼らの言葉を信じてしまった結果が、我々の現状なんだ」

私は立ち上がって握手の手を差し伸べて言いました。

「ラッセルさん、あなたにお会いできて本当に良かったです。あなたが私にお話しになりたくない理由はよく分かりました。お時間をとっていただいてありがとうございました」

「座りなさい」ラッセルは私の顔を見てほほえんで言いました。

「私が人を信用しなくなったのは寄宿学校時代からなんだ。そのときまでは、私は一度も叩かれたことも、罰を受けたこともなかった。もし自分が何か間違ったことをしたときは、それはいけないことだと言われて、それ以外のことをするように諭されていた。学校に入ったとき、私は英語が話せなかった。修道女と神父はインディアンの言葉を話す生徒を見つけたら誰にでも罰を与え、ひとりっきりになる場所へ閉じ込めたんだ」そう言って彼は私を見てから、フロアの踊り手たちのほうに目を移しました。それからしばらく彼は黙ったままでいましたので、私は自分がここを去るべきか、それとも彼の話のつづきを待つべきか分からずにいました。

「英語が話せない限りは、他の子たちと一緒になることも、一緒に遊ぶことも許されなかった。口をきくことすら禁じられていたんだ」

「そうやってただあなたを、孤立させていたんですか?」

「おおいにね。孤独を味わわされたけど、それをなんとかやりすごすことを覚えたよ。そしてここにいる間はけっして英語を話すまいと決心したのさ。だから学校にいた八年間は、一言もしゃべらなかったよ」

「なぜそのようにしたんですか?」

「やつらのことが大嫌いだったからだよ。寄宿学校へ引っ張り込まれること自体に大きな不満はなかったが、やつらは外国の言葉と外国の生活様式を押し付けてきて、別の文化を植え付けようとしていたんだ。そのためにはやつらに隷属しなくちゃいけなかった。やつらは野生の馬を家畜化するように私を飼いならそうとしてきた。しかし私は徹底的に逆らいつづけて、けっして手なずけられることはなかったんだ。やつらはインディアンのパワーを甘く見ていたのさ。やつらへの憎しみが私の原動力だった。実際に私は英語の勉強はしていたが、話すことは断固拒否していたんだ。そうやって八年の歳月が過ぎて、私はようやく家に戻って、もう二度と学校に戻ることはなかったんだ」

「あなたが最初の遭遇体験をしたのはいつのことでしたか？」

「私が初めてＵＦＯに出会ったときという意味かい？」その問いに私がうなずくと、彼は微笑みを返して話し始めました。

「寄宿学校にいたときだよ。七歳くらいのときだった。神父が私を礼拝堂へ連れていって、床にひざまずくように命じて、英語を話さない限りそこで一日中そうしていろって言ったんだ。神父が建物から出て行ったとき、出入口を施錠する音が聞こえたよ。私はそのときに涙っていうものはこんなにしょっぱいものだったんだって知ったのさ。それからおしっこがしたくなってきて困ってしまったんだ。すると突然に礼拝堂の窓の向こうから光が差し込んできて、その中から誰かが出てきたんだ。最初は上級生の誰かが自分を助けに来てくれたんだと思っていた。でもそうじゃなくって、後で分かったことだけど、それはスタートラベラーだったんだ。彼は私の体を起こして、自分のほうにしっかりと抱き寄せると、私を抱えたまま壁の中をそのまま通り抜けてしまったんだ。まるでそこに何の障害物もなかったかのようにね。私を脱出させてくれたのさ」

「そのスタートラベラーはどんな感じだったか覚えていますか？」

「ああ。ロボットみたいだったよ。人間っていうよりは昆虫って感じだったな。でも私にはそんなことはどうでもよかったんだ。とにかく礼拝堂から抜け出せて、あの修道女たちや神父から逃れられたことが嬉しくてしょうがなかったんだ。たとえ本物の悪魔が現れて私を地獄へ連れていったとしても、そのほうがずっとましだったね」

「彼らとのことで何か覚えていることはありますか?」

「彼らスタートラベラーたちは学校の様子を見ていたんだろうね。たぶん父さんの言ってたことは正しかったんだ。彼らは我々のことを見守っているんだ。それはさておき、彼らは私にマインドコントロールの方法を教えてくれたんだよ。隔離された中で苦痛と上手く付き合いながらどうにかやっていけるように手助けしてくれていたのさ」

「どんなふうに助けてくれたんですか?」

「わからないんだけど、その最初の出来事があって以来、私は二度と痛みを感じることがなくなったんだよ。礼拝堂の床の上で四八時間ひざまずいたままでいられて、やってきた神父の顔につばを吐きかけて、さらにもう四八時間ひざまずかされたんだけど、何とも感じなかったんだ。ベトナムに行ったときに捕虜にされて拷問を受けたときも、何の痛みも感じなかった。苦痛を感じないようにするために自分自身を体から引き離せるようになったんだ」

「いまでもそうすることができますか?」

「できるよ。ときには、そうしないとやっていけないこともあるんだ」

「ベトナムでもスタートラベラーに会ったとおっしゃっていましたが、それについて話していただけますか?」

「スターピープルは私がどういう状態でいるのかがいつも分かっていたと思うんだ。私が押しつぶされそうになっているときに、彼らは決まって迎えにきてくれたんだ。私はいつも喜んでついていったよ。それは特に彼らのことが好きだったからじゃなくて、より不快な状況から抜け出すことができるからだったんだ」

「つまり、スターピープルと一緒に出かけることは、学校や軍隊や収容所にいるよりは、過ごしやすかったということでしょうか？」

「そうそう、まったくもってそのとおり。それに彼らといるときは、自分をコントロールできていたからね」

「連れ去られている立場なのに、どうやって自分をコントロールできるんですか？」

「心のコントロールのしかたを彼らが教えてくれていたからさ。そして私はそれを彼らに対しても使えるようになったんだ。実際に彼らは私のマインドコントロール能力に非常に興味を示していたよ。彼らに協力する以前に、私は彼らを自分のために使っていたんだ」

「具体的にどんなことにですか？」

「捕虜収容所にいたときがあって、食料が非常に乏しかったんだ。それで彼らに果物を持ってこさせたんだ」

「果物？　それは本物の果物のことですか？」

「そうだとも。寄宿学校では私は何度も食事抜きにされていたけど、捕虜収容所では誰もが十分な食事を与えられていなかったんだ。それで私は自分には果物が必要なんだと彼らに強く訴えたんだ。

オレンジとリンゴとバナナがね。そのとき私は、自分は彼らと立場を逆転させることができるんだと悟ったんだ。自分が果物を必要としていることを彼らに伝えられたとき、求めていたものは現れたのさ」

「それは彼らがあなたにかけているマインドコントロールの一部ではないと言い切れますか？　実際には存在しないものが見えるように、暗示をかけていたとも考えられませんか？」

「なるほど、それならひとつ教えてあげよう。私には当時いっしょに牢屋に入れられていた仲間たちがいるんだ。彼らは君にあのときのリンゴとオレンジとバナナは実に美味かったって言うだろう」

「ということは、あなたの能力に関しては物的証拠があるということですね」

「どんな名前で呼ぼうと、実際にあったことなんだよ、教授先生」

「果物の代償として、あなたは彼らのために何をしなくてはいけなかったんですか？」

「彼らの人体実験を受けることとさ。精液を取らせたり、必要な標本を何でも採取させてやったんだ。私の目や鼻を使った実験もしたよ。私の両目をさまざまな液体に浸けたり、いろんな明るさの光にさらしたりしてね。彼らは我々みたいな目や鼻を持たないんだ。彼らは人間の目を好奇の目で見ていたんだと思うよ。それから血もいっぱい採られたよ」

「痛みを感じたことはありましたか？」

「いいや。私は痛みをコントロールする方法を身につけていたからね」

「痛みのコントロールのしかたを私に教えていただけますか？」

「できないんだよ。彼らから教わる必要があるんだ。二枚のパネルがあって、その間に入れられるんだよ。そしてパネルが動き出すんだ――ひとつのパネルがある方向へ動いて、もうひとつのパネルが別の方向へ動いて、徐々にそれらの動きが速くなってきて、やがて両方のパネルと自分がひとつになるんだ。そうするともう痛みを感じなくなるのさ」

「あなたはいまでも感情を持っていますか?」

「まだ愛したり憎んだりできるって意味かい? もしそう聞いてるんだったら、答えはイエスさ。これまでたくさん愛してきたよ。そしていまだにあのカトリックの修道女たちと神父を憎んでいるよ。いまでも美しい女性と一緒に目覚める朝が大好きだし、ときどき泣いたりもする。ああそうさ、まだ感情を失ってはいないよ。ただ痛みのコントロールのしかたを学んだだけさ」

「彼らはあなたに、他人の心を読んだりするような超感覚的な能力を授けたりしましたか?」

「いや、そんなたぐいのことは私にはできないよ。ふだんの生活においては私は普通のインディアンさ」

「ひとつ分からないことがあるんですけど、もし彼らがあなたのところへやってきて連れ去ることができるのなら、なぜ収容所を脱出させてインディアン保留区へ帰らせてあげなかったんですか? 結果的には敵の軍部はあなたを行方不明兵と見なしただけでしょうから」

「たぶんそういう選択も自分にはできたんだと思うよ。一度も考えはしなかったけどね。捕虜収容所ってところに入ると、お互いに生き延びようとしてがんばっているうちに友情が育まれていくものなんだ。仲間を置き去りにすることなんてあり得ないし、スターピープルが全員を安全な場所へ移動させるっているのも無理な話なんだ。彼らは、歴史の流れを変えてしまう恐れがある場合には、相手の生き方に干渉をしないっていうある種の原則みたいなものを持っているんだ。私の生き方によって歴史が変わっていたとは思わないけど、収容所で一緒だった者たちの中には後に政治家になった者や、大企業の最高責任者になった者もいるんだ。だから彼らを脱出させていたら、別な人間になっていたはずなんだ。私の場合は選択の問題じゃなくて、自ら望んだものだったって何となく分かってるんだ。彼らに来てもらっただけでも、囚人生活の中で十分な安らぎが得られていたんだ。彼らのおかげで何とかやっていけてたのさ」

「スターピープルはなぜ人間を誘拐するのだと思いますか?」

「私が思うに、彼らは新しい世界を探索している科学者たちなんだよ。我々は彼らの標本に過ぎないのさ」

「あなたが出会ったエイリアンたちは私たちの祖先だと思いますか?」

「教授先生、あなたは彼らの姿を見たことがあるかい? 彼らは機械じかけの昆虫みたいなもんだよ。彼らが自分の先祖だとは私は思わないよ」

「あなたはロボットみたいな、昆虫のような生き物たち以外の存在に会ったことはありますか?」

「一度もないね」

「あなたから見た相手は善意の存在でしたか? それとも悪意を持った存在でしたか?」

「自分を救ってくれたときは善意の存在だと思ったけど、邪悪な面も見たんだ」

「どういうことか教えていただけますか?」

「苦痛のコントロールの方法を教えていない人たちを傷つけているところを目にしたんだ。相手のことなんて気にしていないようだったよ」

「ということは、同様に連れてこられていた他の人たちの姿も見たということですね？」

「何度も見たよ。でも大半は軍隊にいたときだね。私の部隊の者全員をさらっていったことも数回あったよ。銃すらも持っていかれたことがあったんだ」

「あなた方の銃をいったいどうしようとしたんですか？」

「ただ調べただけさ。手元に残そうとは決してしなかった。誘拐された部隊の兵士たちが戻されてきたときには、誰も自分の身に起こったことを覚えてはいなかったよ。私はいつもそれを不思議に思っていたんだ。ひとりの兵士に一度その話をしたことがあるんだけど、相手は私が兵役を解いてもらうために気が変になったふりをしているんじゃないのかって聞いてきたよ。そしてその手は通用しないよって言われたのさ」

「あなたが連れ去られていたことを知っている人はどのくらいいるんですか？」

「ジューンと君だけだよ。以前に彼女に打ち明けた唯一の理由は、ある晩に町から自宅へ戻る途中で二人でUFOを目撃したときに彼女がひどく怯え出したので、『怖がることはないよ。俺は彼らの乗り物は何十回も見てきているし、乗ったこともあるんだ』って言ったんだ」

「彼女に話したことはそれだけですか？」

「うん。君以外の誰にも真実は話していないよ。君は妹みたいなもんだ。三人の伯父さんとひとりの兄さんがベトナムに行ってたんだから。私たちは同じファミリーさ。だから君に話すのは自然なことなんだ。もし他の誰かに言おうものなら、精神病院に送り込まれてしまうかもしれないからね」

「同じように感じている何人もの人たちと私は会ってきました。あなたひとりじゃないんです」

「教授先生、ウサギのダンスっていうのを知ってるかい?」彼が聞いてきました。それは社交ダンスのひとつで、それぞれのカップルが横並びで手をつなぎ、みんなで輪になってステップを踏みながら回っていくものでした。昔ながらのしきたりでは、女性側がパートナーを選ぶ立場にあって、もし指名された男性がそれを断った場合は不運の暗示となってしまうので、男性側はその償いを強いられることになっていました。現代においては時代の変化によって古い慣習は廃れてしまい、男性側も女性側と同じように望み手になることができます。

「ええ、ウサギのダンスは踊れますよ」私は答えました。

「たぶんこれから下でみんながウサギのダンスを踊ることになると思うんだけど、そのときは私は君を指名するつもりだよ」その言葉に少し驚いて彼の顔を見た私に彼はつづけて言いました。

「君がイエスかノーかを言う前に、ひとつ警告をしておくよ。私はモンタナ州でその名を知らぬ者はいないほどの当代きっての色男なんだ。私と一度でもウサギのダンスを踊った女性は、永遠に私のものになってしまうのさ」

「あなたは自分が〝コヨーテ〟だっておっしゃっているのかしら?」私が言ったコヨーテとは、多くのインディアン部族の伝承にある善悪の二面性を持った悪戯好きの生き物で、人々をだましたり、女性のハートを奪ったり、人の心を操って道化を演じさせたりする存在のことでした。

「すべては麗しき女性のハートを射止めるため、またはエイリアンを自在に操るためさ」彼はそう答えました。

私はラッセルと後に数回会うことになりますが、最初に会った日の晩に彼とウサギのダンスを踊ったわけではありません。ただ私がパウワウの会場を後にするほんの少し前、ラッセルが北部の部族の女性とウサギのダンスを踊っている姿を目にしました。噂によると彼らは、その二週間後に結婚したそうです。

第14章 スターピープルのハート

太古の昔に地球上に異星人たちがやってきていたという考え方は、ときには古代の宇宙飛行士説などとして多くの人たちに支持されています。そしてストーンヘンジ、パレンケ、マチュピチュ、そしてエジプトのピラミッドなど、高度な技術の存在を示す古代遺跡などは異星人によって建造されたものだと唱える人たちもいれば、いにしえの神々は実は異星人だったのだとする見方もあります。これらの説には多くの証拠が存在すると主張する研究家たちがいるいっぽうで、従来からの科学者たちの検証では根拠に乏しいものと見なされています。それでも特にペルーのナスカの盆地に描かれた地上絵などは、上空からでなければその全体像を見ることができないため、地球外生命体とのかかわりの可能性の高さを示しています。古代の洞窟壁画や彫像・彫刻物なども、太古における異星人の存在をほのめかすものです。現代における異星人、宇宙船、宇宙飛行士などのイメージや姿と似かよった洞窟壁画は、現実に世界中のいたるところに発見されています。その国々はタンザニア、フランス、メキシコ、ペルー、キエフ、オーストラリア、チベット、日本、インドなどで、米国西部のユタ州にまであります。

この章に登場するひとりの長老男性は、異星人たちはかつて地上に存在していただけではなく、ずっとここにやって来ていると考えています。その証拠として彼は、とても個人的な遺物を見せてくれました――石化した心臓です。彼はそれは、異星人のものであったと言うのです。

サムの体験

サムは地元の人々から尊敬される長老であると共に、部族の伝統への造詣の深さでよく知られる存在でした。彼は問題を抱えた若者たちの祖父代わりとして、学校で相談にのってあげていました。そのプログラムは、私が今現在も続けている調査活動の対象のひとつです。二〇〇五年五月末のある金曜日のこと、サムが働く学校を訪ねた私は、彼が軽い脳卒中を起こしていたことを知りました。短期的に入院した後、彼は自宅で回復に向けて療養生活を始めたとのことでした。私の短時間の訪問を彼が喜ぶだろうと考えた校長はサムの家への道を教えてくれて、同時に生徒たちがサムの回復を願って書いたカードの束を私にことづけました。道すがら、村の食料品店で少し買い物をしてからサムの家に着くと、彼は車椅子で玄関まで来て出迎えてくれました。

「私のボーイフレンドの具合はどうかしら?」ドアを開けた彼に私はそう声をかけました。サムは大笑いしながら私の手をとりました。ずっと長いあいだ、私はこんな感じで彼に挨拶をしてきていました。

「自分のガールフレンドにまた会えてうれしいよ。てっきり他の相手を見つけたんだろうと思っていたよ」彼もふざけて返してきました。「ずいぶんごぶさたしていたね」

「ごめんなさいね。夏のあいだはほとんどアラスカにいたの。危ない状況にあるアサバスカン族とユーピック族の子供たちの調査プロジェクトに携わっていて、あなたが入院していたことを聞いてすぐにここに来たの。お昼ごはん用の食材を買ってきたわ」

「アサバスカン族には気をつけたほうがいいよ。彼らは女性に魔法をかけることで知られているからね」サムはそう警告しました。私は彼の状態が深刻なものであるかどうかを見極めようとして少し観察していました。

「あなたはちっとも変わっていないわね、サム。順調に回復してきているのが分かるわ」サムと私はいつもお互いをおちょくる冗談を言い合って楽しんでいました。私は彼を祖父のように慕い、彼は私を孫娘のように可愛がってくれました。サムは車椅子の向きを変えて台所のほうへ向かいました。私はその様子を見やりながら、お鍋にチキンヌードルスープを入れて水を加えました。彼は私が覚えていたよりも老いて見えました。そしてずっと弱々しくなっていました。彼が九二歳という高齢であることは知りつつも、車椅子に乗った姿は初めて目にしました。彼の雪のように白い髪は以前と変わらず、いつもの大きなスマイルも健在でしたが、体だけはしおれてか細くなっていました。

「七面鳥を買ってきたの。ターキー・サンドウィッチにして食べる？　学校でエルシーからあなたは最近あまり食べなくなったって聞いたわ」

サムは返事をしませんでした。どうやら彼は窓の向こうに目をやりながら何かもの思いにふけっているようでした。私は彼のそばまで行って、自分も窓越しに外を見てみました。けれども特にいつもと変わった様子はありませんでした。そして私が再び台所のほうへ戻ろうとしたと同時に、サムも同じ方向に車椅子を回転させました。

「きみは精霊の存在を信じるかい？」彼が尋ねてきました。

「精霊を信じないインディアンにあなたは会ったことがあるかしら？」

「それはそうだ」彼はしばらく黙ってから、カップのコーヒーを少し飲みました。

「天使の存在は信じるかい？」

「そうね、サム。私なりに答えさせてもらえば、私はまだ一度もそういう存在に出会ったことがないわ」

「神が宇宙を創造したときに、母なる地球だけに生命を誕生させたと思うかい？」

「いいえ、サム。他の場所にも生命はあると思うし、そうだって私は知ってるの」

「昔の人たちもそのことを知っていたんだ」彼は言いました。

「私たちの祖先はこの宇宙について誰よりも多くのことを知っていたのよね」私がそう答えると、彼はひざに掛けたブランケットを外して、何かの包みを手に取りました。

「これは私が子供のころに祖父からもらったものなんだ。そのとき彼は九〇歳近くになっていた。私は六歳か七歳だった」そう言って彼は手元の包みを開いて、中のものを私に手渡しました。

「まあ、これは石化した心臓じゃない。あなたのおじいさんはこれをどこで手に入れたの？」私は自分の手にしたものに少し動揺しながら尋ねました。

「彼が少年のころに彼のおじいさんからもらったんだよ」

「これはどのくらい昔のものなのかしら？」

「たぶん数千年前のものさ」

「どうして分かるの？　調べてもらったの？」

「私は大学の人間は信用していないのさ。まあ、目の前にいる仲間は別にしてね」彼はほほえみながら言いました。

「彼らは自分たちが何でも知ってると思っているのさ。彼らの心は真実に対して閉ざされているんだ」

私はサムを小さな食卓テーブルまで運んで、目の前にスープとサンドウィッチを用意しました。そして彼のシャツの前襟からナプキンを掛けて、自分は向かい側の席に座りました。

「真実を信じる人はそれほど多くはない」彼は話をつづけました。

「真実ってどんなこと？」

「これは星々を巡るスタートラベラーの心臓なんだ。よく見てみると、地球の人間のものとはまったく同じではないことが分かるだろう」

私は手のひらの上でそれを転がしながら、よく観察してみました。通常は成人の心臓は心房と心室のペアが左右にあって、それぞれが独立したかたちで並行して動いていますが、この心臓は違っていました。そこには心房と心室のペアがもう一組あったのです。このことをサムに伝えると、彼はうなずいて言いました。

「スターピープルの心臓は我々のものとはちょっとだけ違うんだ。そして彼らの心臓の鼓動はずっとゆったりとしたものなんだ」

「そうね……たしかにこれは心臓に見えるし、間違いなく石化しているわ。そして非常に古いものであることに間違いはないと思うわ」そう言って私はその心臓を、テーブルの上に置きました。

「私の祖父によれば、これはスタートラベラーの心臓で、彼の祖父もまたその祖父からこれを受け取り、その祖父もまた祖父からというふうに、受け継がれてきたそうだ。ずっと昔の時代には、スターピープルは地球に住んでいたんだ。彼らは地球の女性と結ばれて、やがて私たちは彼らとひとつになっていったんだ」

「あなたのおじいさん、もしくはそのおじいさんか、そのまたおじいさんは、スターピープルがなぜ地球を去って行ったかを教えてくれたの？」

「彼らは白人たちが来るくるまでここにいたんだ。彼らは白人たちがここに上陸してくることを知っていて、私たちにそう警告をして、この惑星を去ることを提案したんだ。そして多数の宇宙船がやってきて、人々を運んでいった。スターピープルたちの故郷の星に帰ってそこで暮らすようになった者たちもいたが、多くの者は強い意志を持って、頑としてここに居残る道を選んだんだ。白人が来ることを前もって知ることができたから、抵抗できると思い込んでいたんだ。先手を打つことができるはずだったが、実際はそうではなかった。白人たちの武器のほうがより強力で、発する言葉も力強く、人数でも勝っていたからだ。部族の中には白人たちを神々だと信じてしまって、崇め奉るようになった者たちすらいた。スターピープルたちは、私たちを救いに戻ってきてはくれなかった。私たちは自らを待ち受ける運命の前に、取り残されてしまったんだ」

「あなた自身はスターピープルに会ったことはあるの？」

「彼らは私のところへやってきて、彼らの惑星へ連れて行ってくれたんだ。そして彼らと共にあらゆる星々を巡る旅をしてきたよ。宇宙には多くの世界が存在するんだ。私は死ぬことを恐れてはいない。自分を待っている別天地があることを知っているから。人生はこの肉体の死をもって終わるものじゃない。死はただ始まりであるだけなんだ」彼はサンドウィッチをひと口かじって、スープの味見をしました。そして納得を示すようにうなずいて笑みを浮かべました。

「あなたは地球の人を誘拐したり、無理やり連れ去ったりするスターピープルについて聞いたことがあるかしら？」

「聞いたことはあるよ」そう言って彼は、サンドウィッチをもうひと口かじりました。

「そこが私には分からないところなの。もし彼らが私たちの親族なら、なぜ人さらいをしたり、相手の意に反して連れて行こうとしたりするのかしら？」

「スターピープルにはさまざまなグループがあるんだよ、お嬢ちゃん」

私は彼がスープを飲み干して、話の続きをしてくれるまで待っていました。

「この宇宙のたくさんの惑星に生命が存在するんだ。ある者たちは同じ人間で、ある者たちは人間に似ているけどちょっとだけ違っていて、またある者たちは人間には似ても似つかなかったりしているのさ。生命を育むさまざまな環境の世界があるように、スターピープルの種類も多岐に渡っているんだ。我々よりも進化した者たちもいれば、我々に勝る知識が何もない文明社会もあるんだ」

「それは、テクノロジーを持っていないという意味かしら？」

「そう。彼らは原始時代の地球人のような暮らしをしているんだ。狩りをしたり、漁をしたり、野生の食べ物を集めたりしながらね」

「そういう世界をあなたは見てきたことがあるの？」

「そのいくつかをね。でも離れたところから見ただけなんだ。ちょうど低空を飛んでいる飛行機の窓から下界を眺めるみたいにね。私の場合はそれは空飛ぶ円盤だったけれど」

「それって宇宙船のことよね?」

「そう。私はいまでも空飛ぶ円盤って呼んでるんだ。軍隊にいた時分にはそう呼ばれていたんだよ」

「人々を誘拐して、本人の意に反して医療的なテストをするスターピープルについてはどうなのかしら?」私は彼が誘拐者たちに対して何かしらの説明をしてくれることを期待して尋ねました。

「我々の先祖であるスターピープルは、そういう連中とは距離を置いているんだ。連中はもはや人間ではない。彼らは自分たちの種族から、愛情や同情や苦悩などのあらゆる情緒を感じる能力を意図的に取り除いてしまったんだ。そうすることで世界はより良いものになると彼らは考えていたんだ。感情を持たない者たちは、さらに大いなる進化を遂げられるはずだと」

「言い換えれば、サイコパスの種族っていうことね」

「その言葉の意味が私には分からないな」

「厳密に言えば、サイコパスつまり精神病質者は、普通の感覚で感情を体験しないの。サディスト的な快感で体験するの。でもそこには善悪の観念が全くないの。心理学者たちはそれを〝情緒障がい〟と呼んでいるわ」

「そのとおりかもしれないね。彼らは自らの種族に操作を加えていくなかで、感情移入の能力を失ってしまった。そして良心というものも持たなくなった。我々の祖先のスターピープルが言っていたのは、そういうことだったんだろうと思うよ」

「興味深いわね。サイコパスたちの世界は、とても危険なものになりかねないわ」

「我々の先祖がそういう者たちを避けている理由は、きっとそこにあるんだろう。けれども、他のスターピープルもいるんだ。彼らは高い進化を遂げているけれども、その大半はただ地球を観察しているだけなんだ。彼らが言うには、この宇宙には不干渉の法則というものがあるかららしい」

「北米インディアンは不干渉の教えを実践しているって、人類学者たちが述べているのを知ってる？それによると、先住民たちには他人のやり方に干渉しないという決まりがあって、それはたとえ相手のとっているある種の行動が悪い結果を招いたり失敗に終わったりするであろうと分かっている場合でも貫かれるというの。たぶんその特性を私たちも受け継いでいるはずよ」

「それは納得できるね。残念なことに、不干渉の法則に背いている者たちもいるんだ。どの文明社会でもそうであるように、法を犯す者たちはいるものだからね」

「それはどういうこと？」

「スターピープルの中には、地球人のところへやってきて実際に会話をする者たちもいるんだ。しかしそれは宇宙にあまねく法則に反することなんだ」サムがあくびをしたので私は言いました。

「体を休めたほうがいいと思うわ。ベッドに横になるのを手助けしましょうか？」

「いいや、この窓の前で座りながらスクールバスが来るまで待っていたいんだ。子供たちがバスから降りてくるのを見るのが好きなのさ」

「あやうく忘れかけていたわ。学校の子供たちからたくさんのカードを預かってきたの。あなたに届けてほしいって、秘書の人から頼まれたの」窓の横のランプテーブルの上に私がカードの束を置くと、サムは嬉しそうに微笑みました。私は台所に戻って二個のリンゴの皮をむいて薄くスライスして、ターキー・サンドウィッチをもうひとつ作りました。そして後で彼が食べてくれることを願いながら、平皿に載せてラップをかけておきました。

それから二週間の自宅療養を経て迎えたある朝、サムは自分の足で学校までやってきて、もうすっかり回復したことを皆に告げました。けれども春が巡ってきたころ、彼は学校側に引退を伝えました。私はサムの送別会に招待されました。そこには地元の人たち全員が集っていました。その日の午後遅く、私は車で彼を村の郊外にあるシニア住宅まで送り届けました。彼は近いうちにデンバーに引っ越して、姪と一緒に暮らすつもりだと言いました。

「まだ退職後の人生を楽しむ若さが残っているうちにリタイアしたかったのさ。まだ見ていない世界がたくさんあるからね」ウインクしながら彼は言いました。私は自分の親愛なる友を抱きしめて頬にキスをしました。私には彼の言葉の意味がはっきりと分かっていました。その後はデンバーの彼のもとへはほとんど行けませんでしたが、年に数回はサムに電話を掛けていました。彼は九七歳で亡くなるまで頭の働きも鈍ることなく、気持ちもしゃんとしていました。そして彼は自分には孫息子がいないので、スターピープルの心臓はサンドクリークの虐殺の地（訳注　一八六四年に米軍が無抵抗のインディアン部族を無差別虐殺した場所）に持っていって埋葬してもらったと言いました。サムの遺体は彼自身のインディアン保留区に運ばれて埋葬されました。地元の新聞には、ビーズ刺繍のシカ皮のシャツを着て、鷲の羽根の髪飾りを付けた彼の写真が掲載され、見出しには「北の平原に生きた最後の族長が死す」とありました。私は微笑んでしまいました。なぜなら私は、サムが死んではいないことを知っていたからです。彼はただスターピープルの仲間入りをしただけなのです。

第15章　宇宙からやってきたアラスカ先住民

地球には地底世界が存在するという考えは、神話や伝説として世界中で世代を越えて受け継がれてきています。たとえばソクラテスは人々が住むという地球内部の巨大な空洞や、川の流れる広大な洞窟について語っています。チェロキー・インディアンによれば、彼らが最初に合衆国の南東部を訪れた際、そこに手入れの行き届いた野菜畑があり、なぜかその世話をしている人の姿がどこにも見あたらないのを不思議に思っていたところ、やがて地底に住んでいる人々と遭遇したといいます。彼らは夜間にだけ地上に出てきて畑の面倒を見て、そこで収穫した作物を地底にある自分たちの都市へ運んでいたそうです。その人たちは青い肌と大きな黒い目をした小人で、彼らには地上に降り注ぐ太陽光線が強すぎたため、地底に都市を作って夜間にだけ表に出てきて月明かりの下で作業をしていたそうです。それでチェロキー族はその小人たちを〝月の民〟と呼んでいました。

一九四〇年代にはアラスカ州のポイントホープの近くで、六百もの古代建造物の遺跡が見つかりました。そのイピュータク遺跡は、都市区画に見られるような格子状の配置となっていて、それは有史以前の居住者たちが古代マヤ民族に匹敵するほどの数学と天文知識に長けていたことを如実に示すものでした。しかしこのことが、地元のエスキモー種族であるイヌピアットを驚かせることはありませんでした。彼らにとってこの発見は、遠い昔にスターピープルがこの地を訪れて地上と地下に都市を造ったという古くからの伝承が真実であったことを裏付けるものでしかなかったからです。今日でさえもアラスカの先住民たちは、自分たちの暮らす大地の下には多くの地底都市が存在していて、それを造ったスターピープルは彼らの星々と地球の間を行き来していると語り継いでいます。地質学者で構造設計者であるフィル・シュナイダー氏は地下トンネルの専門家でもありますが、自分は合衆国政府に依頼されて地下深くの居住地と軍事基地の建造に従事していたことがあると一九五五年に伝えています。彼はその他にも、別の星々からやってきた異星人たちが住んでいる都市群や、ネガティブな異星人たちと政府との密約、政府が導入した異星人の高度なテクノロジー、そして月面における〝コーバナイト〟（未知の物質）の発掘などについて詳細に述べています。

この章では、地底都市のことや生涯を通してのＵＦＯとの遭遇体験について語ってくれた、アラスカ先住民の年長者の三人をご紹介しましょう。

ボウおじさんの体験

「他の星々からやってきてタナナ付近の地面の下に住んでいる人たちの話をお年寄りたちがしているよ」八四歳になるボウおじさんがスターピープルについて教えてくれるのを、私は目の前の魚車輪が川の流れだけを利用して効率よく鮭を捕まえるのを見ながら聞いていました。ボウおじさんは幼いころから夏場は漁場にキャンプを張って寝泊りしていました。

「私の母親はこの川の上で私を産んだんだよ。川下にあるカトリック教会で出産したかったけれども間に合わなかったのさ。私は舟の上で生まれたんだ。父親はこの岸辺に舟をつけてキャンプを張って、ここが夏の間の我が家となったわけさ。毎年、氷が解けて川の水かさが増すと、私たちはここに戻ってきて川辺で暮らしながら漁をして、冬に備えて狩りをするんだ。父親は生きている間じゅう、年ごとに私がこの川で生まれた話を繰り返していたものさ。私の体には川の血が流れているんだよ」

「どのくらいの数のアラスカ先住民たちが、川辺でキャンプ暮らしをしているんですか?」

「たぶん全所帯の半分くらいじゃないかなあ。でも魚車輪を使っている者はほとんどいないよ。私は古い時代の生き残りの一人なんだ」彼は笑いながら言いました。

「私の想像では、あなたはきっとここで夜に多くのものを見てきたのでしょうね。ここは人目につかない美しいところですから」

「私が見たものの中には、きっとあなたが信じないものもあるだろう」そう言いながら彼は腰かけ用の切り株の上に座りました。ボウおじさんは小柄で屈強な男性でした。その年季の入った風貌は、過酷なアラスカの天候の下での営みを物語っていました。彼の履いているズボンは裾がまくり上げられ、フランネルの格子柄の裏地が見えていて、ウールのシャツは上がはだけていて肌着をのぞかせていました。外の気温は十度前後であるにもかかわらず、ボウおじさんは明らかに冬の格好をしていました。

「アサバスカン族にはスターピープルに関する伝承が何かありますか?」私は尋ねました。

「お年よりたちは彼らと共に暮らしていたスターピープルについての多くの話を聞かせてくれたよ。彼らはタナナの辺りの地面の下に行ってしまったそうだ。彼らは宇宙船に乗って地球にやってきたとイヌピアット族は信じているんだ」

「あなたも宇宙船を見たことがあるのですか？」

「いっぱいあるよ。私はこのアサバスカンの領地に生まれたのさ。アラスカが州になる前からここにいるのさ。私の一族はここで何千年も暮らしていて、それは最初の白人がやってくるよりも前のことなんだ。宇宙船はまだアラスカが〝アラクスカク〟と呼ばれていた頃からここへやってきていて、もはやアラスカが存在しなくなった頃にもやってきているだろう」

「あなたはどこでＵＦＯを目撃したのですか？」

「ネナナとデナリを結ぶ道路の上でだよ。その辺りはさびれた高速道路が広がっていて、そこに彼らは着陸したんだ。彼らの存在を空軍は知っているのさ。私はそう断言できる。ここを通る者なら誰でも目撃してるんだけど、自分の体験について語ろうとはしないんだ。それを口にすることを軍部は快く思っていないからさ。町の多くの者たちは空軍基地で働いているから、誰も表立っては何も言わないんだよ。でも個人的には、スターピープルが来ていることをみんな知っているんだ」

「彼らがやってきている目的をあなたは知っていますか？」

「ただいつもここに来ているんだと思うよ、お年寄りたちの言ったとおりに。政府はそれを知っているけれど、彼らにできることはほとんど何も無いのさ。相手は政府が存在するずっと前からここにいるんだし。私が思うに、今のところ政府は相手におとなしくしてもらって、何ごともないままにしておこうとしてるんじゃないかな。事実をおおっぴらにしたくないんだよ」

「これまで基地の誰かと、ＵＦＯについて話したことはありますか？」

「姪の息子たちのひとりが十年前に基地で働いていたんだ。そこでは百人の市民を雇っていたのさ。

ある朝、彼がいつもどおり基地に行くと、入り口が閉鎖されていて、従業員たちはそのまま自宅に帰るように言われたそうだ。それで翌日に彼が出勤したときに、そこに駐在していた友人のひとりから、前の晩にＵＦＯが基地内に着陸したことを聞かされたというんだ。そこには地底への出入口があったらしい」

「あなたの甥はその場所を見たんですか？」

「そこは昼夜の監視体制が敷かれていて、誰も近づくことができなかったらしいけど、彼の友人がハイレベルの保全許可証を持っていて、秘密を教えてくれたらしいよ」

「軍部がそこに宇宙船を隠し持っていたということは考えられませんか？」

「彼らのやっていることは考えられないことが多いんだよ。そこは部隊が北極の気候の中で任務を遂行していくための訓練の場ということになっているけど、なんで軍隊にそんな訓練が必要なんだい？　北極でいつ戦争を始めるっていうんだい？」

「シベリアかしらね」私は笑いながら言いました。彼は一瞬だまってから笑いました。

「私が思うに、そこは異星人たちと軍部が共同して働いているところだろうね。そして異星人たちが一般市民に見られることなく自由に地底に行ける場所なのさ。彼らが一緒に何をやってるのかは分からないけど、そのためにそこを使っているんだと思うよ。私の甥の友人が言うには、その異星人たちは我々と同じ外見らしい。だからきっと彼らは我々の祖先なんだろう」

メアリー・ウィンストンの体験

「部族に伝わる話では、私たちの祖先はスターピープルの巨大な金属の物体に乗せられてこの地に連れてこられたとされています」そうメアリーは言いました。

「祖先たちはここの北極圏のような寒冷な惑星で暮らしていたので、この惑星に移り住ませるために運ばれてきたそうです。当時は地球表面は氷に覆われていて、今のような環境ではなかったのです」

長老として敬われているメアリー・ウィンストンは部族の伝統と知識を宿す先駆的な存在とみなされていました。八七歳になる彼女は存命する唯一の伝統芸術の担い手でもありました。私に手作りの手袋を作ってくれるために寸法を測りながら、彼女は自身の部族にまつわる古くからの伝承を語ってくれました。それぞれの手の外寸を紙の上で測っていく彼女に私は尋ねました。

「あなたはどこで育ったのですか？」

「私はコーズブーで生まれて、そこで半生を過ごしました。夫は私が四〇歳のときに亡くなりましたが、私たちに子供はいませんでした。私の妹がフェアバンクスの文化会議に私を招いてスピーチをする機会を設けてくれて、それ以来ずっとここに住んでいます。故郷の村には一度も帰っていません。私の第二の人生はここから始まったのです」

「あなたが長老たちからお聞きになった話によると、あなた方の祖先はスターピープルによってこの地に運ばれてきたということでよろしいでしょうか？」

「ええ、私たちは祖母たちからスターピープルのことを聞きました。その話は何千年ものあいだ語り継がれてきたのです。私たちをここへ連れてきたスターピープルは世界の頂点に住んでいます」

「世界の頂点とはどのような意味なのですか?」

「彼らは北極の下に住んでいるのです。それが〝世界の頂点〟です。彼らは私たちを地球の上に住まわせて、自らは下、つまり世界の頂点に住んでいるのです。私たちの故郷の星は人口過多になりつつあったため、彼らは私たちのために新しい場所を見つける必要がありました。そこで何千人もの人々が選ばれてこの新世界で暮らし始めたのですが、ほとんどの人たちが飢えに苦しみました。地球は私たちの母星とは環境が異なっていたのです。食べ物も違いました。住まいを造るための新たなやり方を覚えなければなりませんでした。ですから私たちの先祖は別世界からやってきた開拓者のような人たちだったのです」

「あなたはスターピープルに会ったことがありますか?」

「彼らの空飛ぶ機械の乗り物は見たことがありますが、本人たちに会ったことはありません。私の祖父は存命中に彼らと話したことがあります。祖父によれば彼らは私たちのような外見をしていますが、目が大きめであったそうです。それは彼らの誰もが母星では地下に住んでいたからで、私たちの祖先も最初にここに連れてこられたときには大きな目をしていましたが、太陽や雪の影響で幅が小さくなったそうです。かつて学校の理科の先生がそれは〝レボリューション(革命)〟というものだと私に言いました」彼女の言葉に私はうなずいて、それを訂正しませんでした。その教師はおそらく彼女にそれは〝エボリューション(進化)〟であると語ったのだろうと私には分かったからです。

「あなたのおじいさんはスターピープルに会ったときのことを他に何か話してくれましたか?」

「世界の頂点にいる人たちは、新たな住まいとなる別の惑星を探しているそうです。いつか地球のすべての雪が解けて、もはや凍った大地は存在しなくなる日が来ると彼らは思っているると祖父は言っていました。そうなればこの地域の生活環境は大きく変わってしまい、私たちはここで生きていくことはできなくなるでしょう。そして別の新しい入植者たちがやってきて、私たちの土地に住み着くようになり、彼らには政府からの援助として自作農場が与えられるでしょう。そんな日が来るころまで私は生きていたくはないです」 そして彼女はしばらく間を置いてから付け加えました。

「私があの世にいく際には、彼らが迎えに来てくれるでしょう」

「スターピープルがということですか？」

「ええ。私たちが埋葬された後、彼らはやってきて私たちの体と私たちの魂を故郷の星へ連れ帰ってくれるのです」

「つまり、あなたが埋葬されてから一週間後に私があなたの墓を掘り返したら、そこには空っぽの棺だけがあるということですか？」

「はい、そう思っています」

私はアラスカで調査活動をしているあいだ、しばしばメアリーとボウおじさんに会っていました。そして最近、私はメアリーが亡くなったと聞きました。それはボウおじさんが九〇歳の誕生日を迎える数日前のことでした。

ベレの体験

「私のことを呪術医（シャーマン）と呼ぶ人たちもいますが、私はそう呼ばれるのが好きではないんです。私は植物に詳しいただの老女です。人々を助けたりしていますが、私は医者ではありません。ただ何が効くかを知っているだけです」彼女と私は二人で川沿いの細い道を歩いていました。ときおり彼女は立ち止まってかがみこみ、野いちごの葉を一枚摘んで私にその効用を教えてくれました。

「以前に大きな製薬会社の人が訪ねてきたことがあって、アラスカ先住民の使っている火傷《やけど》治療の薬を見せてほしいって言ってきたんです。二、三日のあいだ待っている時間がありますかと彼に聞いたら、ありませんって言うんです。だから私はそれなら私に尋ねる必要はありませんと言いました」

彼女はそこで話をとめて、ひとつの木を指し示しました。

「あの木の樹液を私たちは火傷の治療に使っているんです。でもある処理を施す必要があります。このまえ作った分の残りがありますから、家に戻ったら差し上げましょう」

ベレはアラスカの過疎地の村落にひとりで暮らしていました。そこは家が四〇軒ほどしかない小さな共同体でした。

「ここは年寄りばかりが住んでいるところなんです。若い人たちはある程度の年齢になるとすぐにここから出て行きます。ここはバーや映画館や商店街からあまりにも遠く離れていますから」彼女の声には理解を示す響きと共に落胆の色がにじみでていました。

「ここの若者たちはこの村の人々の暮らしぶりにあまり関心がないのです。彼らを責めることはできません。彼らの祖父母たちは寄宿学校に無理やり入れられました。彼らの親たちの中にもそうされた人たちがいます。いったんそこに入ると、出てくるときはまったく別人になっています。そこにいる間に自分たちの言葉も、受け継がれてきた伝統も失わされてしまうのです。私はいつも『彼らは魂を失ってしまった』と言っています。戻ってきた人々は抜け殻のようで、英語を話し、自分たちの心の拠り所を見失ってしまっています。そして飲酒の習慣を持ち始め、今ではマリファナも吸っています。ですから彼らはもう何ごとにも関心を示さずに、ただもう一杯やり、もう一服することだけを考えているのです」

彼女は再び立ち止まって今度はバラの実を摘み、そして鮮やかな紅色の野いちごを私に手渡して言いました。

「これで紅茶を楽しみましょう」私はうなずいて彼女の後につづきました。

「私の子供たちが私のために衛星放送が観られるようにしてくれたんですけど……」彼女は話を続けました。

「それまでほとんどテレビは観ていなかったんです。ぜんぜん関心がなくて……今でもそうですけど。でもある晩、チャンネルをいろいろ切り替えていると、UFOについての番組がやっていたんです。私はそれを観て大笑いしてしまいました。司会の男性はアラスカに来るべきだと思いました。私が彼にUFOを見せてあげられるでしょうから。ただし辛抱強く待ってもらえればですが」

私はその番組の司会を務めていたピーター・ジェニングス氏は、その放送が流れた後まもなく癌で亡くなってしまったことをベレに告げると、彼女は足を止めてとても悲しそうな表情で言いました。

「それはとても残念なことでした。私のところへ来るべきだったのです。私は彼を助けてあげられたはずです」

そして彼女は向きを変えて、小道の突き当たりに開けている原っぱのほうへ歩を進め、その真ん中にある大きな岩のところへ私を導きました。そこで彼女は腰をおろして、となりの空いたスペースを軽く手でたたいて私も座るようにうながし、再び語り始めました。

「ここは神聖な場所なんです。天の川を旅する私たちの祖先たちがここに来るんです。ときどき私もここに来て彼らと話をしています」彼女が言っているのは亡くなった親族や友人たちのことなのかと私が尋ねると、彼女は考え深げにうなずいて言いました。

「でもやってくるのは彼らだけではないんです。スターピープルもここに来ます。ただ彼らは別の理由でやってきているのです」

その理由を私が尋ねると、彼女はスターピープルは母なる地球が健全な状態にあるのかを調べにきているのだと説明してくれました。

「彼らは私たちの祖先ですから、子孫のことを気にかけてくれているのです。しかし彼らの中には科学者たちもいます。そして土壌や植物の中に、それらを変異させる有毒物があるかどうかをチェックしているのです」

「あなたは彼らが人々を誘拐したりしていると思いますか?」私の質問に彼女は笑って答えました。

「祖先たちは人さらいなんてしません。ただそういうことをする別の種族がいないと私は言っているのではありませんよ。私は誘拐されてひどいことをされた体験を語る人たちをテレビで観ましたが、彼らが嘘を言っているとは思いません。彼らは自分たちが知る限りの事実を話しているのでしょう。けれども私の知っているスターピープルには、人々を誘拐する理由など何もないのです」

「スターピープルはいつもこの場所にやってくるのですか?」

「ここは聖なる土地です。彼らの宇宙船はこの原っぱの上空に舞い降りてきて、あの木立の近くに降り立つのです」そう言って彼女は北側に立ち並ぶ木々を指し示しました。

「あの付近に行ってみて、何か分かったことがあったら教えてください」

座ったままのベレのもとから私ひとりで木立のほうへ歩み寄っていくと、茂みに隠された場所に草木の生えていない円形のサークルがありました。その周囲をゆっくりと回りながら歩数で円周を測ってみると、ちょうど二百歩で一周しました。それから円の中央部分へ向かっていくと、足に奇妙な衝撃が走りました。それは電気ショックと似たような感覚でした。それからサークルの周囲を二〇分ほどうろついてから、私はベレのもとへ戻りました。岩の上に並んで座った私の手を再びとった彼女は、微笑みながら言いました。

「エネルギーを感じたでしょう?」

「感電したような感じでした」

「それはエネルギーなんです。この場所全体にスターピープルのエネルギーが満ちているのです。それは癒しのエネルギーです。具合が悪くなったときは、このエネルギーがあなたを癒してくれます。それはとても強力なものです。ですから私がいなくなった後でも、この場所を忘れないでいてください。とても重篤な状態になってしまったときは、誰かに頼んでここに連れてきてもらってください。そうすれば回復することでしょう」

私は彼女の発言にとても興味をそそられて、決して不遜な気持ちで言うのではないことを前置きした上で、もしここが癒しの場であるのなら、なぜ彼女は死んでしまうのかと尋ねました。彼女は再び私の手を軽くたたいて私に微笑みました。私はこんな質問をする自分のことを彼女は無知な人間だと思っているのか、少なくとも、うぶな人だと思われているかのように感じました。

「すべてのものには時があるのよ」彼女は穏やかに語り始めました。

「私たちは死を恐れません。それを歓迎するのです。なぜならそれが終わりでないことを知っているからです。私たちの体が年老いて、私たちの存在が子供たちにとっての負担になり始めたら、もう手放すときが来たのです。年を重ねていくにつれてあなたにも分かることでしょう」

同じことを私の祖母も語ってくれたことを伝えると、彼女は微笑んで言いました。

「それなら、あなたには私の言っていることが分かりますね」

「どんな種類の植物をスターピープルは採集しているんですか？」私は尋ねてみました。彼女は野原のほうへ歩いていって、ある植物を摘んできました。

「これはそのひとつよ。スターピープルたちはこの植物を使う人たちとそうでない人たちの血液に関心を寄せているんです。彼らは世界中の先住民たちから情報を集めてサンプルをとったり、植物を栽培したりしているんです」

「スターピープルは医者のようなものだとあなたは考えていますか？」

「私は自分は呪術医という肩書きを好まないとあなたに言いましたよね。彼らが自分たちが医者だとみなされることを望んでいるとは私には思えないんです。私たちはただ知識を持っている者なのです。私には知識があります。あなたがその知識を求めるなら、私はそれをあなたに差し上げましょう。誰にでも私は提供します。彼らも同じだろうと私は思うのです。彼らは自らの知識を来世にも持ち越します。そうすることで他の人たちのためにも貢献できるからです。彼らは医者ではありません。私は呪術医ではありません。私は知識を有するただの年寄りの女性です」

「スターピープルがあなたに危害を加えたことはありますか？」私の問いかけに、彼女はほとんどささやくような声で答えました。

「彼らはいちど私を癒してくれましたが、傷つけたことは決してありません」

「どのようにして彼らはあなたを癒したのですか？」

「ある日、薪《まき》割りをしていた私は、誤って斧を足の上に振り落としてしまったんです。それは靴を切り裂いて足にザックリと刺さりました。斧を取り払ったときには靴の中は血であふれていました。私は足を引きずって家の中に戻りましたが、あいにく子供たちはみな学校へ行っていました。私は布巾で足を巻いてなんとか止血しようとしました。するとどこからともなく彼らが現れてきて布巾をほどき、彼らの手を使って足の痛みと出血をとめてくれたのです。それからは、私はふつうに歩けるようになり、何も困ることはありませんでした。傷跡はまだ残っていますが」そう言って彼女が靴と靴下を脱いで私に足を見せると、そこには親指からかかとにかけて走る一五センチほどの傷跡が残っていました。

「スターピープルが私を助けてくれたんです」彼女はそう付け加えました。

それから一緒にベレの小さな二間の家に戻ると、彼女はバラの実の紅茶を作ってくれて、火傷用の軟膏も手渡してくれました。そしていつでも好きなときに訪ねてくるようにと言ってくれ、私はそれから二年のあいだ、彼女が亡くなるまでベレのところに通い続けていました。私はいつもチョコレートを持参しました。彼女はそれは白人社会に対する自分のひとつの弱みになっていると言いましたが、実はチョコレートは南米のインディアンたちが世界にもたらしたものだと私から聞かされて喜んでいました。彼女は〝インディアンの食べ物〟にぞっこんになっていても、さほど退廃的ではないだろうと明らかに感じていました。

あるとき、村を訪れていた神父が私たちと食事を共にして、いっしょにピーナッツバターとゼリージャムのサンドウィッチ、ニンジン、リンゴ、そして私がベレと飲むために持参したダイエットコークを楽しみました。先に帰る彼を自身の四輪駆動車まで見送って行くとき、私は彼がベレをどう見ているのか聞いてみました。

「彼女は誠実で品格のある女性で、とっても鋭い感覚の持ち主だと思います。年齢は九三歳かもしれませんが、非常にきびきびしています。毎日よく働いていることが彼女をいつまでも活き活きとさせているのでしょう。科学者たちはアルツハイマー病の治療法の発見のために彼女のことを研究すべきかもしれませんね」

そしてUFOやスターピープルについての彼女の話を、彼がどう思うか尋ねてみたところ、彼は私に微笑んで、自分は年長者の人たちによるスターピープルの話を何度も耳にしてきたので、彼らの体験を聞いても驚くことはないのだと言いました。

「私はアラスカ先住民たちが他の星々やそこから来た存在たちとのつながりを持っていることを本当に信じています。これらの年長者の人たちは今でも自分たちが伝えていることの重要さを強調しています。彼らは真実を語り、相手にも真実に忠実であることを求めます。ですから彼らが私に自らの経験を語るとき、私は彼らが本当のことを述べていると信じます。たとえばベレはあなたが彼女の話を正しく伝えてくれることを心から信じています。あなたはインディアンです。彼女はあなたを信頼しています。彼女が話したことをありのままに伝えていってください」

それはまさに、私がそうしようと努めてきたことでした。

第16章 アブダクション——特異なケース

異星人による誘拐は、スターピープルやUFOの現象の中で最も興味深い側面のひとつです。アブダクションのひとつの特徴は、それが一回だけでは終わらないということです。多くの場合、異星人による誘拐が始まったのは幼少時代であると報告されています。また友人や他の家族の誰かも同時に誘拐されるケースも目立ちます。あるいは本人が連れ去られていくのをその親族や友人などが、なすすべもなく見ているしかない場合もあります。アブダクション時の失われた記憶については、ある時点で瞬間的なフラッシュバックや断片的なものとして回想することもあれば、白昼夢や悪夢としてよみがえってくる場合もあり、後者のケースでは本人はそれをただの夢に過ぎないとみなして軽視してしまいます。

この章では二つの誘拐の例をご紹介します。ひとつは子供時代から続いてきているもの、もうひとつは従兄弟がアブダクションされるのを親族がただ手をこまねいて傍観することしかできなかった例です。

アントニオの体験

二〇〇五年六月、南西部の砂漠地帯に再び戻ってきた私は、さっそく元教え子のアレッタをランチに誘ってみました。食事中の会話の中で彼女はギャラップの町に住んでいる従兄弟のアントニオについて話してくれました。彼女によればアントニオは、スターピープルに何度か遭遇しているというのです。

「先生の代わりに私から電話してみます。もし彼が会ってもいいって言ってくれたら、私が彼の家までご案内します」

そうして私たちはその二時間後には、アントニオの家に到着していました。彼は保留区の保護下にあるインディアン居住地帯の移動式住宅のひとつに暮らしていました。お互いに簡単な自己紹介を済ませると、彼は裏庭にある屋根付きのテラスへ案内してくれました。そこのほうが周囲が静かだったからです。そしてアイスティーを入れたピッチャーとグラスを、私たちのために台所から持ってきてくれました。

「僕は子供の頃からスターピープルのことを知っているんです」アントニオは話し始めました。

「僕が七歳くらいのとき、父が僕を町に買い物に行かせたんです。それは僕にとって初めてのひとり旅でした。僕はそれが誇らしく思えてワクワクしていました。父はハンカチにお金を包んで結わえてくれて、僕を愛馬のルーシーの背中に乗せてくれました。僕は父から仕事を任せられたことを誇りに感じて意気揚々と出発しました。町に着いた僕は大はしゃぎで、子供なら誰でもそうするように、あちこちをうろつき回っていました。だんだん日も傾き始めてきたころ、そろそろ仕事にとりかからなきゃと気づいて、お店で日用品を買い求めてから帰途についたんです。家まで八キロほどの道のりだったと思います。日が落ちるのは早くて、僕は急いで小道を進んでいきました。

そのとき、どこからともなく突然に光が現れたんです。あまりにまぶしかったので、ルーシーがびっくりして急に足をとめた拍子に荷物が地面に落ちてしまいました。僕は慌てて馬から降りて荷物を拾い上げました。頭の中は父のことだけで、自分にお使いを任せた父の信頼を裏切りたくない一心でした。だから顔を上げて前を見ることもなく、近づいてくる二人に気づくことすらありませんでした。ただ手元の品物を確認して、ほかにまだ道に転がったままのものがないかどうか見渡してから歩き始めました。ルーシーはその場から逃げ出してしまっていました。するといきなり何者かが二人で歩み寄ってきて、僕を連れ去ったんです。そのとき感じた恐怖は今でも、昨日のことのように覚えています。僕は荷物を失いたくありませんでした。父は貧しかったので、僕はせっかく買ったものを失くすわけにはいかなかったんです」

「その二人はあなたをどこに連れていったんですか?」

「光の真ん中のほうにです。ふいに僕は自分の体が上昇していることに気づきました。僕は荷物をしっかりと抱き寄せました。落っことしてしまうのではないかと心配だったからです。その次に気がついたときには、僕は壁のテカテカした部屋の中にいました。そこには絵も花も飾られていませんでした。室内はひんやりとしていて僕は不思議に思いました。外はとても暑かったからです」

「部屋には絵も花もなかったということですけど、もう少し詳しく教えてもらえますか?」

「その部屋は古びた硬貨のように味気ない感じでした。壁に絵がひとつも掛けられてなかったんです。花もまったくありませんでした。僕の家では母がいくつもの絵を壁に飾って、窓辺に花を置いていました。床には敷物もありました。でもこの部屋には、そこに人が暮らしていることを感じさせるようなものが何一つ見当たらなかったんです。僕は怖くなって泣いてしまっていたのを覚えています」

「その後で自分の身に起きたことを何か覚えていますか？」

「何も覚えていません。それから気がついたら、もといた小道に戻っていました。それは自宅につづく道でしたが、不思議なことに一キロ半ほど家に近づいていたんです。時刻は分かりません。僕は両腕で荷物をしっかりと抱えていました。帰宅したときに父は怒っていました。そして『おまえを信頼していたのになんてことだ。本来ならもう何時間も前に戻ってこなけりゃいけなかったのに、こんなに遅くまでどこをほっつき歩いていたんだ！』と言われました」

「何があったかをお父さんに話したんですか？」

「決して言いませんでした。父の剣幕がすごくて、理由を話しても嘘をついていると思われる恐れがあったので、ただ謝っただけでした。そして母は僕をベッドに寝かしつけてくれました。それから僕が成長していく間も、彼らはずっとやってきていたんです。連れ去られるのはたいていは僕がひとりでいるときでした。一度だけ従兄弟と一緒にいたときもありました。彼もさらわれたんですが、本人はそのことを覚えていないんです。誘拐されるとき僕はいつも腹を立てていましたが、彼らは僕の手には負えない相手でした。逆らっても無駄だったんです。僕は身体検査を受け、爪や肌などの標本を採取されました。検査の過程で傷つけられたことは一度もありません。痛みも感じていなかったと思います。ときどきそこにいた他の子たちと遊んでいました。僕とは違う言葉を話す子たちでした」

「ええとそれは、外国語を話す子たちだったということですか？」

「ええ。彼らの言葉は理解できませんでしたが、一緒に遊んでいたんです」

「その後もあなたは誘拐され続けたんですか？」

「はい、僕が教師になってから何度も宇宙船の中へ連れ込まれました。子供のころと違って、今は彼らに対しては別の見方をしています」

「どんなふうに?」

「人間を守ってくれる者ではなく、悪意を持つ者として見ています。彼らは思うがままに僕たちにどんなことでもできます。そして僕たちはそれに対して何の手立ても打てないんです。彼らは僕の人生に勝手に入り込んできて、僕の同意を得ることなく検査をし、他の誰もしないようなことを僕にするのです。本当にいまいましく感じます。彼らは僕をカゴに入れたモルモットのように取り扱います。とても恐ろしい気持ちにさせられます」

「あなたを捕獲した者たちは、どんな外見をしていましたか?」

「巨大な目をしていました。彼らは大きな昆虫みたいに見えました。言葉は話しませんが、心を使って会話をすることができます。肌は青白く、糊のこね粉のような色で、さわってみるとスポンジゴムみたいな感触でした。脚と腕は骨と皮だけみたいに細かったです」

「宇宙船内に他の人々の姿を見たことがありますか?」

「たいていは他の人たちもそこにいましたが、彼らとは一度も話したことはありません。たぶんあの人たちは僕のように元の場所に帰されることはないと思います。ずっと船内にとらわれたままの囚人たちだと思います」

「なぜそう思うのですか?」

「僕が船内に連れ込まれて、ときどき廊下のようなところを通ったときに、他のいくつかの部屋の中が見えたんです。そこには白人のアメリカ人かヨーロッパの国の人たちのように明るい肌でブロンド髪の人たちの姿もありました。彼らはメキシコ人にも僕のようなインディアンにも見えませんでした。僕は検査が終われば帰されますが、あの人たちは帰してもらえないと思います」

「どうしてそう思うんですか?」

「つまり、他の部屋にいた人たちがナバホ族ではないとしたら、ほかの場所から連れて来られた人たちに間違いないからです。ある人たちは解放されても、別の人たちはずっと捕らえられたままのように思えるんです。僕は自分が後者のグループに入っていなくて良かったと思います。僕を誘拐する必要がある場合は、最低でも後で釈放すべきです」

「従姉妹のアレッタ以外の誰かに自分の体験を話したことがありますか?」

「僕の家族は知っています。アレッタもです。異星人に誘拐される体験をしたら、それをあまり多くの人に話すべきではありません。教職に就いている場合は特にそうです。周囲から精神状態が不安定な人間だと思われてしまうかもしれないからです。僕は仕事を失うような危険を冒そうとは思いません。僕には養うべき家族がいますから」

アントニオが口にした懸念は、私が出会った他の人たちからも聞かれたものでした。

ジェニファーの体験

六月にアルバカーキを訪れた際に、私はジェニファーの姿を探していました。前日に偶然に彼女の父親と会えたので、居所を教えてもらえたのです。私は彼女が大学に戻るように説得をしてくれないかと父親に頼まれていました。学校を辞めてしまうことで娘が人生を台無しにしてしまうのを、彼は心配していたのです。ジェニファーは郊外にあるガソリンスタンドとコンビニエンスストアを兼ねた店で働いていました。彼女の父は地元民から尊敬を受ける一族の長でした。ジェニファーは父親と一緒によく部族の会議に顔を出していて、私は彼女を八歳の頃から知っていました。

「私は一学期だけ学校を休学することにしたんです」彼女は状況を説明してくれました。

「お父さんから、学校を休むのなら働きなさいと言われたんです。見つかった仕事はこれしかなかったんです」

「どうして大学を離れることにしたの？」

「昨年の秋にある出来事が起きたんです。それからずっと苦しんできて、学校すらどうでもよく思えてきたんです」

「私は大学教育はすべての女性にとって大切なものだと思っているの。それは自立をもたらして、選択の幅を広げてくれるものだから。それにあなたのお父さんが、娘には学位はいらないって言うとは思えないわ」

「はい、父はそうは思ってはいないです」

「私が覚えているあなたのお父さんは娘を溺愛していたわ」

「父は今でもそうなんです」彼女は笑って答えました。

「それなら、なぜお父さんの気持ちを尊重しない選択をしてしまったの？」

彼女は肩をすくめてみせて、私の心を探るように見つめながら言いました。

「もしお時間があれば、いっしょにどこかで食事でもしながらお話することはできますか？　大学についてもう少しご相談したいことがあるし。私、あるメキシコ料理店を知ってるんです。そこには英語をしゃべる人が誰もいないから、プライベートなことを何でも話すことができるんです」彼女は店の住所をメモに書いてくれて、私たちはそこで夜の七時に待ち合わせをすることにしました。

レストランに到着した私はすぐに、ジェニファーの姿を見つけました。彼女はもうひとりの若い女性と一緒に奥のブースにいました。

「彼女は私の従姉妹のローズバッドです」テーブルに加わる私に彼女は紹介しました。

「彼女も同席させてもらえればと思いまして」

皆が注文を終えると、ジェニファーが話を始めました。「私はもともとはエンジニア志望だったんです。保留区では有能なエンジニアが重宝されるだろうと思ったからです。ローズバッドは化学の勉強をしていますけど、彼女は専攻を変えようかと考えているところなんです。地元ではインディアンの化学者の勤め口があまり多くないからです。私は彼女に医学を学ぶべきよって勧めたんです」それを聞いたローズバッドが口を開きました。

「ジェニファーは先生から、女性にとって大学教育は大切だって言われたと私に話しました。私もそのとおりだと思います。それはインディアンの女性にとって、本当に大事なものだと思います」

「すべての女性にとってもよ」私は答えました。

「でも特にインディアンの女性にはね。この半世紀を振り返ってみても、世の中はインディアンの女性が生きていきやすい方向にはあまり変わっていないわ。そんな中で教育は、多くの可能性の扉を開けてくれるものなの」

「そうおっしゃる先生なら、ジェニファーに学校へ戻るように説得して頂けると私は思うんです」

「自分にできることはするつもりよ。でもその前に、教育の重要性に疑問を持ってしまうほどの何があったのかをあなた方の口から聞かせてもらわないといけないわ」

ローズバッドはその手をジェニファーの手の上に重ね、不安そうに見つめ返す彼女にやさしくうなずきました。

「あの……最初にお伺いしたいんですが」ジェニファーはためらいがちに口を開きました。

「保留区にいる私の従兄弟のひとりから、先生がUFO関係のことに詳しいと聞きました。先生自身が目撃していて、調査を推し進めていると彼は言っていました」

「私は時間ができたときに、それらを本にまとめようと思って取材しているの。もともとは自分自身の経験からこの分野に興味を抱いたのだけれど、そのことを知った人たちの間で噂が広まっていったみたいで、これまで何百人もの人たちが自分たちの体験を私に話してくれたわ」

「それで……実は……私たちもお話したいことがあるんです。それは去る八月の末に起こったことで、ちょうど新学期が始まる直前でした。私は従兄弟たちと皆でキャンプに出かけたんです。ローズバッドも一緒でした。その日は清々しい秋の午後で、私たちは馬に乗って渓谷を登ることにして、ふもとにある祖母の家に立ち寄ってから、その近くでキャンプをしようかと思っていました」

「彼女の裏庭でね」ローズバッドが口をはさみ、それからまたジェニファーがつづけました。

「私たちはテントを張って、馬たちにその付近の草を食ませて、それからおばあちゃんのところで羊肉のシチューを皆でご馳走になりました」

「彼女はいつも私たちが訪れた際には、羊肉のシチューでもてなしてくれるんです」ローズバッドが言葉を添えました。

「そのキャンプにはあなた方のほかには誰がいたの？」

「私たち二人のほかには、従兄弟のジェフとテレンスがいました」私の問いにローズバッドが答え、またジェニファーが話をつづけました。

「夕食後におばあちゃんを囲んでおしゃべりをしていましたが、彼女は早めに就寝しますので、夜の八時ごろに私たちは馬を準備させて渓谷に登ってみることにしたんです」

「私たちは以前にもそうしたことがあったんです。ですからその渓谷は私たちにとって自分の家の庭みたいなものだったんです」ローズバッドが口をはさみました。

「そして渓谷を一キロ半ほど登った地点が、目撃の場所となったんです。それは大きな円形の物体で、底面から赤と白の脈動する光を放って谷壁を照らしていました。今でもその光景がまざまざと思い出されます。周囲のすべてのものを赤々と輝かせていたのです。渓谷をほとんど真紅一色に染め上げていました」

「そうなんです」ローズバッドも言いました。

「それはこれまで見たことも無いような鮮やかな赤でした。赤ぶどうのような明るい赤だったんです。お分かりでしょうか。あんな赤は今まで一度も見たことがありません」そしてまたジェニファーがつづけました。

「ともかく、その物体が私たちの目の前にあったんです。途方も無い大きさの宇宙船が渓谷に着陸していたんです。それは渓谷の河床全体をほとんど覆うほど巨大なものでした」

「私たちはそれを目の当たりにしてその場に凍り付いてしまいました。馬たちは怯えて立ち往生していたので、私たちは姿を見られるのを恐れて馬から降りました。テレンスが『ここから離れておばあちゃんのところへ戻ろう。そして何もなかったことにして忘れよう』と強く訴えました」

「私はそんなことはできませんでした」ジェニファーが言いました。

「私は好奇心に駆られて、もっと近くで見てみたいと思いました。テレンスがローズバッドの腕をとって岩壁側に寄らせて身を隠そうとするのを尻目に、ジェフは宇宙船の全景を見渡せる場所に歩み出していきました。私も彼につづこうと後を追い始めたそのとき、それが起こったんです。ジェフが消えてしまったんです。彼は一瞬のうちにどこかへ行ってしまったんです」

「どこかへ行ってしまったというのはどういうことかしら？」

「彼らが連れ去ったんです。彼は姿を消してしまいました。ほんの少し前にそこにいた彼が、次の瞬間にはいなくなっていたんです」

「いまジェフはどこにいるの？」

「自宅にいます。彼が行方不明になっていたのは数時間だけなんです。ジェフがいなくなったとき、私たちは彼の名を呼ぶことができませんでした。そんなことをしたら宇宙船にいる何者かが私たちのことも捕まえにくるのではないかと恐れていたからです」

「ジェフは自分の身に起きたことを何か覚えているの？」

「何も覚えていません。彼が覚えているのは私たちと一緒に渓谷を登っていたこと、そこで宇宙船を見たこと、そしてそれに歩み寄っていったことまでで、自分が連れ去られていた間に何が起きていたのかは覚えていません」

「ただ彼とはぐれてしまっていただけということは考えられないかしら?」私の質問にジェニファーが答えました。

「いいえ。私は彼が消えるのをこの目で見たんです。彼は宇宙船のほうへ歩いていって、私はその後を追いかけました。彼の姿が消えたときに私はその三、四メートル後方にいたんです」そしてローズバッドがつづいて言いました。

「私たちは怯えきっていて、どうしたらいいのか分かりませんでした。ジェフのことが心配でその場から逃げ出すことができず、自分たちも誘拐されてしまうかもしれないという恐怖にも駆られていました」

「それでどうしたの?」

「岩壁の陰に身を潜めて、じっと様子をうかがっていたんです」ジェニファーが答えました。

「再びジェフの姿を見るまで数時間は経過していたはずです。急に前方に明るい光が出現し、その中からジェフが何ごともなかったかのような表情をして歩いて出てきたんです」そしてローズバッドが言葉を添えました。

「その数秒後に宇宙船はゆっくりと浮上し始めて谷壁を越え、そして夜空に飛び去っていきました」

「船体の周囲に何か人影のようなものを見なかった?」私の質問にジェニファーが答えました。

「いいえ、何も。でも何か、あるいは誰かがジェフを連れ去って二時間のあいだ拘束していたんです。私たちは彼が消えるのを現場で見たんです。ジェフが戻ってきてから、私たちは馬に乗っておばあちゃんの家に戻りました。ジェフは消えていた間のことは何も覚えていませんでした。私たちはそのことについてほとんど夜が明けるころまであれこれと話し合っていました。そしてその後に就寝しました。けれども翌朝になると、ジェフは昨晩のことを話すのを拒みました。そして彼の体は全身の皮膚がまるでひどい日焼けでもしたかのように真っ赤になっていました。それから私たちは再び馬にまたがって、それぞれの家路につきました。ところがその晩遅くにジェフはひどく具合が悪くなってしまい、町の病院で診てもらったところ、かなり重度の日焼けであると言われ、数日間の入院を余儀なくされました。私が彼を見舞いに病院を訪ねると、彼はあの晩に渓谷で起きたことを、絶対に誰にもしゃべらないように私に誓約させました。そのとき私はジェフが自分の身に起きたことを思い出していたことが分かりました。そしてその瞬間に、私は学校へ通うのをやめようと思ったんです。なんだか学校へ行くのは無意味なことのように思えたからです」

「ええと、そのつながりが私にはよく分からないんだけど……」私は戸惑いながら尋ねました。

「つまり、あのエイリアンたちがいつでも自由にやってきて私たちをさらっていって、それに対してこちらには何の打つ手もないのなら、あるいは彼らが私たちを洗脳して記憶を消してしまえるのなら、彼らのほうが優れたテクノロジーを持っているということになります。それだったら学校でさんざん時間をかけて勉強することなんか何の意味も持たなくなってしまいます。結局のところ私たちはみんな、まな板の上の鯉のようなものです。自分がせいぜいあと少しの間しか生きられないのだとしたら、学校に通うことなんて時間の無駄です」

「そうね、あなたが速やかな給油サービスをするガソリンスタンドで働くことに生きがいを感じているなら、きっとあなたの言うとおりなのでしょう」彼女は無表情な顔を私に向けて聞いていました。「でもいっぽうでは、学校に行くことが将来におけるあらゆる脅威に対抗する道となる場合もあるかもしれないわ」

「彼女の言うとおりよ」ローズバッドが言葉をはさみました。

「私たちは未来に起こり得る出来事に対して、感情的にではなく知性的に立ち向かうことが必要なのよ。今のあなたは自分の感情だけしか働かせてないわ」

「わかったわ。お二人さん。集団で私を襲ってこないで」ジェニファーは笑いながら答えました。

「あなたたちはこれまで、お父さんか誰かに自分たちの身に起きたことを話したことはある？」

「それについては話さないように私たちはジェフと約束したんです」ジェニファーが答えました。

「私たちは誰にも話したことはなかったんです」ローズバッドが続いて言いました。

「ジェフは私たちの家族のひとり、従兄なんです。私たちはともに育ってきた仲です。彼が絶対に誰にも知られたくないと思っているのですから、私たちは彼との約束を守ってきました」

その晩、私たちはさまざまなことについて話し合いながら過ごしました。ジェニファーはもはや技術者になることへの興味はなくなってしまっているとはっきり言ったので、私は天文学か宇宙物理学を専攻してみるのはどうかと勧めてみました。

「それはいいアイデアだと私は思うわよ」ローズバッドはジェニファーに言いました。

「あなたは優秀だから向いていると思うの。それに他の惑星に行った最初のインディアンになれるかもしれないのよ。宇宙に行ったインディアンはもういるわよね。彼の名前は何だったかしら？　あのチョクトー族の男性……」

「ジョン・ベネット・ヘリントンよ」私が答えました。

「そう、その人です。正真正銘のインディアンの宇宙飛行士です。自分が生きているうちにそういう人を見られるとは思っていませんでした」

その晩の残りの時間を私たちは、スターピープルが地球にやってくる理由についての諸説を吟味しながら過ごしました。ローズバッドは彼らの使命は平和的なものであると堅く信じていました。いっぽうジェニファーは、彼らの存在は地球人類にとっての脅威であると確信していました。私は彼女たちの主張を興味深く聞いていました。二人は同じ出来事に遭遇しながらも、その体験からまったく異なった結論を導き出していたからです。別れ際にジェニファーは、今後も私と連絡を取り合いながら、学校に戻ることも真面目に考えてみると約束してくれました。

そして今から半年ほど前、私は首都ワシントンで開かれた会議でジェニファーの父親に会いました。彼は娘はすでに大学に復学していると私に言いました。私は彼女が専攻を変えたかどうかについては尋ねませんでした。なぜならその二週間前に本人からの電子メールで、物理学の学士課程への入学を認可されたと伝えられていたからです。彼女が副専攻する予定でいるのは天文学です。

第17章 私たちはこの星の者ではない

宇宙からやってきた〝人間の姿をした〟者たちがこの地球の都市部に紛れ込んで暮らしていて、その事実を政府や軍部の上層部は把握しているということが、さまざまな情報筋から確かな根拠をもって言われています。これを裏付ける一連の最高機密文書が、告発者たちによって暴かれてきています。

一例を挙げれば、ロバート・ディーン上級曹長が一九六四年に目にしたNASAのトップシークレット文書には、地球社会にたやすく溶け込めそうな〝人間の姿をした〟地球外生命体が政府高官や軍部の指導者たちのもとを訪れて会見をした様子が記されていたといいます。ディーン曹長によれば、NASAが最も頭を痛めていたのは、地球外生命体たちが政府や軍部の施設内の廊下を歩いていても、誰も地球人と見分けがつかないほど自然に行動できることでした。告発者たちの証言とは別に、民間レベルでも数多くの個人が世界中の都市部で一般市民のふりをして過ごしている宇宙人たちに出会ってきたと主張しています。

この章では、他の星々からやってきて、誰にもその正体を気づかれることなくこの社会で暮らしてきたという二人の女性をご紹介しましょう。

異郷の父をもつガーティー

「それならガーティーに会っておくべきだよ」私がスターピープルとの遭遇体験をもつ人たちを、調査していると聞いた伯父はそう言いました。空軍から退役してアラバマ州モービルに越してきたばかりの、彼のもとを訪ねていたときのことです。伯父も私と同様に、星々からの訪問者たちの話題が普通である環境で育ってきたので、彼がその類の話を知っていたことに私は驚きませんでした。

「ガーティーは誘拐されたわけじゃないよ。本人によれば、彼女の八分の一は黒人、八分の三はチェロキー族、そして残り半分は異星人だそうで、それを自慢していたよ。彼女はテントン水路のハウスボート（住居用の屋形船）に住んでいるんだ」

翌日、私は伯父と共にガーティーに会いに行きました。彼女はスラリとした細身の女性で、肌はクリームを入れたコーヒーのような色合いでした。波うつ豊かな黒髪は小滝のように背中へと流れ、顔の輪郭を形づくっている頬骨は、インディアンの血筋を受け継いでいることをほのめかしていました。そして黄色い斑点をもつ灰色の瞳はこの世界の者ではないような印象を与えるとともに、かつて私がワイオミング州のエセーテの町のゴミ置き場から救い出したメインクーン猫を思い出させました。

ひととおりの挨拶を終えると、ガーティーは私たちをハウスボートの中に案内してくれ、そこは居間、台所、そして食堂に区分けされていました。彼女はチェリー風味のソフトドリンクと大きなチョコレートケーキを出してくれて、伯父は私がスターピープルに興味を持っていることを彼女に伝える前にチョコレートケーキの大きな固まりを食べ始めて、さらにもうひとつ平らげました。

「自分がみんなとは違う子供だと気づきながら生きていくのは楽なことではなかったわ」彼女はそう話を切り出しました。

「私の父はプレアデス星団の近くの星からやってきたの。母はその星の名前を最後まで正しく発音できなかったわ。二人とももうこの世にはいないの。父はミシガン州で亡くなったけど、母はこの近くの教会の墓地に埋葬されているわ」彼女は立ち上がって冷蔵庫から角氷を取り出して、私のコップに足してから話を続けました。

「私の両親の関係はとっても不思議な感じだったわ。私は自分が本当に二人の間にできた子供なのかしらってよく思っていたけれど、母は死の床で彼女がジョーと呼んでいた私の父は、別世界からやってきた異星人に間違いないのよと言ったの。私は母が嘘を言っていたとは思えないの。敬虔なクリスチャンだった彼女は、偽りの言葉を口にして地獄へ落とされてしまうことを恐れていたはずだから」彼女はそこで一呼吸おいて、ソフトドリンクを私たちのコップいっぱいに注ぎ足してから、奥の寝室らしきところへ行き、モノクロの写真を手に戻ってきました。そこにはムラート（黒人と白人の混血）の女性と白人男性が写っていました。

「これは二人の結婚式での写真よ。デトロイトで式を挙げたの。父の乗った宇宙船はミシガン湖に墜落してしまって、そこで母と出会ったの。当時、自動車工場で働いていた母は、仕事帰りの道すがらに父に出くわしたの。彼は怪我をしていたので、母は気の毒に思って自宅に連れて行って介抱してあげたの。そしてその三週間後に結婚したの」彼女が見せてくれた写真はよれよれになって色あせてしまっていました。彼女の父だという男性の顔のところに折り目が交差していて、そこに何か際立った特徴があるかどうかはなかなか判断がつきませんでした。体つきは人間のもので、とても背の高い人でしたが、私の印象では白人男性のように見えました。

「あなたのお父様はデトロイトで働いていたの？」

「ええ、そうよ。母が自分の工場に紹介したの。当時は身分証明書を簡単に作れたのよ。今と違って、ただ申請するだけでよかったの。母は職場の人たちに、自分の夫は耳が不自由で口もきけないから会話ができないと言っていたの。その時代は誰も他人のことをあれこれと調べたりはしなかったのよ。会社側はただ黙々と部品を流れ作業で組み立てる要員を必要としていただけだったから。私が四歳になったころ両親は郊外に引っ越して、狭い区画に建った小さな家を借りて自家用車を買ったの。父は夏の過ごしやすい夜に外で腰かけながら、よく星空を眺めていたわ。私は子供心に父は自分の仲間たちが迎えにきてくれるのを願っているのだろうと思って彼を見ていたの。でも迎えが来ることは決してなかったわ。父はそのためにひどく気落ちして死んでしまったのだろうと私は思ってるの。でも母はそれを否定していたわ」

「あなたはお父さんととても仲が良かったの？」

「そういう感じではなかったの。父が自分なりのやり方で私を大切にしてくれているのは分かっていたわ。とても用心深い人で、いつも私から目を離さずに、注意をうながしていたの。私が転べば抱き起こしてくれたけど、話しかけてはこなかったわ。自宅には小さな物置小屋があって、父は四六時中その中で電気器具をいじっていたわ。大半は通信機器だったけど、何でも器用に直せたの。近所の人たちが故障した小型の家電製品や芝刈り機などの修理を頼みにやってきて、父は直してあげていたわ。物置小屋の中で作業をしている父のそばに、私はよく腰をおろしてラジオをかけたり、人形で遊んだりしていたものよ。もらった修理代金を父は二〇リットル近い容量の壷の中に入れて、タイヤとぼろきれの中に隠していたの。そしてそのお金は私のためにためているもので、秘密にしておくようにと身振りで伝えてきたの。父が亡くなったとき、壷の中には一万ドル近いお金がたまっていたわ。それは当時としては大変な額で、立派な家を買うことすらできたのよ」

「お父さんは異星人だったと、あなたは信じているの？」

「私には父が異星人だったことが分かっているの。父は地球人とは違っていたから。彼は一週間のうちにたった二、三時間しか眠らなかったの。父はここの言葉を覚えようとは決してしなかったけれど、父と母は言葉を介さずにコミュニケーションをはかる何かしらの能力を持っていたようだったわ。私は父が食べたり飲んだりする姿を一度も見たことがなかったけれど、母によれば父の胃は私たちのものとは違っていて、おもにリンゴのピューレ、細かく刻んだ桃、そして離乳食を食べていたそうよ。あ、それからバナナね。父のために母はよくバナナをすりつぶして、蜂蜜とミルクを加えて、ねばねばした感じになるまで煮込んであげていたわ」彼女はいったん話をとめて、私にチョコレートケーキをもう一切れよそってくれました。

「お父さんとお母さんはどんな感じの仲だったか覚えてる？」

「二人はとっても特別なかたちで、お互いを深く思いやっていたわ。母は父の面倒を見ながら、世の中から彼を守ってあげていたの。彼はとてもやさしい魂の持ち主だったの。あるとき母は父にダンスを教えてあげようとしたんだけど、父は音楽のリズムに合わせて足を動かすことができなかったの。彼が言うには、自分のいた星の人たちには、ダンスをする習慣はなかったんだって。彼は田園地帯にピクニックをしにいくのが大好きだったわ。私たちが屋外で食事ができるように、ピクニック用のテーブルを裏庭で作り上げたの。雑誌に載っていた写真のとおりのデザインでテーブルを再現したのよ。彼は目にしたものを何でも作ることができて、どんなものでも修理できたの」

「彼は自分の母星の人たちとのコンタクトを、試みたことがあったのかしら？」

「母が言うには、結婚して間もないころ、ロズウェルで墜落事件があったという報道があったとき、父は自分の仲間たちが救助をよこしたに違いないと思って、いても立ってもいられなくなってしまったの。母は彼をなだめて、墜落したのは宇宙船ではなくて気象観測用の気球だと説明したんだけど、宇宙船は自分の母星からきたと確信していた彼は、絶対そうじゃないと言い張ったの。父はニューメキシコまで行きたがっていたの。でも母が墜落した宇宙船の残骸はおそらく軍部が全て回収してしまっているだろうから、今から行っても仕方がないと言って説得すると、しぶしぶあきらめてミシガンにとどまったらしいわ。そしてその出来事があってから、父はそれまでよりも自分の運命を受け入れるようになったと母は言っていたの」

「彼は自分が乗ってきた宇宙船がどうなったかを、あなたのお母さんに話したことはあるの？」

「それは湖に沈んでしまったの。何時間も経ってから父は猟師に引き上げられたそうだけど、きっと冷たい水の中で死にかけていたんだと思うわ。そして彼はあてもなくさまよいながら、やがてデトロイトへ続く通りに出て、母と出会うことになったの。彼はとても衰弱していたので、母は自分のアパートへ連れていって、暖かい場所にいさせてあげたの。父は最後まで寒さを嫌がっていたわ。母によると、彼の故郷はいつも温暖な気候だったそうよ。父は花が大好きで、花々が咲き誇る春の季節になると、いっそう幸せそうに見えたわ。そして母が髪を花で飾った姿がお気に入りで、夏には野原の花を摘んできて、とても嬉しそうな顔をして私たちにプレゼントしてくれたの。冬には仕事帰りによくお花を買ってきて、母にあげていたわ。それは彼の母星には花がたくさんあったからだと母は言っていたの」

「彼はミシガン州での寒い毎日をどうやって乗り切っていたの？」

「寒さには本当に悩まされていたわ。冬の晩にはよくガスストーブのそばでちぢこまって、暖かい毛布にくるまっていたの。でも母によると父はかつて『もし地球にずっと残ることになっても、二人の家族がいるから幸せだ』と語っていたそうよ」

「あなたは結婚したことがあるの？」

「一度もないわ。私はずっと長いあいだ母の介護をしていたから。私は母を老人ホームに送り込みたくなかったの。母が亡くなったときにはもう私はあまり相手を選べる立場じゃなくなっていたから、パートナーなしで生きていくほうがゆとりをもって暮らせるだろうって思ったの」

それからしばらくして伯父と二人で家路に向かう途中で、私は彼にもしかしたらガーティーに恋をしているのではと聞いてみました。伯父はその質問をやんわりとはぐらかしました。彼女の年齢を尋ねた際には、「彼女はいつまでも年をとらないんだよ」と彼は答えました。伯父は八年前に七〇代で他界しました。ガーティーは葬儀には参加しましたが、墓地のすぐ近くで催された軍隊による葬式には姿を見せませんでした。今日にいたるまで、彼女の姿は私の脳裏にずっと焼きついています。葬儀場に現れた彼女は、多くの歳月が流れたにもかかわらず、一日たりとて年齢を重ねたようには見えず、スラリとした細身のままで、しなやかな美しさを保っていました。残念なことにその場で彼女と言葉を交わす機会がなく、彼女の所在は伯父の友人たちも誰も知りませんでした。

翌年に伯父の遺品の整理にアラバマ州に戻った際に、またあのハウスボートのあった場所へ行ってみましたが、徒労に終わりました。ある旅の途中で私は〝川舟のサム〟と名乗る男性と出会いました。彼は水路に住んでいた背の高いムラトーの女性のことを覚えていると言いましたが、彼女はあるとき真夜中に何も言わずに姿を消してしまったといいます。彼は彼女のことを〝奇妙な〟人だったと言いました。彼によれば、その女性はずっと寝ないで生きてきているとしか思えず、ときどき気温が三八度を超えていても毛布にくるまっていたといいます。

「彼女は大柄で魅力的な女性だったけど、男性に関心がなかったんだ。小舟のサムにもね」

時が経つにつれて、私はスターピープルがガーティーと伯父を巡り合わせたのだろうと思うようになりました。そう思うと心がほんのりと温かくなってきます。私はいつか二人が再び結ばれる日が訪れることを信じています。

ひとりぼっちのリーサ

年に一度アラバマ州の伯父を訪ねていたあるとき、彼に頼まれてモンタナ州へ帰る途中でアーカンソー州のオザーク山脈に立ち寄って、彼の友人に荷物を届けたことがありました。その友人とは伯父が軍隊にいたときからの知り合いで、リーサという名の女性でした。彼女も伯父と同じ空軍士官で、軍隊生活も含めて彼らの友情は三〇年以上にもわたって続いていました。伯父は彼女のことを〝忠実な友人〟と言っていました。

「彼女は私がこれまで出会った中で最も強い女性なんだ。精神、肉体、情緒のすべてにおいてね。並外れて聡明な女性であることは言うまでもないよ」

リーサの家に着くと、そこは巨大な湖のほとりに不規則に伸びたログハウスで、夕方六時ごろになるとオザーク山脈の影に四方からすっぽり包み込まれてしまうところでした。車を停めると彼女が庭先で私を待っていました。私はそこで荷物をおろした後は、近場の宿をみつけて一泊していくつもりでいましたが、彼女は耳を貸そうとはしませんでした。

「私はゲストルームの用意を整えて、あなたに泊まっていってほしいと思っていたんです。ここにはあまり仲間がいないので、さみしいんです」そう打ち明けてきました。

夕食を済ませたあと、リーサは二本のワインボトルと二個のグラスを持ってきて、仕切りのある正面のテラスで湖を見下ろしながらくつろぎましょうと提案してきました。揺り椅子に腰かけた私に彼女はワインを注いでくれて、隣の椅子に座りました。

「ここは本当にこの世の楽園の一角っていう感じですね。いったいどうやってこんな素敵なところを見つけたんですか?」湖を眺めながら私は尋ねました。

「たぶん私は運が良かったか、または悪かったたんでしょうね。それは受けとめ方しだいです」彼女は笑って言いました。

「持ち主がここを売りたがっていたんです。地元で私の大学時代の友人が不動産会社をやっていました。私は空軍を退役した後で暮らす場所を探していて、価格的にちょうど良かったのでここを買ったんです」

「あなたは良い選択をしたと思いますよ」

「そう思うときもあれば、思わないときもあります。ここにいると淋しくなるんです。古い友人たちが恋しくなります。あなたの伯父さんにも会いたくなります。彼は私の親友でしたから」

私は彼女の言葉にじっと耳を傾けていました。その声には哀しみがにじみ出ていました。それは昔からの友だちを懐かしむ郷愁の念よりも深いものでした。そのときふと私は、彼女は私がこれまで出会ってきた中で最も孤独な人だと感じました。彼女のことをさらに知っていくにつれて、私の感覚は正しかったことが分かりました。

しばしの沈黙をやぶって彼女が口を開きました。

「あなたの伯父さんによると、あなたはスターピープルについて調べているんですってね」

「ええ、しばらく前から、いろいろな遭遇体験者の話をテープに録ったり記録したりしています。当初は二、三の体験談が聞けるくらいかなと思っていたんですが、これほど多くの人たちがスターピープルに遭遇していたことに本当に驚いているんです」

「伯父さんは私たちが一緒に配属されていたグリーンランドで目撃したＵＦＯについて何か話していましたか？」

「いいえ、かつて私がＵＦＯについて伯父に尋ねた際には、公式声明のような言葉しか返ってきませんでしたので、そこでやめにしていました」

「そうですか。私は空軍がどんな公的立場にあろうと気にしません。ＵＦＯは存在するんです」リーサはそう言って語りはじめました。

「彼らの高度なテクノロジーに比べれば、地球人類はまるで暗闇の中を手探りで出口を探している原始人のように感じられることでしょう。ＵＦＯは私たちのグリーンランドの基地を定期的に訪れていました。あるとき敷地内に小さな宇宙船が着陸したことがあり、そこから一人のスタートラベラーが出てきたんです。そして任務に就いていた若い空軍兵が、その方向にライフルを向けた瞬間、基地内のすべての武器がその機能を失ってしまいました。その後でその異星人は船内に戻って、宇宙船はあっと言う間に消え去りました」リーサは立ち上がって歩きながら話を続けました。

「それ以降、一ヵ月にわたって基地は全エリアで警戒態勢を敷きましたが、そんなことをしても何の役にも立たないことは誰もが分かっていました。もし相手が侵略や略奪をしにきた場合は、私たちには為す術もありません。こういった事実を隠蔽している側に身を置いていることに、やり切れなさを覚えてしまうときもあります」

「真実が知らされていれば、そのような出来事が数多く明るみに出ていたんでしょうね。似たような話を私は他の軍関係者たちから聞いたことがあります」私の言葉を受けてリーサが続けました。

「はい。でも私があなたに話したいのはそういう種類のものではないのです。あなたは偏見のない広い心の持ち主であると伯父さんから聞きました。そのとおりであればいいなと私は思っています」

「私はそういう人間だと思っています。あなたがこれから話そうとしていることは、私の伯父にも伝えてあるのですか?」

「ええ。それは私たちが二人ともかなり飲んでいて、どこにも行く場所がなかったある晩のことでした」

「彼はあなたの話を信じたのですか?」

「信じていなかったのなら、あなたをここへ来させたりはしていなかったでしょう」

「あなたから私に話があるとは、彼はまったく言っていませんでした」

「彼はこれまで一度も信頼を裏切ったことはありませんでした。彼は私があなたに話をすべきかどうかを、私自身に決めてほしかったんでしょう。そして私はそうすることに決めました。ひとつだけお願いがあります。私の話を途中でさえぎることなく、最後まで語らせてください」

「わかりました」私はそう答えてワイングラスを手にとって一口だけ飲みました。そしてリーサの口から出た最初の一言で心をすっかり魅了されてしまい、視線を広い湖の上に落としました。

「私はこの惑星で生まれた者ではないんです」彼女は語り始めました。

「誰もが私を北米インディアンだと思っていて、あらゆる書類に私もそのように記載してきましたが、真実は違うんです。私はあるインディアンの女性に孫娘として養育されたんです。私はあるとき地球に墜落した宇宙船に乗っていました。メアリー・ブレヴィンスという七〇代の女性が私を見つけました。墜落現場は彼女の家の近くだったのです。墜落の音を耳にした彼女は様子を見にやってきて、そこで私を見つけたんです。私が聞いたことをまとめて言えば、彼女は私の素性をみんなに隠して、自分の孫娘だと言って育ててきたんです」

　そこでリーサは少し間をおきました。私は夕暮れの薄明かりの中で、彼女を間近で見つめました。彼女にはどこか、異世界のような超自然的な雰囲気が漂っていました。その面立ちは何か光を発しているようなきらめきを帯び、グレーの瞳はくっきりとした輪郭を描き、ショートスタイルの黒髪とオリーブ色の肌によっていっそう引き立てられていました。片側の頬の下に丸い傷跡が見えましたが、のちに彼女が語ってくれたことによれば、メアリーの庭園にあった収穫後のトウモロコシの茎の上に落ちた際にできたものだといいます。

「メアリーのことは周囲の誰もが知っていて、彼女が私を自分の孫娘だと言った際には、それが事実ではないことが分かっていても、疑問を投げかける者は一人もいませんでした。優れた呪術医として尊敬されていた彼女は、一族のなかで指導者的な立場にいたので、私の誕生にまつわることで雑音を立てる者は誰もいなかったんです。また彼女はその地域の助産婦も務めていたので、庁舎に出向いて出生証明書を発行してもらうことも簡単にできたんです。そうして私はリーサ・ブレヴィンスという名の人間になることができたんです」そこで口を休めたリーサは自分のワイングラスを手にとって、中身を飲むことなく、また下に置きました。

「私は自身がどうやってこの惑星にやってきたのか、またはどこにいたのかについての詳細はほとんど知りません。私が成長して娘になったころ、メアリーは私の出自について話してくれましたが、それ以外の情報はほとんど持っていませんでした。彼女は私を宇宙船の墜落現場まで連れていってくれましたが、そこは湿地帯となっていて、たびたび雨や逆流に見舞われていたため、彼女の言っていることの真実性を示す証拠が何もありませんでした。彼女によれば、私はまだ息のあった母親の腕に抱かれているところを発見されたそうで、その女性はメアリーに『この子をお願いします』と言って息絶えたといいます。その話が真実ではないと決め付ける理由が、私にはありませんでした。実際のところ、私は学校生活の中で、自分は他のクラスメートとは違っていることをいつも自覚していましたが、当時は具体的にどう違うのかがまだ分かっていなかったんです」

彼女はそこで話をとめて、ワイングラスを再び手にとって、少し口にふくみました。

「十代のころは、いつか自分の同胞たちが私を救い出しに来てくれることを夢見ていました。夜になるとよく外に出て星空の下に座って、彼らが姿を現すのを待っていましたが、やってくることは決してありませんでした。ときには自分は、地球で果たすべき特別な使命があるんだと思い込もうとしました。でももし本当にそうだとしても、私はまだそれを見出していないんです。やがて私は自分はこの地にずっと留まって、ここで最善の結果を出すべきなんだと気づきました」

「地球の人たちの中で、自分を浮いた存在にしてしまっている何かの特徴が、あなたにあるんでしょうか?」

「私は他の子供たちにどうしても馴染めなかったんですが、それは多くの子供たちが抱えている問題です。私が心を許せたのはメアリーだけでした。彼女は宇宙に対して特に理解の深い人でしたから」

彼女はひと呼吸おいて、グラスにワインを注ぎ足しました。

「私は身体的に異なっているんです。私にはおへそがありません」そう言ってブラウスをまくってみせた彼女の腹部のおへそがあるべき場所には、なめらかな肌があるだけでした。

「私はあまり睡眠を必要としません。一日二時間から四時間ぐらいでしょう。子供のころからずっとそうなんです。祖母のメアリーによれば、私はよく夜中に目を覚まして、ベッドの上でひとりで遊んだりしゃべったりしていたそうです。ただ寝る必要がなかったんです。私の心臓の鼓動は緩やかで一般の人の半分の速さですが、それでも軍部には採用されました。私は地球人よりも老化の進み方も緩やかです。これらは小さな相違点ではありますが、ぜんぶが一つにまとまると私を身体的に異質な存在として際立たせてしまうんです。私は泣くことをしません。それは私がインディアンだからだろうと周りの人たちが言うのを実際に耳にしてきましたが、それとは関係ないんです。私は泣くことができないんです。そして思春期のホルモンの変化も何ひとつなかったので、それによって異性あるいは同性に惹かれることも一度も経験しませんでした。二歳のときに読み書きを覚え、五、六学年も飛び級をしたために、さらなる奇人として見られてしまいました。学校ではいつも年上の生徒たちと一緒にされていたので、何をするにも私は幼すぎました。ですから、あなた方とはちょっとした微妙な違いがあっても、私は人間として通用するんです。違っている部分は私が変人であるからという理由で済まされますから」　彼女は口を休めて私にワインを注いでくれました。

「私が大学生のときにメアリーは亡くなりました。最初のうちは、これから自分の人生はどうなってしまうんだろうと途方に暮れました。彼女は私にとって頼りになる守護者であり、良き助言者であり、そして唯一の家族だったからです。そうして私は空軍に居場所を見つけました。そこの仲間たちは自分にとっての家族となり、私は退役するまでそこにいつづけたんです」

「あなたはまったく年齢を感じさせないですね。退役したと聞いて驚きました」私は思わずそう答えました。

「昔からの友人たちは誰もが引退し始めています。あなたの伯父さんのように。私はここアーカンソーよりもアラバマを選べば良かったと本当に思っています。少なくともそこには私のことを分かってくれる友がいますから。あなたの伯父さんは、自分も他の惑星からやってきたんだといつも言っていました」私はその言葉に吹き出してしまいました。

「彼は自宅にいるときもいつもそう言っているんです。自分は身内の者たちとはどうも種類が違うみたいだから、きっと他の惑星からふわりと地球に落っこちてきたんだって。それは一族の中で彼が浮いてしまっていることへのお決まりのジョークなんです」自分のグラスにワインを注ぎ足しているリーサを見ながら私はつづけました。

「今からこの家を売って、アラバマに引っ越しても遅くはないですよ。あなたが近くにやってくることは伯父も大歓迎でしょう」

リーサは私の提案に無言でいましたが、翌日に私をモンタナに見送る際に自分の引越しについて考えているのが私にははっきりと分かりました。


帰宅してから私はリーサに電話をかけて、長時間おしゃべりしました。それからしばらくは週に一度くらいの割合で連絡を取り合っていましたが、私の仕事のせいで時間の経過と共に電話の回数は徐々に減っていきました。

そのおよそ一年後、三つの州のインディアン保留区を巡る三週間の旅から戻ってきたとき、留守番電話に伯父からの伝言が残っていました。リーサが落馬してしまい、病院の集中治療室にいるとのことでした。一週間の休暇申請を済ませた私は、州都リトルロック行きの最も早い便に飛び乗り、空港からレンタカーで病院に向かいました。リーサの体は以前の彼女が身にまとっていたものでしたが、心はオザーク山脈で私と過ごした一夜の彼女よりもさらに鋭敏で快活になっていました。彼女の腰から下は麻痺してしまっていて、入院生活はとても長くなりそうな様子でした。

その後で伯父は、アラバマ州とアーカンソー州の間を何度も往復することになりました。寝ている間に静かに亡くなってしまったリーサを、アラバマ州の空軍病院へ飛行機で搬送する手続きをしていたのです。

リーサが亡くなった後、モーテルに滞在していた伯父と私のもとに、彼女の顧問弁護士が訪ねてきました。彼女が私の伯父を唯一の遺産相続人と定めていたらしいのです。弁護士はリーサの墓石に刻む碑文を伯父に決めてほしいと依頼し、彼は喜んで承諾しました。

いつかあなたがアーカンソー州のリトルロックとホープという町を結ぶ高速道路を通ることがあれば、その途中で『釣り人を魅了する湖沼百選』を売り物にする小さな町を目にするでしょう。そしてその町を抜ける道の左側に墓地が見えてくるはずです。そこには次のような碑文が彫られた墓石があるでしょう。

「メアリー・ブレヴィンス の孫娘、そして星の民の娘であるリーサ・ブレヴィンス。彼女はこの地球の者ではなかった」

第18章　バッファローの舞う空

体の部位をえぐりとられた不可解な動物の死骸の発見が最初に報告されたのは、一九六七年九月のことでした。場所はコロラド州アラモサ近くのサンルイス渓谷です。レディという名の乗用馬があちこちを切除された状態で死んでいるのが発見されたのです。その頭部と首からは肉がすべてそぎ落とされ、まっさらな骨だけになっていました。

そして現場を調査した捜査官たちによって、周辺一帯から高レベルの放射能が検出されたことが報告されました。ＵＦＯと超常現象の研究家であるジョン・キール氏は自著『蛾男の予言』において、一九六六年と一九六七年にウエストバージニア州のポイントプレザントで発見された犬や牛や馬たちの数多くの死骸について検証しています。彼によると、これらの動物たちの喉にはまるで外科手術を受けたような切除の痕が見られ、全身の血が抜き取られていたといいます。このような奇妙な動物たちの死骸の発見現場では、同時にＵＦＯが目撃されることもあることから、この両者はしばしば結びつけて考えられてきています。その関連性は誰もよく分かってはいないようですが、同様の死骸が発見されたケースが何十件も報告されていることは、事実として記録されています。

この章でご紹介するある北米インディアンの男性は、従兄弟たちと狩りをしているとき、空に上昇していく宇宙船から妊娠中の雌のバッファローが放り落とされるのを目撃します。調査の結果、その動物の死骸は無残に切除されていました。

ビルの体験

ビルの住むアイダホ州の町は、ちょうどワイオミング州との州境を越えたところにありました。彼は物静かな男性で、周囲の人たちの気を引こうとするようなこともありませんでした。彼は三人の娘をもつシングルファーザーでした。三年前に妻が三女を出産後に亡くなった際、親族から子供の養育の申し出を受けていたにもかかわらず、彼は自分の手で三人とも育てていくことを心に誓い、それを貫き通すために懸命に努力を続けてきました。私は彼の兄の勧めでビルのもとを訪れました。ビルがUFOと遭遇したと聞いていたからです。私は彼に自身の調査活動について手短に話し、彼の証言に関してのプライバシーが厳密に保護されることを説明しました。

「ひとつだけ要望があります。私は自分の体験を一度だけ話します。どうかそれを繰り返せとは言わないで下さい。もしいつか誰かが私に近寄ってきて、この出来事について何か知っているかと尋ねてくるようなことがあっても、私は何も知らないと答えるつもりです。よろしいですか?」

「了解しました。あなたの素性は一切明かさず、本名を公表することも決してありません。これは約束です」

「あの事件が起きたのは、二、三年前に狩りに出かけたときでした」彼が話し始めました。

「従兄弟のマーク・スリー・エルクとチャーリー・ブルーも一緒でした。あなたも知っている二人です」その言葉に私は黙ってうなずきました。

「我々三人は馬に乗って、ジャクソンホールの谷にそびえるトグウォティー山脈へと向かい、そこでキャンプを張りました。私たちはそこに一週間、または三人とも鹿を仕留めるまで滞在する予定でした」そこで彼はいったん言葉をとめて、机の下に置いたクーラーボックスから炭酸飲料の缶を取り出してフタを開け、私に勧めてくれました。

「初日は早い時間に起床しました。そしてライマンリッジと呼ばれる尾根のほうへ歩いていき、そこからは分かれて行動しましたが、夕方にそれぞれがキャンプに戻る前にいったん落ち合う場所を決めておきました」そう言って彼は少し口を休めて、缶コーラを飲みました。

「待ち合わせ場所に最初に戻ってきたのは私でした。そのころまでにはほとんど日は沈んでしまっていました。そこで一五分ほど待っていた私は従兄弟たちが戻ってこないことが心配になりだしました。どんどん暗闇が迫ってきていました。そして彼らを探しに行こうと思ったまさにそのとき、私はそれを目にしたのです。その飛行物体は木立の上まで降下してきて、私が立っていた尾根の下に広がる谷へと降りていきました。最初にそれを見たときは、目の錯覚ではないかと思いました。私は山の背に沿って慎重に歩きながら、その飛行物体がどこにいったのか確かめようとしました。それから数分もしないうちに、従兄弟たちが戻ってきました。彼らの表情をひと目見たとたん、二人も同じものを目にしたことを私は悟りました。私はこのままキャンプ地に引き返すよりも、尾根沿いに崖のほうまで歩いていって、谷底を見下ろしてみようと彼らに提案しました。そのときまでに飛行物体を見つけることができなければ、もうキャンプに戻るほかはありませんでした。そしてちょうど私たちが尾根の端に近づいていったとき、それを見たのです」彼はそのときの様子を脳裏によみがえらせているかのように、しばらく間を置いていました。

「その宇宙船はどのような感じのものでしたか?」

「丸い形をしていました。大きなものです。船底からいくつもの脈動する光を発していました。驚くべき光景でした。底面だけでなく船体じゅうに、何百ものライトが輝いていました。離れたところから見ると、まるで一つの小さな都市のようでした。信じられないほど壮麗な眺めでした」

「宇宙船からはどのくらいの距離にいたんですか?」

「たぶん三〇メートルくらい離れていたと思います。私たちは上方の尾根のところにいましたので。もしもう少し下に降りていたら、それよりももっと近くで見ることができたでしょう」

「スターピープルの姿は見ましたか?」

「私たちは宇宙船を三〇分から四〇分ほど見ていましたが、スターピープルは見ていません。三人とも腹ばいになって、ライフルスコープをのぞきながら、もっとよく見ようとしていたのを覚えています。宇宙船のライトによって、下界はまるでブロードウェイのような眺めでした。それほどよく見えたのです」そう言って彼は缶コーラをもうひと口飲んでから、首を振って言いました。

「チャーリーが号砲を撃ってみたほうがいいと言って、マークも賛成したんです。私が自分はそれには加わらないと言うまで二人は、実際に行動に移そうと話し合っていました。私は自分たちのほうに注意を向けさせる必要はないと感じていたんです。それは危険を招く恐れがありました。私たちは崖の上で身を潜めていましたから、相手はこちらが見ていることに気づいてはいませんでした。もし銃声を聞かせれば、何らかの行動に出るかもしれなかったのです。私は二人に向かって、もうキャンプ地に戻って、何か夕食を作って、それから床に就こうと提案しました。ようやく彼らを説得した私は、先に立ち上がって二人が後に付いて来るのを待っていました。そのとき私たちは、あるものを目撃したのです。それは私の寿命が千年あったとしても、決して忘れることのないものでした」

「何が起きたんですか?」

「立ち上がって、最後に宇宙船をもうひと目見ようと下を向いたとき、一頭のバッファローの死骸が宇宙船から投げ捨てられるのを目にしたんです。ワイオミングとアイダホにはバッファローの群れと暮らす部族がいて、それからイエローストーンにも野生のバッファローがいました。ですからバッファローを目にするのは珍しいことではなかったのですが、それがまるでカサカサになったパンを捨てるように宇宙船から放り投げられる光景などは、誰も予期していなかったものでした。即座に私たちは再び腹ばいの姿勢に戻りました。そしてライフルスコープをのぞきながら、引き金に指をかけた状態で状況を見守っていました。ところが目の前の光はやがて回転しはじめて、宇宙船は空へと上昇していき、それから数秒のうちに飛び去っていきました。あっという間に消えてしまったのです。私たちの周囲にはもう真っ暗闇しかありませんでした。口をつぐんだままテントに戻った私たちは、夕食を抜かしてそのまま就寝しました」そこで私は口をはさみました。

「話の腰を折るつもりはありませんが、あなたが今おっしゃったことは、あなた方は三人とも自分たちが目にしたことについて一言も語らずに、そのままキャンプ地に戻って何も言わずに寝てしまったということでよろしいですか?」

「それが実際のありのままの状況でした。翌朝、私はひとり早めに起床して、火を起こし、鉄板の上にポットを置いてお湯を沸かし、それからフライパンでベーコンを炒めながら二人が起きてくるのを待っていました。それはこれまでの人生で、最も長く感じた三〇分でした。私は前の晩に目撃した出来事の現場を調べに行きたかったのですが、従兄弟たちの意向を尊重して待っていたのです。朝食を済ませた私たちは徒歩で尾根を下っていって、バッファローの死骸のある場所へたどりつきました。その姿を目にしたとき、私たちはショックのあまり言葉を失ってしまいました。その動物は哀れにも体のあちこちを切除されていました。それは妊娠中の雌のバッファローで、赤ん坊は子宮の中で殺されていました。その子は目と生殖器官のみが切り取られていました。母親のほうは、目玉がえぐり取られ、耳と尾も消失していました。腹は切り開かれていて、赤ん坊を養っていた胎盤が無くなっていました。私たちはその場にしゃがみこんで、どうしたものかと困惑していました。このことを通報しなければいけないことは分かっていましたが、そんなことをしたら野蛮な警官たちが自分たちを逮捕してしまうのではないかと恐れていました。バッファローの死骸の現場にいたのは我々であって、スターピープルではなかったのです。そして頭のおかしな三人組として噂が広められて、退屈しのぎの話の種として利用されてしまうことでしょう。ですから私たちは何も見なかったことにして、黙ったままでいようと心に決めて、これまでそうしてきたんです。私はこのことを兄のジョンにだけ話しました。彼もすべてを秘密にしておくことにした私たちの判断に同意しました。チャーリーとマークもこの件を一切口外しないことを誓いました。彼らは口が裂けても言わないでしょう。ですから私が今あなたに打ち明けた秘密が、どれほど重要なものであるかがお分かりいただけたことと思います」

「おっしゃる通りです」私は答えました。「自分も同じようにしていただろうと思います」

「本当にいらだたしく感じます。自分たちは何も悪いことはしていないんですが、これが異星人たちの仕業だと説明したところで、信じろと言うほうが無理というものでしょう。結果的に私たちは刑務所に入れられて重い罰金を科せられるのが関の山です。そんなことになったら三人ともやっていけなくなります。私には育てていかなければいけない娘たちがいるんです。仕事を失うわけにはいかないんです」

「それはよく分かります。あなたは非常に賢明であると私は思いますよ」

「昔の人たちはよくスターピープルのことを物語っていました。彼らはときどき儀式小屋に入ってくることもあれば、部族の長老たちがスターピープルの住む他の惑星を訪れることもありました。そしてそこから戻ってくると、我々の祖先たちの不可思議な世界について語り聞かせてくれました。子供だった私にはまったく分かりませんでしたが、大人になった今では、それらが真実であったと確信するようになりました。私はスターピープルによる奇跡的な現象がよく起きていた儀式小屋に、自分も身を置いていました。そして今、目を閉じてあのバッファローの母と子の姿を思い浮かべるとき、彼らが一緒にいたのは我々の助け手である祖先たちではないことが分かります。彼らは別のスターピープルのグループで、たぶん我々にとっては憂うべき存在なのでしょう」

そこでまた誰かが扉をノックする音が聞こえ、ビルが席を立って応対し、扉を広く開けました。そこにチャーリー・ブルーが入ってきて、私たちに挨拶をしました。チャーリーは従兄弟のビルよりも上背があり、五歳ほど年下でした。彼は十歳の子供のようないたずらっぽい笑みを浮かべ、手にはクッキーの入った瓶を持っていました。

「あなたがここに来ていると聞いたもので」彼はそう言って私にハグをしました。

「でもここで二人で何をしてるのかな？　部屋の扉を閉めた密室の中で。僕は言っておいたはずだよ、ビル。彼女は僕のものだって」

「君の単純な頭が思い浮かべているようなことは何もしてないよ、チャーリー」ビルがふざけて答えました。

「それにもし彼女が聡明な女性だったら、君には近づかないようにしているはずさ」さらにビルは私のほうを向いて言いました。

「この男は女癖が悪いですからね。まるで古くなった噛みタバコみたいに、味わっては吐き捨てるの繰り返しなんです。だから気をつけてください」

私は両方にほほえみました。よくある従兄弟同士のひやかし合いだと分かっていたからです。彼らはお互いの女性関係についてからかい合うのが好きでしたが、もしそのどちらかに興味を示す女性が現れた場合は、二人っきりにしてやるためにもう一方は有名マジシャンのフーディーニも顔負けの早業で、その場から姿を消してしまったことでしょう。

「まあ、冗談はさておき、いま彼女とＵＦＯの話をしていたんだよ」ビリーが言いました。チャーリーは驚いた表情でビルの顔を見ました。

「彼女に話していたのは、ＵＦＯは確実に存在するということ。なぜなら君も僕も、ホーキンズ通りでそれを目撃したことがあるからね。自分の従兄弟がＵＦＯを見たというのなら、ＵＦＯは存在するということさ」それを聞いたチャーリーは、ほっとした様子でほほえみました。私がビルのほうを見ると、彼はチャーリーの目を盗んで私にウインクしました。

「なにかＵＦＯについて話してもらえるかしら?」私が尋ねました。

「あなたがＵＦＯとの遭遇体験を聞いてまわっていると聞いていますよ」チャーリーが答えました。

「そんなに数多く体験はしてませんけど、昨秋にホーキンズ通りを走っていたときのことなんです。あの道は通ったことありますか?」私は黙ってうなずきました。

「それならあの道が細く曲がりくねっている感じは分かりますよね」私は再びうなずきました。

「ちょうど十字路のあるところにＵＦＯがいたんですよ。道が分かれていて、左側はラスベガスのほうへ向かっているんです」彼の言葉に私はうなずきながら、ラスベガスを指す手書きの標識を思い出すとともに、あんな人里離れたところでＵＦＯは何をしていたのだろうと不思議に思っていました。

「宇宙船は高速道路の左手に広がっていた原っぱに降りていったんです」チャーリーが話をつづけました。

「その現場に僕が行ってみると、自分の目の前にあるのが何であるのかが数秒のうちに分かりました。ＵＦＯは直径がおそらく一五メートルくらいで、船体表面は光沢がない感じの濃い灰色もしくは黒っぽい感じでした。明るい赤いライトがだんだん薄くなっていって、それからまた明るくなりました。僕は車を道路わきに停めてしばらく見ていたんです。ＵＦＯはたぶん五分くらいそこにいたと思います。そしてやがて上昇し始めて、原っぱの上空で停空飛翔していて、それから急浮上して飛び去っていってしまったんです。帰宅する前に警察署に問い合わせてみたところ、その晩は保留区内の異なる数箇所からの目撃情報が寄せられていたことが分かりました。僕はこの目ではっきり見たんです。それは明らかに円盤型の宇宙船でした」

「その宇宙船と似たようなものを、他にも見たことがありますか？」

「僕は軍人上がりの人間です。イラクで情報局員をしていたこともあります。合衆国政府があのような飛び方ができる飛行機を保有していないことを僕は知っています。あの物体は空中でピタリと停止して、数秒でその場から消え去ってしまったんです。彼らがどこから来たのかは分かりませんが、この世界のものではありません。僕は彼らは異星に起源をもつ存在だと確信しています。それ以外の説明ができる人は誰も、誰一人だって出てきやしないでしょう」

「それがＵＦＯにまつわる話ってわけだ」ビルが言いました。私はその言葉がもうこの話はおしまいだという合図だと受け取りました。

私は年に数回ほどビルに会っています。あの日以来、私たちの会話にＵＦＯの話題が出てくることは二度とありません。私は約束したのです。そしてそれを守り続けるつもりです。

第19章　彼らは自在に姿を変える

北米インディアンの文化においては、ある形から別の形へ姿を変える生き物は――通常は人間から動物へと変わるものは――〝シェイプ・シフター〟、〝シェイプ・チェンジャー〟あるいは〝スキン・ウォーカー〟などと呼ばれています。他の文化圏でいうところの吸血鬼や狼人間のような怪物的なものや超自然的な生命体とは違って、インディアン文化におけるシェイプ・シフターは、そのすべてが邪悪な存在というわけではありません。たとえばある部族たちの慣習では、呪術医が癒しの能力を自らの内に目覚めさせるために、別の生き物の形態を模することもあります。また猟師たちが獲物を捕らえる肉食獣の姿を真似て、その本能的な動きを見習おうとすることもあります。

この章では、ある年長の女性と若い獣医学生が、形状を変えるUFOに遭遇した体験をご紹介します。彼女たちはそれらを自らの部族の文化において、最も適した表現である〝シェイプ・シフター〟と呼んでいます。

レッドバードおばあちゃんの体験

私がレッドバードおばあちゃんのもとを訪れたのは彼女の娘さんからの紹介によるもので、母親は生涯に渡ってずっとスターピープルの来訪を受けてきていると聞いたからです。ごく最近まで、彼女は訪問者たちは自分たちの祖先だと考えていましたが、このところは、それらのスタービジターの中のある者たちは、全く別の種族ではないかと疑い始めているというのです。私はある日の午後遅く、彼女の二間の丸太小屋の自宅を訪ねました。

「あの人たちは私が子供の頃からずっとここにやってきているのよ」レッドバードおばあちゃんはそう言いました。

「私はもう日課と言ってもいいくらい彼らが来るのを外で待っていたの。彼らは夏の間は深夜過ぎにやってきていたから、私はいつも夜更かしをして空を見上げていたわ。母が私を家の中に連れ戻しにくるまで、ずっとそうしていたものよ。それでもなお私は母の目を盗んでこっそりまた表に出ていたの。彼らが来るのを見逃したくなかったのよ」

「これまであなたが生きてこられたあいだじゅう、彼らは毎年やってきているのですか?」

「彼らが一度も来なかった年があったとは思えないわ。ほとんどの場合は一年に三、四回はやってきていたから。百歳を迎えた今でも、まだ彼らは私のところへ来てくれるのよ。いつか寿命をまっとうするときが来たら、きっと彼らは私を迎えにやってきて、星の世界に連れていってくれるわ」

「ということは、あなたはスターピープルを恐れてはいらっしゃらないということでよろしいでしょうか?」

「数週間前まではそうだったわ。あの五、六個の明るく丸い物体が東のほうから近寄ってきたとき、私は台所にいたの。私はパールを呼んだのだけど、彼女には私の声が聞こえなかったのよ。まるで死んだみたいに眠っていたから」レッドバードおばあちゃんが言った女性は、彼女と同居している七四歳の娘のことでした。

「だから私は家の照明を落として、窓から眺めていたのよ。そうしたらそれぞれの物体が一個ずつ落下していったの。私はそれらは墜落していってるんだと思ったわ」そう言って彼女は揺り椅子から立ち上がって、ドアのほうへ歩いて行きました。

「いらっしゃい」うながされるままに私も席を立って彼女の後についていき、玄関口の小さな階段を下りました。

「それは隕石だったということはありえませんか？」そう彼女に尋ねてみました。

「離れたところに六つの物体があったのよ」

「何か形のあるものでしたか？　それともただの明るい球体だったのでしょうか？」

「東のほうからやってきたときは、明るく光るただの丸い球だったの。でも私が表に出て見たときには、あそこにいたの」そう言って彼女が指し示す方向に私も目を向けました。

「川の上ですか？」

「川の上のほうよ。全部で六つだったの。小さな宇宙船だったわ。たぶん直径六メートルから九メートルくらいあったかしら。まるで上から糸で吊るされているように、ただ空に浮かんでいたの」

「それでどうなさったんですか？」

「そっちのほうへ歩いていったの。そして百メートルくらいそばまで近づいたとき、上昇しはじめて飛んでいってしまったわ。だから私は折り返して家に戻り始めたの。すると急に一陣の疾風が吹きぬけたの。何事かと思って立ち止まって後ろを振り向いたときに、それを見たのよ。別の宇宙船が突然にやってきて原っぱの上に降り立ったの」

「それはつまり、この家の真正面にということですか?」

「ええ、でもちょっと不思議だったの。最初に現れた六つの小さな円盤とは違って、目の前にあるのはその十倍ほどもある大きな宇宙船だったのよ。私はそれを三〇分くらい眺めていたかしら。それにはいくつもの明かりがあって、どきんどきんって脈打つみたいに白からオレンジ色に変わっていったの」彼女は自分の手の平を閉じたり開いたりしながら、その脈動する光の様子を表現しようとしていました。

「そのとき初めて気がついたの。彼らは祖先たちじゃないって。スターピープルはあんな感じじゃなかったの。私はスターピープルを怖いと思ったことは一度もなかったの。だけど今回は心臓の鼓動が早まって、手の平に汗がにじんでくるのが分かったわ。私はすっかり怯えてしまって、急いで玄関の扉を開けて家の中に入ってしっかりと施錠したの。そして揺り椅子に腰かけて、じっとしていたの。本当はパールの寝室まで行って彼女を起こしたかったんだけど、あの子はすごく怖がることが分かっていたから、私ひとりでここにいてしばらく様子を見ていたほうがいいと思ったのよ。窓から差し込んでくる光がだんだんと鈍くなっていくのが分かったわ。そしてなんだか疲れを感じてきたので、立ち上がってキッチンに行ってコーヒーを一杯入れてきたの。眠ってしまいたくなかったから」

「それでも眠ってしまったのですか?」

「家の中に戻りましょう」そう言って彼女は向き直ってドアを開け、私たちは室内に戻ってキッチンのテーブルに着きました。パールが母親のカップに再びコーヒーを注ぎ、レッドバードおばあちゃんはそこにスプーン四杯の砂糖を入れ、その上に粉ミルクを落としました。

「私はその宇宙船に乗り込んだの。無理やり連れ込まれたのかどうかは記憶にないの。どうやってそこに入ったのか思い出せないのよ。そこで医者みたいな誰かにまじまじと見られていたの。彼は私に地球年齢で言うと何歳かって尋ねてきたけれど、私は地球年齢っていうのが分からなかったの。知ってるのは年齢だけだったから。彼はどうして私がそんなに長生きをしているのか知りたがったわ。私はそんなことは自分でどうこうできる問題じゃないわって答えたの。まったくわけの分からない質問だったわ」

「その医者のような相手はどんな感じだったのですか?」

「とっても奇妙な外見だったの。肌にピッタリついたテカテカした服を着ていて、袖は手首のところまであったわ。大きな手には長い指がついていて、私の倍くらいの長さだったの」自分の手のひらを見ながら彼女は言いました。

「その指は細長くてガリガリだったの。頭の部分はふつうの人間よりも大きかったわ。肩幅は全体のバランスから見て広めで、まるでパットを入れてるみたいだったの。足は細長くて骨と皮だけみたいで、ぴったりしたテカテカなズボンを履いてるからなんだか可笑しかったわ」

「顔はどんな感じでしたか?」

「それはなんとも言えないの。顔は分からなかったの。そこに自分の姿が映っていたから」

「あなたの姿が映っていたんですか?」

「ええ、まるでお店のショーウインドウに映った自分を見ているようだったわ。どんな感じか分かるかしら？」

「はい、分かります。ガラスに反射していたんですよね？」

「そのとおりよ」

「あなたは何か検査を受けましたか？」

「覚えている限りではそういうことはなかったわ。相手はただ私の年齢に興味があったみたい。私の髪の毛を少し切ったわ」そう言いながら彼女は自分の髪をつまんで顔の前に持ってきましたが、それは束ねられるほどの長さではありませんでした。

「私は髪を切ったりしないの。彼が私の髪をどうするつもりだったのかは分からないわ」

「宇宙船の中はどんな感じだったか何か覚えていますか？」

「窓が四つあったわ。丸い形に見えたんだけど、よく見ると違ったの。中にあるものが卵形のような感じだったの。中に機械があったんだけど、見たことがないものだったわ」

「機械ですか？」

「何だったか分からないの。それは光をチカチカさせていて、音を出している部分もあったの。それを私は機械って呼んだの」レッドバードおばあちゃんは、自分の見たものをうまく言い表せないことをもどかしく感じているようでした。

「船内には他のスターピープルもいましたか？」

「いいえ、その医者だけだったわ。でも他にもいたと思うわ。椅子が四つあったから。他の誰かのものだったに違いないわ。私が彼にどこから来たのかと尋ねたら、地球の人たちには知られていないところから来たって答えたの」
「ほかに何か覚えていますか？」
「ほかには何も。翌朝に目が覚めたときは、揺り椅子の上にいたの。私は一晩中あそこにいたのよ。
パールはその日の朝遅くに起きてきて、椅子で寝ている私を見つけたのよ」
するとパールは母親のほうを見て、不安げな表情を浮かべながら言いました。
「揺り椅子の上で寝ている母をそれまで一度も見たことがなかったので、とても怖くなったんです」
「娘は私が死んでると思ったのよ」レッドバードおばあちゃんは笑いながら言いました。
「違いますよ、お母さん。あなたは私よりも長生きしますよ」パールがそう言うと、レッドバード
おばあちゃんはしばらく静かにしていて、それからパールにコーヒーをもう一杯入れてくれるように
手振りで伝えました。
「彼らはきっと私に魔法をかけて宇宙船に連れ込んだのよ。私はそう思うの。そして自分たちのし
たことを私が思い出すとは思わなかったのよ。でもあのスターピープルはインディアンのスピリット
を甘く見ているわ。私たちは強い種族なのよ」
「あなたには何も思い出してほしくないと、相手は思っていたということですか？」
「ええ、そうですとも。彼らは私に魔法をかければ全てを忘れてしまうだろうとタカをくくってい
たと思うわ。でも私は思い出したのよ。年齢についてのあらゆる質問をね。彼らは人間のことをお馬
鹿さんだと思っているのかしら。きっと彼らは、自分たちの土地では長生きできないんだと思うわ。
たぶんみんな短命だから、なんとか命を永らえさせる道を探しているのよ。おそらく彼らは、癌や心

臓発作とかで亡くなる以前に早死にしてしまってるんだと思うわ。だから私みたいな年寄りをさらっていって、これほどまでに長寿の恩恵を受けている理由をつきとめようとしているのよ。もし彼らの後を追ってその故郷を目にしたとしたら、そこには百歳を迎えている者は誰もいないはずよ」

「今回の体験から何か学べたことはありますか?」

「彼らはフレンドリーじゃなくて、信頼できる相手でもないことを学んだわ。ちゃんとした相手なら、あんなニワトリ小屋の周りをうろつくキツネみたいな真似をしないで、私たちのところに直接やってきて助けを求めているはずよ。彼らはたぶん絶滅の危機に瀕している種族だから、この年老いた女に興味を抱いて、長く生きている理由を聞き出そうと思ったのよ。私は彼らがまたやってくるんじゃないかと思ってビクビクしているの」

「あなたが彼らを恐れているわけを聞かせていただけますか?」

「それは明白なことでしょう? 彼らが地球までやってこれるっていうことは、私たちよりも進んでいるってことよ。そして人間に魔法をかけられるのだとしたら、私たちの意に反することでも何でもやってくるでしょうし、気がつかないうちに操られてしまうこともあるはずよ。そういうことを考えると、とっても恐ろしくなって、また来るかもしれないって思っていつも身構えてしまっているの。彼らはパールと私をいつでも連れ去りに来れるのよ。そして誰かがそれに気づいたときはすでに手遅れになってしまっているわ。警察が駆けつけてきたところで、彼らに私たちの行方不明事件を解決することができると思う? 彼らの謎の未解決事件のファイルに載るのが関の山よ。原因不明って書かれてね」

「あなたが恐れている理由がよく分かりました。あなたは町のほうへ引っ越そうとか、他の場所で暮らそうと考えたりもしていますか?」

「もうひとりの娘のメアリーが、私たちに彼女のところへ来て一緒に住まないかって聞いてきているの。彼女は今は夫を亡くして一人暮らしなのよ。彼女は北部のミネアポリスに住んでいるの。彼女の家には水道が通っていてバスルームもあるの。バスルームが屋内にあるのはとても魅力だわ。彼女の申し出を受けてもいいかなって思っているの」

レッドバードおばあちゃんは一〇一歳の誕生日を二日後に控えた日に、眠ったまま息を引き取りました。それは私がインタビューをしたちょうど一週間後のことでした。彼女の娘のパールはミネアポリスに引っ越して、妹のメアリーと一緒に住んでいます。

去年、私は首都ワシントンに行く途中でミネアポリスに立ち寄った際にメアリーのもとを訪ねました。そのときパールが応対に出てきたので驚いたものです。彼女の話によると、母親が亡くなった晩に宇宙船が飛来してきて、自宅の上空を旋回したあと、しばらく滞空しつづけて、やがて夜空に飛び去っていったといいます。その晩遅くに彼女が母親の寝室を訪れたとき、亡くなっているのを発見したそうです。死亡診断書の死因の欄には重度の心臓発作と記されていましたが、パールは先祖のスターピープルが母親を彼らの星へ連れて帰ったのだろうと信じています。ただ、それを証明するものはありません。パールによれば、母親の旅立ちは祝福であったといいます。レッドバードおばあちゃんは亡くなる前の週から夜に床に就くのを拒むようになり、以前にも増して心が不安定になり取り乱すようになっていて、それは形を変える異質なスターピープルがまた戻ってくることへの恐れからだったそうです。

「少なくとも、母はもう連れ去られることを心配しなくて済むようになったんです」そうパールは言いました。

ときどき夜空の星々を見上げて、さまざまな別世界の様子に思いを馳せるとき、私はレッドバードおばあちゃんのことを思い浮かべます。やさしい魂をもった彼女は、ひとつの種族のスターピープルのことだけを思って長年生きていました。ところが別のグループの者たちに遭遇して、その違いにうまく対応することができずにいました。たぶん彼女の体験は、異星人に誘拐された他の人たちが語っている別の種類のスターピープルの実態を、さらに明らかにするものなのでしょう。いずれにせよ、私は彼女の言葉に耳を傾け、その不安な様子を目の当たりにし、そして彼女の話を信じるにいたりました。

ジェシーの体験

「ＵＦＯはこのあたりには度々やってきているんです」ジェシーは私にそう言いました。

「私は子供の頃からそれらを見てきています。でも最近現れたものは、これまでのものとは違っているんです」

「数日前に部族の施設であなたのお父さんとお話した際に、あなたがちょっと変わったＵＦＯを見たって聞いたの」

「UFOとその乗組員です」

「そのことについて話を聞かせてもらえるかしら？」

「今まで見てきたものよりも、なんていうか、一歩進んだ感じなんです。このところ現れる宇宙船は、急に出てきたと思ったら、すぐに消えて、そして今度は何か別の姿として再び現れるっていったふうに、とても奇妙なものなんです。だんだん出現のしかたが複雑になってきているように思えるんです。彼らは私たちの目の前で姿を変えてしまうんです。見ているほうはまるで目の錯覚を起こしているのではないかと疑ってしまうほどです」

「詳しい話を聞かせてもらいたいわ」馬の飼い葉桶に餌を入れ込んでいるジェシーに私は頼みました。彼女はすらりとした長身のティーンエイジャーで、まだ大人でもなく、もう子供でもないという感じの女の子でした。そんな彼女は、ノースダコタのインディアン保留区の牧場よりも、ティーン向けの雑誌の表紙の中にいるほうがしっくりしているように見えました。その長い黒髪は頭の後ろで三つ編みにしてまとめあげられて背中に垂れていました。首まわりの生皮のネックレスに掛けられた熊爪は、彼女が一三歳のときに初めて熊を仕留めた際の戦勝記念物でした。彼女は部族大学に籍をおく一回生でしたが、秋にはワイオミング州立大学へ移籍して獣医学を学ぶ予定でいました。餌に糖蜜を混ぜて、さく囲いの中から馬たちを餌場まで連れてきたあと、彼女は町に行ってコーヒーでも飲みながら話しましょうと私を誘いました。

「車はここに置いたままでいいですよ。私の車でわき道を通って町までお連れします。途中でお見せしたいものがあるんです」そう言われた私は自分の車に小物入れだけ取りに戻ってから、彼女の軽トラックに同乗しました。

「私が少女だったころ、友だちとよくUFOを目撃していたんです」彼女が話し始めました。

「見た目は円盤型で、よく報道やSF映画に出てくるような宇宙船の形そのものでした。それらはときどき水辺や農場の上でしばらく滞空してから瞬時に飛び去っていきました。そういうことが絶えず起きていましたので、UFOを見たことがない人がいるなどとは考えたこともありませんでした。私にとっては日常の光景のひとコマにすぎないものだったんです」

「どのくらいの頻度で見ていたの？」

「たぶん月に二、三回くらいです。ちゃんと数えたことは一度もないんですけど、間をおいて必ず現れていたことは確かです」

「あなたのお父さんはUFOについて、何て言っていたのかしら？」

「怖がってはいけないと言っていました。彼らは先祖なんだからって。父も祖父や曽祖父からそう言われてきたそうです。私たちの部族は祖先たちがここを訪れてきているって深く信じているんです。先生もご存知ですよね」その言葉に私は黙ってうなずき、彼女は話をつづけました。

「とにかく恐れることは何もなかったんです。彼らが私たちを傷つけようとしたことは一度たりとてなかったんですから。ときどき私は彼らはひと休みしにここへ来ていたんだろうなって思うんです。曾祖父の話では、ずっと昔に彼らは部族民へのメッセージを残していたそうです。今ではもうメッセージは残していかなくなっていますけど、それでもまた彼らはやってきているんです」

わだちのついた道を四輪駆動車で進みながら丘の上に出たとき、ジェシーが車をとめて、眼下に広がる谷を指差しました。

「高校三年生のとき、仲良しの五人の友だちと一緒に週末を利用して卒業記念のキャンプにここにやってきたんです。卒業前の最後の週末をみんなで集まってお祝いするつもりでした。メンバーの中には卒業後は就職や進学のために、保留区を離れていく子たちもいました。私たちにとっての男子抜きの卒業パーティだったんです」

「ここがあなたのお父さんが言っていた出来事の現場となったの？」

「いいえ、でもここは私が初めて〝シェイプ・シフター〟たちを見た場所になりました」

私は彼女が言っているのは、ある形から別の形へと変容する存在のことであると分かっていました。

「それについて詳しく話してもらえるかしら？」

「あの晩、私たちはテントを張ってから、焚き火を起こしました。そしてハンバーガーやマシュマロを焼き、心おきなくくつろぎながら、これまでのいろんな思い出について語り合っていました。そして深夜にさしかかったころ、前方に立ち並んで見える丘の上を越えて、七機の宇宙船が飛来してくるのが見えました。それらは渓谷の中を器用に飛び回っていました。私たちは高い位置から、その様子をすべて見守っているような感じでした」

「それらを眺めながらあなたはどんなふうに思っていたの？」

「これまでずっと目にしてきたＵＦＯとは、ちょっと違うなあと思っていました」

「それを具体的に言えるかしら？」

「いつも見ている宇宙船は一機だけでやってきて、水辺の上空で浮いていたり、湖畔や河岸に降りてきたりしていました。一度に七機も見たのは初めてでした。それだけじゃないんです。それらは私たちの目の前で光の球に変わって、それからひとつに合わさってしまったんです。さらにそれはまったく違う形の巨大な三角形の宇宙船へと変貌して上空へ急上昇して、あっと言う間に飛び去っていったんです」

「あなたの友だちはどんなふうに思っていたの？」

「私たちは皆、そわそわして落ち着きを失ってしまっていました。二人の子は明らかに怖がっていて、家に帰ると言いました。私を含むその他の仲間はその場にとどまりました。私たちはみなＵＦＯを過去に何度も見てきたので、怖いと感じるにはちょっと物足りなかったんです」彼女は笑いながらそう言いました。

「その晩は他にも何か目撃したの？」

「いいえ何も。その翌日の晩も何も見ませんでした。空には不思議な現象は何ひとつ起こりませんでした。週明けの月曜日に学校に行くと、みんなＵＦＯの話で持ちきりになっていましたが、しばらくするとまったく話題にもならなくなりました」

「また似たようなものに遭遇したのはいつのこと？」

「それははっきりと覚えています。独立記念日の前の週でした」ジェシーはそう言うと、軽トラックを発進させて、町のある東の方へ向かっていきました。

「そのとき牧場には私ひとりしかいなかったんです。お父さんは花火大会の打ち合わせをしに郡役場の会合に出向いていて、お母さんはマイノットの町で週末に実施されていた教員免許更新の研修に行っていたからです。そして日も陰り始めたころ、私は牧場に近づいてくる七つの光の球を目にしたんです。私はそれをポーチの端に座って眺めていましたが、もし何かおかしなことが起きたらすぐにその場から逃げ出せるように、トラックのエンジンキーを握りしめていました」

「なぜ何かおかしなことが起きるかもしれないと思ったの？」

「ただ変な胸騒ぎを覚えていたんです。たぶん直感でしょう。それはさておき、私はそこに座りながら、徐々にこっちに近づいてくる七つの光の球から目を離さずにいたんです。すると突然、一つの光だけが向きを変えて、わが家のほうへ向かってきたんです。そして家の手前十メートルほどで停止すると、地面から一メートル弱の位置に浮かんだままでいました」

「ほかの光の球はどうなったんですか？」

「その時点では私は、目の前までやってきたひとつの球だけに意識を集中させていました。とても近くまで接近してきていたので、トラックに駆け込もうかどうか迷っていたんです。ほかの球がどこにあるのかはまったく分かっていませんでした。そして私がトラックのほうへじりじりと足先を向け始めたそのとき、目の前の光の球が再び形を変え始めて、その中から人間のかたちをしたものが私の真正面に現れてきたんです。彼は明るい色の服に身を包んでいました。そして『怖がらないように』と語りかけてきました。私は卒倒しそうになりましたが、それが恐怖のせいだったのか、あるいは漂ってきた匂いのせいだったのか分かりません」彼女はそこで少し間をおいて私のほうを見て尋ねました。

「イエローストーン国立公園に行かれたことはありますか？」

「何度もあるわよ。私はイエローストーンのそばに住んでいるから」

「そこのオールド・フェイスフルか、ほかの噴気孔で同じ匂いがします」

「つまり硫黄の匂いっていうこと？」

「はい、それと同じ匂いでした。イエローストーンに行ったときに嗅いだ匂いを覚えていたんです。腐った卵のような感じで、もうどうにも我慢できないものでした。学校の化学の時間でも同じ匂いを嗅いだ記憶があります。そうです、硫黄です。まさにその匂いだったんです」

「ええ、あの匂いは耐え難いものよね」

「それで、その宇宙人は私に歩み寄ってきてこう言ったんです――『私はずっと長い間ここを訪れてきています。そしてあなたの成長を見続けながら、いつかあいさつをしたいと思っていました。そしてあなたがたの馬のことについてお尋ねしたかったのです』」

「あなたがたの馬のことについて？」

「彼は馬の消化器官について知りたがっていて、どのくらいの量の水を馬は飲むのかと聞いてきました。私は何と答えていいのか分からずに困ってしまいました。そして彼に馬を飼っているのかと尋ねました。すると彼は『地球から何頭かの馬を私たちの星へ連れていったのですが、どれも死にかけてしまっているため、どうしたらいいのか教えてほしいのです』と言いました。私は彼に馬に適した餌の種類を教えてあげて、そして馬の胃はとても繊細であること、合わない餌や有害なものを食べてしまうと、大腸をやられて死んでしまう恐れがあることを説明しました。彼が私の言うことを理解できたどうかは私には分かりません」

「彼は何かほかのことについてあなたと話したの？」

「いいえ何も。馬のことだけです」

「彼がどこからやってきたのか聞いてみた？」

「私は頭の中が整理できていなかったんです。何も聞きませんでした」

「彼はどんな感じだったか覚えているかしら？」

「身長は平均的で、一七五センチくらいの細身の体型でした。それ以外の特徴はよく分かりませんでした。あたりがかなり暗くなってきていたんです。暗がりの中でも彼の服はきらめいていました。だから体のラインは分かったんです」

「馬の話が終わった後は、どうなったの？」

「彼は地面に崩れ落ちるように倒れて再び光の玉に戻って、それから飛び去って他の光のもとへ戻っていきました。しばらくして、七つの光の球が丘の上空に見えました。するとそれらは巨大な宇宙船へと変容して、それから飛び去っていきました。それ以来もう姿を見ていませんが、一度だけでたくさんです。今回のはいつもとは違う種類のUFOでした。あのとき以来、私は愛馬のサンダーのことが毎日心配でなりませんでした。牧草地にサンダーだけを置いておくことは決してしませんでした。彼らがやってきてサンダーをさらっていってしまうんじゃないかと不安だったんです。サンダーがいなくなったら私は、もうどうしていいのか分からなくなります。秋にワイオミングに行く際は、彼も一緒に連れていくつもりです。私はロデオで奨学金を得たんです」

それから数週間後、私はコロラド州のデンバーに向かう途中、全国大学ロデオ選手権の決勝大会が開催中のキャスパーの町に寄っていきました。アストライド・サンダーとジェシーは一心同体のように見えました。そしてすべての新聞記事は真実を伝えていました――〝彼女は最高のロデオを披露した〟

ロデオ大会があった日の晩、私は彼女とその両親を夜遅くの夕食に招待しました。そこで私たちは保留区内における最近までの出来事や、ジェシーの大学での初年度のことなどを振り返って話していました。帰りがけに車に戻る途中でジェシーが言いました。

「あれ以来、あの宇宙人の男性は現れていません。彼らが誰かから盗んでいったに違いない馬たちが大丈夫かどうか、最初は心配していました。そして今はただ、自分が与えたわずかな知識があの瀕死の馬たちを救う手助けになっていてほしいと願うことしかできません。もし私が獣医学科を卒業してから彼らがまた助けを求めてやってくることがあれば、そのときはもっと力になれるだろうと思います」

翌朝、私はデンバーに向けて車で出発しました。駐車場から出るとき、ジェシーが手を振っている姿が目に入りました。私は思いました――もしスタートラベラーたちに馬の世話のしかたを教えられる人がいるとすれば、それはジェシーだろうと。そして私はこれから先に自分の馬に何かがあったときには、彼女に任せるつもりでいます。

第20章　宇宙から来た自由の使い

インディアンの寄宿学校は最初はキリスト教の伝道師たちによって創設され、連邦政府の出資を受けて部族の子供たちを同化させるための教育が行われていました。一九世紀末と二〇世紀初頭にかけて、北米インディアンの子供たちの教育はインディアン事務局が責任を持って行うことになり、教会はその権限を失いましたが、学校教育の主目的は文化的同化であり続けていました。寄宿学校の子供たちは欧米の文化にどっぷりと浸からされ、髪は欧州の標準的スタイルに切り揃えられ、部族の言葉は禁じられ、伝統的な名前は欧米風のものへと改名させられ、欧米の生徒と同様の服を着せられました。学校では英語の読み書きや会話も指導されましたが、授業の大半は職業訓練的なものでした。家族から引き離されて寄宿舎に入れられた子供たちにとっての学校生活は厳しいものとなり、ときにその期間は多年に及ぶこともありました。彼らはインディアンとしての独自性を放棄して、家族のことすら忘れるように奨励されました。寄宿生活においては性的、身体的そして精神的な虐待の事例が記録として残されています。全米にはまだ数校の寄宿学校が現在も運営されていますが、一九七〇年代の半ばごろからは各々の部族国家がそれぞれの地域において、学校を設立していくようになりました。

この章では、寄宿学校でＵＦＯと遭遇した男性の体験をご紹介します。その出来事はやがて、学校を閉鎖にまで追い込んでいったといいます。

ワンブリ・ナンパ・アカ・ジャーメインの体験

「ジャーメインというのは私の本当の名前ではないんです」落ち着いて話ができる外野席の静かな場所に二人で腰かけた際に彼は言いました。

「それは私が寄宿学校に入学したときに、修道女のひとりから与えられたものなんです。僕のことはゲリーとか何とか呼んでください。ジャーメインではなく」

私はフィールド中央を見渡す場所で、自分の隣に座っている中年の彼の横顔を見ました。季節は春のシーズンオフだったので、そこにはフットボールの選手の姿も聴衆の姿もありませんでした。私はふと、彼は昔は端正な顔立ちをしていたのだろうなと推測しました。私はゲリーのような人たちを数多く見てきました。この国の制度によって心に傷を負い、実年齢よりも老けて見えている人たちです。彼らは人生への活力をなくし、その目からは輝きが失せてしまっていました。

「どうしてその修道女はジャーメインという名前をつけたんですか?」

「私が寄宿学校へ送り込まれたとき、自分の出生証明書を持っていなかったんです。少なくともそう母は言っていました。それで学校側が自分たちで証明書を取得してきて、修道女がジャーメインという名前を選んだんです。私はその名前が大嫌いです」

「それはお気の毒でしたね。お母様からはどんな名前をもらっていたんですか?」

「ワンブリ・ナンパです。私はトゥー・イーグル（二羽の鷲）と呼ばれていました。ジャーメイン・

ナンパでもジャーメイン・トゥーでもありません。彼らは本当に間抜けでした。ナンパというのが私の姓ではないことが分かっていなかったんです」

「ワンブリ・ナンパって素晴らしい名前ですね。裁判所に申し出れば改名できるってご存知でしたか？」私の言葉に彼はいささか驚いた表情で首を振りました。

「もしそうしたければ、裁判所に行って名前を変えるべきだと思いますよ。必要な情報や申請書を私が取り揃えてあげましょう。そんなに面倒な手続きではないと思います」

「ありがとうございます。ぜひお願いします。私の母はもう生きてはいませんが、生前は皆が私のことをジャーメインと呼ぶのを聞いて泣いていたんです。彼女にとっては私はいつまでもワンブリ・ナンパでしたから」

「あなたのお姉さんからうかがった話では」私は本題に移りました。

「寄宿学校時代にＵＦＯに関係した何かの出来事があったそうですね。そしてそれが原因で、学校が閉鎖に追い込まれたとも聞きました。そのことについて聞かせていただけますか？」

「いま何時か分かりますか？」

「まもなく午後四時になります」

「すみませんが、仕事に行かなければいけないんです。私は学校で用務員の助手をしています。午後四時からの勤務なんです。タイムレコーダーがあるんです」

「もちろんですよ。ごめんなさい。遅刻させるつもりはなかったんです」そう答えながら、私は本校舎に向かう彼の後についていきました。

「またお話できるとしたら何時くらいですか？」私は尋ねました。

「午後九時に軽食用の休憩時間があるんです」

「九時までに私は学校に来られますよ。サンドウィッチも持参します」

「それはいいですね。ではお待ちしています」


午後八時四五分に私は駐車場に車を停めました。入り口の前でワンブリが待っていてくれました。そしてドアを開けてくれた彼の横を、私は滑るように入っていきました。教員用の休憩室に案内された私はそこで、大きなピザの箱を開けました。そして紙皿に二切れのピザを載せて彼に手渡しました。食べ始める彼の顔を間近に見ていると、その乱れた髪と抜け落ちた歯は、ホームレスにまでは見えないものの、それに近いものを感じさせましたが、同時にふとした際に彼が見せる一種特別な性質――その謙虚さは、ときおり王者のような威厳すら感じさせました。

「ピザが好きだったらいいんですけど。それしかなかったんです」私が言いました。

「ピザは私の好物なんです」

ピザを二切れ平らげてから、彼は箱からもう一切れ取り出して食べ、そして紙ナプキンで手をぬぐいました。

「ミッションスクールでのＵＦＯ事件についてあなたはお尋ねになりましたね」彼が話し始めました。

「私はそれを昨日のことのようによく覚えていますよ。私たちはその日、夜の学習時間を終えて、それぞれの部屋へ帰されました。寄宿舎は二棟に分かれていました。ひとつは六歳から一二歳の生徒用、もうひとつは一三歳以上の生徒用でした。私は年少の男子寮にいました。通常は午後九時ごろに修道士たちが見回りに来て消灯となります。そして私たちの大半が床に就いていたとき、目もくらむような光が室内を照らし出したんです。明るさが和らいだとき、私たちはベッドから跳ね起きて、窓のほうへ大急ぎで向かいました。修道士たちがやってきて落ち着くようにと私たちに言い聞かせました」

「修道士たちは外で何が起きているのか知りたがっていましたか？」

「パウロ修道士だけでした。彼は私たちと一緒に窓から外の様子をうかがっていましたが、他の人たちは何かの理由で急いで部屋から出て行きました」

「そのとき外に何が見えたんですか？」

「窓の前に立ってその冷たいガラスに顔を押し付けていたんですが、寮の建物の上空に浮いている真ん丸い形の物体の下半分が見えました。私からは一部分だけしか見えず、残りの部分は視界の外にありました。それは宙に浮いていたんです。何だか得体の知れないものでした。それはこの地球上のものではないことは分かりました。もしそれが窓を突き破って中に入ってきた際に逃げられるように背後を確認しておこうと思って振り返ったところ、パウロ修道士がひざまずいてロザリオの祈りを繰り返し唱えていました」

「他の男の子たちはどんな反応を示していましたか？」

「年下の生徒の中には泣いている子たちもいました。それはＵＦＯのせいというよりも、パウロ修道士がロザリオを復唱する金切り声に怯えていたんだろうと思います。年上の生徒のひとりのベニー・クロウ・ボーイが部屋のドアを開けて出て行ったので、私たちも皆で彼の後につづいて階段を降りていって建物の外に出ました。私は真っ先に中庭に出た生徒たちのひとりでした。そして聖職者たちの部屋のある一角に目をやると、出入り口のところにいたドミニク神父が目の前で繰り広げられている光景に凍りついたように棒立ちになっていました」

「いったいぜんたい何をあなたは見たんですか？」

「私が見たのは丸い形をした銀色の宇宙船でした。おそらく直径が一五メートルから一八メートルほどあったでしょう。それが寮の屋根の上から七、八メートルの位置に浮かんでいたんです。船体にはいくつもの赤いライトが、さまざまな度合いの明るさで明滅を繰り返していました。宇宙船は四層か五層くらいの構造になっていたと思います。その二番目か三番目の層に小さな窓が並んでいました。中に生き物がいるような様子は見られませんでした。それはおそらく一五分から二〇分くらいそこにいて、それから夜空に消えていきました。でもそれでおしまいにはならなかったんです。そのあと七晩つづけて、まったく同じ時間に同じ出来事がつづけて起きたんです。それは驚くべき光景でした。とりわけ一二歳の少年にとっては。当時はテレビなどというものはありませんでしたが、私たちは学校で禁止されていた宇宙ものの漫画本を回し読みしていましたので、学校にやってきたのは外宇宙からの訪問者に違いないとみんな思っていました。最初の出現の晩以降、私たちは寝室に閉じ込められていましたので、二度と屋外に見物に出かけることはできませんでした。しかし彼らがやってくると窓から差し込む光で室内が昼間のように明るくなったので、私たちにはすぐに分かりました」

「聖職者たちや修道女たちはその毎晩の出来事について、何か生徒たちに話をしましたか?」

「私たちに与えられた唯一の言葉は、もし再びベッドから出たり夢遊病者のように歩きまわったりしている者を見つけたら、厳罰に処するというものでした。要するに彼らは、私たちが夢遊病にかかっているんだと信じ込ませようとしていたんです。誰もそんなふうには思っていませんでしたが、何も言い返しませんでした。罰を受けたくはなかったからです。でも仲間内ではスペーストラベラーたちが自分たちを見守ってくれていて、修道女たちの無慈悲な仕打ちから守ってくれているんだと楽しい空想にふけっていました」

「その晩のことに関連したことで、他に何か覚えていることはありますか?」

「そうですね、関連しているかどうかは分かりませんが、一連の出来事が終わってから一週間ほど経ったとき、寮生みんなが変な風邪にかかってしまい、全員が体中に奇妙な発疹が出たんです。そのため、看護師を兼務していた修道女のひとりが寮をまるごと隔離しました。私たちは食堂に行くことも、教室に入ることも許されませんでした。食事はカートに載せて各部屋に運ばれて、マスクを着用した当番の人が神経質そうに配膳していました。でも私たちの大半は、上からの押さえつけから解放されて、修道女たちの詮索めいた視線を気にする必要もない自由な毎日を謳歌していました。けれどもそれはほんの束の間のことでした。一週間もしたら、発疹は消えてしまったのです」

「寄宿学校は校内で立て続けに発生した不可解な出来事によって、閉鎖に追い込まれてしまったという話を聞いていますが、その不可解な出来事はUFOのことだと思いますか?」

「時が経つにつれて、それは学校にまつわる奇談のひとつになりました。夏休みに親元に戻った生徒たちが空飛ぶ円盤のことを話したせいで、多くの親たちが子供を学校に戻すことに不安を覚えるようになったんです。私の母は他の子供の親たちと話した後で、私を学校へ戻さないことを決めたと言っていました。その後で学校への入学者の数が急激に減少したと聞いています。結局そのカトリックスクールは、生徒数の不足によって閉校してしまったんです」

「あの夜のことをお母さんに話したことはありますか？」

「いいえ。私はあの学校が大嫌いでしたから、母親が周囲からどんな話を聞いていようが、自分が学校へ行かなくても済む限りにおいては、どうでもよかったんです。それでもときどき私はあの晩のことを思い出すんです。あの学校にいた子供のころ、どこか別世界からやってくる存在が自分たちを助け出しに来てくれるように祈っていたんです。そしてある意味でそれを彼らがやってくれました。あの晩に起こった出来事が何であったにせよ、それが学校の閉鎖に間接的に関わっていたんです。何とも言えませんが、たぶんそれがスペーストラベラーたちのねらいだったのかもしれません。それはあの学校の子供たちが被っていた不当な仕打ちに終止符を打つための、彼らなりのやり方だったんだと信じたいですね」

ワンブリと私はそれからもずっと友人でありつづけています。彼は頻繁に自分の働く学校の方針についての最新情報を知らせてくれています。昨年に彼は用務員に昇格して、いまや〝自分の学校〟をとても誇りに思っています。二ヶ月前に彼は部族大学の委員に選出されました。最初に会ってからほぼ一年が経ったころ、州裁判所は彼の改名の嘆願申請を許諾しました。彼はいまや正式にワンブリ・

ナンパとなったのです。彼が新たな出生証明書を得た数週間後に、私は教師用の休憩室で彼のためにピザパーティを催しました。そこには数名の教師と彼の友人たちも出席しました。私は地元の人たちに彼をワンブリ・ナンパとして紹介する栄誉ある役を賜りました。私たちはその晩のパーティを炎の儀式で締めくくりました。ジャーメイン・ナンパと書かれた出生証明書が炎の中に舞い上がっていくのを見つめる瞳の中に、乾いているものはひとつもありませんでした。

第21章　二人の女性の告白

異星人による誘拐の体験報告は通常は大人から寄せられますが、幼い子供たちも同様の体験をしていることを示す証拠があります。しばしばそのような子供たちはその親の世代から誘拐が続けられています。五〇件の報告事例を調べたジェニー・ランドルズ氏によると、四件を除いたすべてのケースは四〇歳以下の人たちが誘拐の対象となっており、年長者の大半は医療的な理由で検査をされていなかったといいます。そのためランドルズ氏は誘拐は若い層を対象にしたものであろうと結論づけています。そしてこのことは多くの誘拐現象において、生殖に関連した体験が報告されている理由ともなっているという見方もあります。

この章では、チェロキー族とチョクトー族の血をひくウエストバージニア州在住の七九歳の女性が、年齢を理由に異星人による生体実験を免れたという体験と、北部の平原に暮らす年長者の女性が遭遇した異星人が、地球人の年齢にだけ関心を示していたという報告をご紹介しましょう。

イヴおばさんの体験

「あなたがＵＦＯレディと言われている人なのね?」くたびれたソファに腰かけようとしている私に彼女は尋ねました。そこは彼女の居間でした。私は二人のあいだにテープレコーダーをそっと置きました。

「自分がその肩書きに値するかどうかは分かりませんが」そう言って私は笑いました。

「ただＵＦＯや異星人の来訪についての話を聞いて回っているんです。あなたの姪御さんからあなたがそのような体験を何度かなさっていると伺ったものですから」

「私は姪にはＵＦＯに関する話は誰にもしないようにと言ってあったのよ」

「アニーと私は同じ学校に通っていたんです。彼女があなたの体験はとても変わったものなので、私の本に載せるために取材すべきだって言ったんです。私は北米インディアンとスターピープルについての本を書きたいと思っています」

「でも、もうあなたはここの住民じゃないんでしょ？」彼女は私の来訪目的の説明を無視して聞いてきました。

「おっしゃるとおりです。私はモンタナ州に住んでいます」

「たしかにここウエストバージニア州からはかなり離れたところね。モンタナには一度も行ったことがないわ。だって遠すぎるもの。私はこの州から外に出たことは一度しかないのよ。ある年にフロリダ州に住む姪を訪ねたときだけ。それはジョン・デンバーが『カントリーロード』っていう歌を出した年だったわ」

「私もその歌を覚えています」

「それで、その歌を聴いたらすごくホームシックになっちゃって、姪は私をすぐに家まで送り届けるはめになっちゃったのよ。私はもうフロリダに一日とて長居はしたくなかったの。それに私は自分のところから離れるのが好きじゃないの。たいしたものはないけど、やっぱり故郷なのよ」

　イヴおばさんの家は三部屋からなっていて、台所と寝室と、あとは達磨ストーブを部屋の真ん中においた居間でした。そして屋外には何棟かの小屋が山腹に建てられていて、そこは豚やニワトリの寝床用となっていました。庭地は家の右手にあり、離れ家は左手にありました。縁側につづく階段の脇に汲み取り井戸が造られていて、そこがその家の唯一の水源となっていました。

「フロリダには町の明かりが多すぎてね」彼女が話し始めました。

「あそこの人たちはUFOが着陸したかどうかなんて分からないはずよ。こっちは山の中だから、たくさんのものが見えるのよ。話せることはいっぱいあるけれど、もっとも身の毛もよだつ出来事はこの家の玄関前のポーチで起こったの。何が悲しいって、エイリアンがやってきて自宅からそのまま人を連れ去っていくっていうのに政府はそんなものは存在しないって言ってるのよ。いちど議員のひとりをここに連れてきて彼を誘拐してもらいたいくらいよ。そうしたらちょっとは言い方のニュアンスも変えるかもしれないわ。ジョージ・W・ブッシュやパパ・ブッシュに、現実っていうものを少しは分からせてあげたいわ」

　すでに七九歳となっているイヴおばさんは、六〇歳と言ってもじゅうぶんに通用するほどでした。彼女はそれは自身が受け継いでいるチェロキー族とチョクトー族の血筋のせいだと言いました。生粋のチェロキー族である彼女の母親は一〇一才まで生きました。祖母は九九歳で他界しています。イヴおばさんの髪は首のうしろで束ねられていて、そのスタイルは一六歳のころからずっと変わっていないそうです。彼女は一度も結婚はしませんでしたが、誇らしげにこう言いました——「だからといって処女ってわけじゃないわよ」

「あなたが最初に異星人に遭遇したのはいつのことですか?」

「すべてが始まったのは私の家のニワトリたちがいなくなったときからなの。数日の間隔をおいて夜毎に三羽か四羽ずつ行方不明になっていたのよ。鶏舎や檻を調べても、何かが侵入したり破ったりした形跡がどこにも見つからなかったの。それで私は寝ずの番をすることにしたのよ。そうすればその場で泥棒を捕まえることができると思ったの。私は一人暮らしを始めてからずっと弾を込めた散弾銃を家に置いているの。だからそれを持って玄関前のポーチで見張っていたわけ。そして夜の一時ごろにそれは起こったの」

「あなたが見たものをありのままに話していただけますか?」

「まず思い出されるのはオレンジ色の光ね。それが庭を染め上げて輝かせていたの。昼間の明るさほどじゃなくて、ただ輝かせていたの。あんな感じのものを見るのは初めてだったわ。私は銃の打ち金を起こして、銃身を安定させて、次に起こることに備えて身構えていたの。すると突然、何者かが私のほうに向かってくるのが見えたの。私は発砲しようとしたんだけど、銃が言うことをきかなかったのよ。安全装置を外し忘れていたんだと思って確認してみたら、ちゃんと外れてたの。相手はそのままこっちに近づいてきていて、私は立ち上がってもういちど引き金を引いてみたんだけど、うんともすんとも言わないのよ。そうしたらその生き物が私の手から散弾銃を取って下に落としたの。それから自分の後についてくるようにって言ったの」

「その生き物はあなたに話しかけたのですか?」

「いま言ったとおりよ。ついてくるように言ったの」

「私がお聞きしたかったのは、あなたが彼の話し声を耳で聞いたのか、それとも心で何かを聞いたのかということなんです」彼女はしばらく口を閉ざしてから、首を横に振って言いました。

「それは良い質問だわ。私はただ分かったの。相手はあなたと私がいま話しているような感じでは決して語りかけなかったわ。どうやって伝えてきたのか私には分からないわ」

「つまりその生き物は、人間のように話したりはしなかったということですか?」

「分からないわ。分かっているのは自分がそれについていったことだけ。〝それ〟って言ったのは相手が人間じゃなかったからよ。〝彼〟とか〝彼女〟って呼ぶよりも、〝それ〟がふさわしいの。あそこの丘を越えたところに、薄暗い金属的な灰色をした楕円形の宇宙船の姿があったの。とても巨大なものだったわ。それは石油輸送トラックの上にある燃料タンクみたいな形をしていて、ただサイズだけがその六倍から七倍の大きさっていう感じだったわ。それがほとんど原っぱを占拠していたの。親戚の男の子たちがここへ来ていたころはそこで飼料用のトウモロコシを育てていたのよ。冬の間のニワトリの餌としてね。二千五百坪の広さなの。だからとっても大きな宇宙船だったのよ。私は歩いて宇宙船の中へ入っていって、ある部屋に連れて行かれて、そこでひとりっきりにさせられたのを覚えているわ」

「彼らがどんな姿をしていたか教えてもらえますか?」

「そうね、ひとつだけ確かなことは、彼らは緑色の小人たちには見えなかったってことね。実際のところ、昆虫に近かったのよ……大きな昆虫たち。細くて長い手足をしていて、腕は体のサイズにまったくそぐわないほど長かったわ。首は細長くて、頭部は特大のスイカくらいの大きさだったの。そしてどんぐり眼をしていて、私たちのような鼻はついていなくて、両目の間にある膨らんだ部分の両サイドに小さな穴が開いているだけだったの。口には唇がなくて、まるで剃刀で切ったみたいな細い切れ込みがついているだけだったわ。その顔は半分が人間、もう半分が昆虫って感じだったの。性別は男性と女性の両方がいたと思うわ。女性のほうが男性よりもずっと大きかったの……ずっと背が高くて重たい感じだったわ。人間の世界もこんな感じだったら、なんて素晴らしいだろうって私は思っていたの。そうしたら女性たちはもう体重のことを気にする必要がなくなるでしょうから」そこで彼女はいったん言葉をとめて、笑いながら言いました。

「そうすればアニーもいつもダイエットをする必要がなくなるし、あの嫌みな夫のトムだって彼女の体重のことで年がら年じゅう意地悪な台詞を言い続けられなくなるわ」

私は彼女の言葉に耳を傾けながら、その観察眼の鋭さに感心するとともに、せっぱつまった状況に置かれながらも細部まで記憶に留めておける能力の高さに驚きを覚えていました。

「その生き物たちは他にあなたに何か言いましたか?」

「私はこんなに醜い生き物が、なぜこれほどまでに進化を遂げているのかしらと不思議に感じていたの。私は彼らが自分たちは遥か遠くからやってきたと語っているときに、心の中でそう思っていただけなの。だから彼らは相手の心を読むこともできるのよ」

「どうしてそう思うのですか?」

「だから私は彼らのことをなんて醜いんだろうって思っていて、そんな醜い生き物がなんでこんなに進化してるんだろうって考えていたって言ったでしょう?」

「ええ、おっしゃっていましたけど……」

「だから、私がそう思った直後に、彼らの中のひとりが、自分たちの世界では〝美貌〟は重要視されていないのだって言ったのよ。容姿の美しさは空しいものだって。彼らもまた人間をひどく醜いと思ったらしいわ。それを聞いてびっくりしたわ。そしてそれは『自分のことは棚に上げる』ってことだと思ったの。そんな彼らの発言から、私の心が読まれていることが分かったのよ。そうでなければあの生き物の口から、ああいう言葉は出てこなかったはずよ。私はただ彼らはなんて醜いんだろうって心の中で思っていただけなんだから」

「相手はやってきた目的について語りましたか?」

「彼は宇宙の中の生命体について、調査してまとめているようなことを言っていたわ。記録しているとかなんとか。でも私に言わせれば彼らはただの盗っ人よ。ちょっと先にあるソーンダーズの街中でたむろしている少年たちと、何の変わりもないわ。彼らは私のニワトリと豚をすべて盗んで、ペットのウサギまで持っていったのよ。科学のためだなんて言ってたけど、彼らの科学なんて罰当たりなものよ。ニワトリや豚を扱うのと同じように人間に実験をしているんだから。私は保管容器に入った人間たちが棚の中にいっぱい収容されている部屋を見たの」

「保管容器っていうのはどういう意味ですか?」

「つまり、壁ぎわに五、六段の層があって、そこに人間たちが積み重ねられていたの」

「壁ぎわに棚があったということでしょうか?」

「棚と言ってもいいと思うわ。その中の人たちは眠っているみたいで、傷つけられたような様子は見えなかったわ。私はその部屋のひとつに入って、みんなの目を覚まさせようとしたの。みんなで力を合わせれば、あの生き物たちの何体か捕獲できると思ったのよ。でもどんなに大声で呼びかけても、体をさわったりしても、誰も反応しなかったの。とても奇妙な感じだったわ」

「彼らはあなたにも実験をしたのですか？」

「いいえ。女性の生き物のひとりが言うには、私は年を取りすぎているって。彼らは若い標本を必要としていたのよ。だから今回はお年寄りは特別待遇だったってわけ」そう言って彼女は笑いました。

「なぜ彼らはあなたを宇宙船に連れ込んだのだと思いますか？」

「たぶん私が郡保安官に通報するのを心配したからじゃないかしら。あの生き物たちは人目につかないところに降りてきて悪事を働いているの。目撃者がいなければ被害者たちの言うことを誰も信じないから。連中は抜け目のない悪戯小僧なのよ。もし私が彼らみたいな生き物だったら、誰にも見られたくはないと思うわ。それから彼らは強い呪術の力を持ってるの。人間にちょっと触れるだけで、すべてを忘れさせることができるの。そしてちらっと見るだけで、人間の体を麻痺させたり、意識をもうろうとさせたりするところを私はこの目で見たのよ。彼らは凄いパワーの持ち主よ。私の小さな農場は山に囲まれた谷にあって人里から離れているから、彼らがここに来ていることを知っているのは私以外にはいないわ。それに第一、山間の谷にひとりで住んでる頭のおかしな老女の言うことなんて誰が信じると思う？」

「宇宙船の中にはどのくらいの数の人間がいましたか？」

「たくさんよ。少なくとも二、三〇人はいたと思うわ。病室の患者みたいに台の上に横たわっている人たちもいれば、ただ座ったままボーッとしている人たちもいたの」

「なぜ彼らはあなたに、そのようなものを見せたのだと思いますか?」

「見たところで私に何ができるというのかしら。誰も私の言うことに耳を貸したりしないわ。さっきも言ったように私は年老いた女よ。みんなから笑われるだけだわ。あの生き物たちは自分たちが悪行を重ねている間は私を人質にしておいて、終わってから解放するのよ。彼らがここに来てるっていう証拠を示さない限りは、郡保安官も私の言葉をまともに聞こうとはしないわよ」

「あなたは何回くらい彼らに会ったのですか?」

「これまで彼らは六回くらいやってきたわ」

「相手は同じメンバーでしたか?」

「みんな同じに見えてしまうの。今回の一連の体験で私が思い知らされたのは、この世界には私たちが知りたくもないことが予想以上にあるっていうことよ。この宇宙には大きな昆虫みたいな生き物がいて、おまけに私たちよりも利口だっていう事実に直面したとき、人はどんなふうに反応すると思う?」

「私にもよく分かりません」

「そうね、私はあることを思いついたの。想像してみてほしいの。熱狂的なキリスト教の信者たちがいたとしてね、彼らは人間は神の姿に似せて造られたって信じてるわけ。そんな彼らがもし自分たちより頭が良くて、人間にぜんぜん似ていない生き物が存在することを目の当たりにしたら、じゃあ神はどんな姿をしているんだろうっていう疑問が出てきてしまうはずよ。それはきっと彼らの頭を混乱させてしまうと思うわ」

「あなたはどうなのですか？　困ってしまいますか？」

「私は彼らが存在していても別に混乱はしないわ。私は熱狂的なクリスチャンじゃないから、少しも気にならないのよ。私は神はあらゆる種類の生き物を創造できると考えているの。私はただ何か証拠となるものを手に入れる方法があればいいなと思っているだけなの。証明できるものがなければ、こんな話をしたところで何の意味もないから」

「私はあなたが私に話して下さったことに感謝しています。私がいつか本を書くことがあれば、必ずあなたの体験もそこで紹介します。あなたの話を信じる人たちもいることでしょう」

「私はこの話をあなたにしても何も得るものはないの。私はただ自分の身に起こったことを話しているだけなの。それがすべてよ。だからそれ以外のことはどうでもいいの」

私はこの地に初めて訪れて以来、アニーにも彼女の祖母にも会っていませんが、私のウエストバージニアへの旅のハイライトは、イヴおばさんのもとを訪ねたことでした。

タリーの体験

タリーは十世帯のみが暮らす人里離れた保留区の村にある、カトリック教会の裏地に住んでいました。彼女は自分が亡くなった際はカトリックの教会葬儀で弔ってもらう予定でいるものの、部族の伝統的な慣習もひきつづき受け入れていると言いました。八九歳のタリーの兄弟姉妹たちはすでに先立っていましたが、彼女は心身ともに快活なままでいました。私が彼女と初めて会った日に、彼女は宇宙船がたびたび着陸しているという場所に徒歩で案内してくれました。その道すがら、彼女はときどき立ち止まって、通り沿いに生えているさまざまな野草の効用について教えてくれました。最後にUFOを目撃したのはいつかという問いかけに、彼女は私のほうを見ながら答えました。

「私は生涯を通してスターピープルと会い続けてきました。最初に会ったのは八歳のときです。川岸で野いちごを摘んでいたときに、向こう岸に宇宙船が降りてきて着陸するのを目にしたんです。私は足元が濡れないように慎重に石の上を歩きながら川を渡りました。私は興味津々でした。いままでそのようなものを一度も見たことがなかったからです。そして宇宙船から六メートルのところまで近づいたとき、船体のドアが開いて、私は中に入り込みました。船内には二人の女性がいて、私を温かく迎えてくれました。そのひとりが私の髪をとかしながら、きれいねと言ってくれました」

「怖さは感じていましたか?」私の問いに彼女は首をふって言いました。

「私は彼女たちは祖母の友人たちだと思ったのです」

「どうしてそのように思ったのですか?」

「分かりません。たぶん彼女たちが私にそう告げたのでしょう。私はそれからほぼ毎年、彼女たちがやってくるたびに会っていました。ときどき私は彼女たちにお花をプレゼントしたり、ときには石をあげたりもしました。石には魂が宿っていると祖母から聞いていたので、それを説明したのですが、彼女たちは理解できていなかったと思います。でも彼女たちは手を使って人を癒す方法を、私に分かるように教えてくれました」それを聞いた私は、驚いた顔をしていたに違いありません。そのため彼女はもういちど繰り返しました。

「スタードクターたちは手を使って病を癒す方法を私に教えてくれたのです。彼女たちはそのヒーリングのやり方を私の祖母にも教えてくれました。その後は私たちからヒーリングを受けるために、あちらこちらから人々が訪れるようになりました」彼女は川辺までいっしょに歩いていきましょうと言って私を導いてくれました。そして土手の上まで来たところで小川の向こう岸を指し示して、スペーストラベラーがやってきていた地点を教えてくれました。

「私の祖母は〝林檎娘〟っていう名前だったんです。生まれたときにリンゴみたいな真っ赤なほっぺたをしていたからなんです。彼女は一〇四歳まで生きました。息を引き取ったとき、スターピープルは祖母が行ってしまったことをとても悲しんでいる様子でした。でも毎年、彼女たちが戻ってくるたびに私は会いにいって、薬草をあげていました」

「そうすると、あなたはおばあさんの役割を引き継いでいたということですね?」

「祖母は自分がスターピープルとともにやってきたことを私に引き継がせたいと思っていました。私は一度も結婚することがありませんでした。子供もひとりもいません。ですから私の仕事を引き継ぐ者は誰もいないのです。私は祖母ほど長生きはしないでしょう。まもなく私も旅立つことになります。そうなると彼女たちはもう、コンタクトをする相手がいなくなってしまうのではないかと心配なのです」

「スターピープルはどんな感じだったか話してもらえますか?」

「肌の色は明るく、すらりとした細身の体でした。地球人よりもずっと優秀でしたが、私たちの暮らしぶりにも興味を示していました。彼女たちは銀河を果てしなく巡りながら、いろいろな人たちから学んでいるのです。そして地球人の加齢についての情報を収集していました。私たちが非常に短命である理由を解明しようとしていたのです。スターピープルは私たちよりもずっと長生きなのです」

「どのくらい生きるのか言っていましたか？」

「彼女たちの平均寿命は地球年齢で言えば一千歳ほどで、私たちとは違って病気とも無縁です。その社会にはアルコールやタバコの習慣はなく、人生の初期段階で自分の仕事を選んで、それを永遠に続けます。それぞれの分野の専門家になって、多くの発見をしていくことで生活を向上させていくのです。スタードクターたちは常に地球を訪れています。その主な目的は観察することですが、彼女たちの手助けをする〝ヘルパー〟を務める地球人たちが、世界中に存在しています。祖母と私もその役を担ってきました。彼女たちは自分たちのことを〝観察者〟と呼んでいます。自分たちが地球にもたらした生命が、どのような変遷をたどっていくかを見守っているのです」

「彼女たちから教わったことを他に何か覚えていますか？」

「ええ。彼女たちは暴力を振るいません。この宇宙には暴力的な四種族がいると言っていました。地球人類はそのひとつだそうです」

タリーと一緒に彼女の自宅に戻る途中で、私たちは彼女の属するカトリック教会の神父のもとを訪ねました。彼は日曜日のミサに加え、週に一回この町にやってきていました。彼は私たちを小さな教会の建物の中に招いて、彼の事務所でビーフシチューをご馳走してくれました。

「これは昨晩のうちに作っておいてスロークッカーに入れておいたんですよ」そう彼は言いました。彼のデスクを囲んで三人でシチューを食べている間、タリーが私の来訪の目的を説明しました。彼はタリーのUFOの話には驚いていない様子でした。そして私が彼にこれまでUFOを見たことがありますかと尋ねると、彼は椅子に深く腰を下ろしてから答えました。

「非公式にはイエス、公式にはノーです」私がさらなる説明をお願いしたところ、彼が言うには、教会本部がUFOについての公式見解を出していないので、自分の立場としては自由に話すことができないということでした。しかしながら、自分自身はUFOを何度か目撃しており、タリーの体験についても疑いは持っていないと彼は明言しました。さらに彼自身も川の向こう岸の野原に宇宙船が着陸するのを見たことがあると証言しました。ただしタリーと一緒にその場に行ったことは一度も無いそうです。彼自身の体験についても話してもらえるかどうか尋ねたところ、自分の立場上、それについての詳細は言わないでおきたいとのことでした。それでも彼は自分の目撃したものは紛れもなく本物であり、〝絶対に地球のものではない〟と断言しました。

それから五年あまりの間、私はこの保留区を訪れた際にはしばしばタリーのもとに立ち寄っていました。彼女は九五歳でこの世を去るまで、ずっと丈夫できびきびとした様子で暮らしていました。そして彼女の葬儀の際に、参列者はその場にUFOが飛来してきて、上空でしばらく浮かんでいる様子を目撃しました。私もその内の一人です。

第22章　私は25歳になれば解放される

ワシントン州にもそれなりのＵＦＯ目撃事例があります。中西部にあるヤカマ・インディアン保留区には、長年にわたってＵＦＯに関連すると思われる出来事が続いて起きています。それが最も多発していたのは一九七二年から七四年の間ですが、不思議な現象は今日にいたるまで起き続けていますす。ヤカマ部族にはスターピープルの伝説があり、彼らとの交流にまつわる話が口伝形式で伝承されてきています。それらには〝ステッキ・インディアン〟として知られる〝小人たち〟の物語や、光の存在の伝説などがあります。現代における報告例としては、人間型の生命体との接近遭遇、奇妙な精神現象、そして不思議な生物の目撃などが寄せられています。不可思議な光とのやりとりを体験したという報告も続いています。

二〇〇三年、ヤカマ族のティーンエイジャーの少女が、現在も継続中のアブダクションについて語ってくれました。それが始まったのは、彼女が五歳のときでした。

ティファニーの体験

私がティファニーに紹介されたのは、彼女の伯母のヘレンを通してでした。最初に会ったとき、ティファニーは一七歳の高校三年生でした。そのときの彼女はふつうのティーンエイジャーと変わらない様子で、興味の対象も、男の子、パーティ、そして携帯電話といった感じでした。少し太り気味ではあったものの、陸上競技では優秀な成績を収めていました。

「学校はわりと楽しいんです」彼女はそう言って、チリフライのＬサイズとチェリーコークを注文しました。

「食べ物も頼んでしまってすみません。今日は学校でお昼を食べなかったので、お腹が空いてるんです」そこは彼女の学校の近くの軽食堂で、店内の客は私たち二人だけでした。

「気にしないでいいのよ。食べたいものを何でも注文してね」私は答えました。

「伯母から先生のこと伺いました。彼女は先生のことをＵＦＯレディって呼んでるんです。そして先生は異星人について取材している人だと聞きました。年長者の人たちは異星人のことをスターピープルって言ってるんです」

「私はもう長いこと取材しているのよ。私の調査活動について聞いた人たちがやってきて、自分たちの体験を話してくれるの。ところで教えてほしいんだけれど、あなた自身は異星人とスターピープルのどちらの呼び名を使っているの?」

「ええと、私は異星人って呼んでいます。彼らは他の星から来た人たちだから。私もお話ししたいことがあるんです。もうずいぶん長いあいだ続いていることなんです」

「あなたは五歳のときから異星人とコンタクトを続けてきているって伯母さんから聞いてるわ。それについて聞かせてもらえるかしら?」

「私が五歳のとき、祖母に連れられて自宅近くの森に野生の薬草を摘みに行っていたんです。毎年、春になったらそうしていたんです。祖母といっしょに自然の中を歩くのが私のお気に入りの時間でした。彼女はいろいろなことをていねいに教えてくれました。春の香りと暖かい陽気、最初に咲き始める花々、鳥たちの巣作りなど、私はこの季節が大好きでした。長い小道を進んでいくと視界が開ける場所に出ました。そこは祖父のトウモロコシ畑でした。その畑の南側の端に、あるとき金属的な巨大な丸い物体があったんです。一番分かりやすいたとえで言えば、大きなオモチャの帽子のような感じでした。祖母と私がその物体に近づくと、船体の出入口が開いたので、私たちはその中に入っていきました。するとそこにはひとりの婦人が立っていました。彼女の様子についてはあまりよく思い出せません。そして、おかしな表現になってしまうのは自分でも分かっていますが、その女性は輝きを放っていたんです」

「輝きを放っていた？」

「ええ、そうなんです。それはまるで彼女が輝く光に包まれているかのようでした。彼女の体から光が放たれていたんです」そう言うとティファニーは少し間をおいて、つぎに伝えるべきことを考えているかのような様子を見せて、それからまた話をつづけました。

「彼女は祖母と知り合いみたいでした。二人は友人同士のように挨拶を交わし、祖母は薬草の入ったカゴを相手に手渡しました。それから祖母はそれぞれの薬草について説明しながら会話を交わしていました。たぶんそれらの薬用効果について教えていたのだと思います。二人の話し声は聞こえませんでしたが、おのおのの植物を指差したりしながら、さまざまな身振り手振りを交えていたので、会話の内容がだいたい分かったんです。そして話が終わると、二人は私を呼び寄せ、その奇妙な婦人が私の体を抱き上げて台の上に乗せました。祖母はそばに立って私の手をとっていました。すると婦人が私に向かって『孫娘よ』と語りかけてきました。私はとても当惑してしまったのを覚えています。そんなふうに私のことを呼ぶその婦人が、私は好きになれませんでした。私にはちゃんと祖母がいて、すぐ横にいたのです。この新しい祖母は私の目をのぞきこんでから、私の髪の毛とひとつの爪を少しだけ切って採取しました。そして消毒を施すかのように私の腕をこすり、ピストルのような器具を皮膚に押し当てました。銃身だけがもっと太くなったようなものです。そしてその引き金を引くと、鋭い痛みが腕に走りました。私は叫び声を挙げましたが、祖母はただそばに立っているだけでした。婦人がその器具を私の腕から離したとき、皮膚に四つの血痕ができているのが分かりました。あっという間にできた傷跡でした。そして婦人は私を台から降ろしましたが、そうされている間に私は彼女を蹴っ飛ばしたことを覚えています。しかし彼女はまったく意に介していませんでした。それから本当の祖母が私の手をとって、二人で歩いて宇宙船の外へ出て、また薬草摘みを続けました。そういうことが起きたんです。神に誓って本当の話です」

「そのときのことについて、おばあさんと話したことはあるの？」

「いちど話そうとしたんですけど、そのことは話題にしてはいけないと言われてしまいました。そして祖母は、私が十歳の頃に亡くなりました。私はもう二度とあのトウモロコシ畑に行きたくはありませんでした。そばにいる祖母はずっと穏やかでしたけれど、私にとってはあの出来事のすべてが非常に恐ろしいものだったのです。たぶん祖母が生きていてくれれば、私は相手の目的を知ることができたのでしょうけど、祖母がなぜ私をあの場所へ行かせようとしたのかを教わる前に、彼女は亡くなってしまいました」

「つぎに宇宙船に連れ込まれたときのことも覚えてる？」

「その翌年のことでした。そのときは私ひとりでした。家族で野いちごの実を摘みに行っていたときでした。お父さんが子供たちそれぞれに持ち場を与えて、私はわずか六歳でしたけど、ちゃんと自分が収穫する範囲を任せられていたんです。お父さんは実がたくさん成っているところを私のために見つけてくれました。そして私が作業に専念しようとしていた矢先に、見知らぬ二人の女性が私をその場から連れ去ったんです。宇宙船の中の部屋には他の子供たちの姿もありました。泣いている子たちもいれば、うたた寝をしている子たちもいました。ひとりひとりが順番にそこから連れ出されて、私の番になったとき、また前回と同じことが繰り返されました。髪の毛のサンプルが採取され、爪が切られ、そして再びあの金属のピストルが出てきました。私は嫌がって身をよじらせましたが、つぎに気がついたときには横に私の兄がいて、野いちごを私の手桶の中に詰め込みながら、『ちゃんと働かないと食べさせてあげないぞって父さんが言ってたよ』と話しかけてきました。兄は今まで私がなぜサボっていたのかって聞いてきましたので、友だち二人と散歩に出かけていたんだって答えたんです。すると彼は『きみの他には誰もいなかったじゃないか。白昼夢でも見ていたんだろう』って言いました。そんな感じで片付けられてしまったんです」

「それであなたの遭遇体験もおしまいになったということ？」

「彼女たちは毎年やってきているんです。祖母と一緒だったことはその後に二回ありました。彼女はあたかも相手と知り合いであるかのように振る舞っていました。でも彼女がいなくなってからも続いたんです。いつも同じことの繰り返しでした。ときどき私は彼らは加齢のプロセスに関心を持っているから、毎年ごとに私の体から標本を採取しているんじゃないかって思ったりもしました。おそらくその場にいた他の子供たちにも、同じようなことをしていたのでしょう」

「彼女たちはどんな感じの人たちだったの?」

「普通の地球人女性と変わらない外見をしていましたが、ひとつ違っていたのは、体から不思議な輝きを放っていたことでした。そしてときには歩く代わりに浮揚して移動していました。彼女たちはストレスのない生活をしているに違いありません。これまでの苦労を感じさせるような顔のしわが何ひとつ見当たらなかったからです。そして本人たちのことを知らない人が見れば、誰もが同じ年齢に見えたでしょう。ただ、ときどき姿を見せる〝祖母〟は例外ですけど」

「あなたが幼かったころには彼女たちのことを恐れていたって言っていたけれど、いまでもそう?」

「今でも本当に恐れています。そして悩まされてもいます」

「そのわけを話してもらえるかしら?」

「連れ去られることはとても迷惑なことなんです。とくに有無を言わさずにそうされるときは」

「自分がそう感じていることを相手に伝えたことはあるの?」

「ちゃんと言ったんです。そうしたら彼女たちは『これはあなたの生まれながらの権利なのです』とだけ言いました。それがどういう意味であるにせよ、私にはどうすることもできません。できるだけ早く終わってほしいと願うだけです。私は先生が教えていらっしゃるモンタナ州立大学で、来年度から学びたいと思っているんです。私は宇宙船に連れ込まれることに自分の人生を費やしたくはありません。そんなことを将来ボーイフレンドや夫に説明するのはとっても難しいでしょう」

チリフライを食べ終えた彼女は、ウエートレスにチェリーコークのお代わりを頼みました。

「たぶん私が大学に通うようになったら、あの人たちが誰にも気づかれずに私を連れ去ることはずっと難しくなるでしょう。この保留区は本当に人里離れたところですから」

「あなたが最初に異星人たちに出会ったとき、あなたのことを孫娘って呼ぶ老婦人がいたって言ってたけれど、それ以降にほかにも別の異星人たちと会ったことがあれば、その人たちについても教えてもらえるかしら?」

「私が少女だったころは、私のことを孫娘と呼ぶ婦人にだけ会っていました。私から見れば彼女は年配に思えました。私の祖母よりもずっと年上に見えました。彼女は細身の体を長いガウンで包んでいました。髪の色は白くて、毛がとても細かったです。肌は紙のように真っ白でした。まったく色がないといった感じです」そこでウエートレスがチェリーコークのお代わりを持ってやってきたため、ティファニーはいったん言葉をとめました。

「でも最近になって、別な存在たちに会うようになったんです。それらは違ったタイプです。その目を見つめてしまえば催眠にかけられてしまいます。その瞳には相手を操る魔法の力が宿っていて、いくら目を合わせないようにがんばってみても、視線をずらすことができませんでした。まるで私がどんなに目をそらそうとしても、相手のほうを見るように仕向けられているようでした。その目は大きな丸いゴーグルのようなもので覆われていましたが、いちど私はゴーグルを外したところを見たことがありました。そこにあったのは猫のような瞳でした。それ以来、夢の中にもその瞳がでてきて、うなされてしまいます。今でもそれを思い出すだけで体が震えてきます」

彼女は体をブルブルさせて、寒気を追い払うかのように両腕で体を包み込みました。

「あなたは新たな異星人たちと会った後も、まだ老婦人とも会い続けているの？」

「ええ。彼女もまだそこにいますけど、もう私の担当ではなくなっているようです。きっと最初から担当ではなかったのかもしれません。でも最近は、よく分からないんですが、私に対する相手の意図が、これまでのような穏やかな感じのものではなくなってきているような気がするんです。何をされるのか、とっても怖いんです」

「それはどういうことかしら？」

「検査の種類が変わってきているんです。きっと私を妊娠させようとしているんだと思います。すごく不安なんです。私への関心がだんだんと性的なものになってきているんです。それが怖いんです」

「よかったら話してもらえる？」

「ちょっと話しにくいことなんですけど、きっと私は処女を喪失させられたと思います。あるとき、誘拐された後で自宅に戻った際に、下腹部に痛みを覚えたことがあったんです。そしてお風呂に入るときに、下着に血がにじんでいることに気がついたんです。そのときは生理中ではありませんでした。それ以来、毎年同じ痛みを感じるようになったんです。それはまるで、異星人が私の体の中に侵入してきているみたいな感じです。きっと私をレイプしているんだと思います。それに対して私はどうすることもできずにいるんです」その声には不安がにじみでていました。彼女の感じている恐怖には相応の理由があることは明白でした。

「もう少し詳しく教えてもらえるかしら？」

「異星人たちは私に受胎や排卵についての質問をしましたが、当時の私にはその言葉の意味が分かりませんでした。それであとで図書館に行って調べました。私は相手が私に異星人の赤ちゃんをはらませようとしているか、または実験として誰かとの性交を強要させようとしているんじゃないかって不安なんです。だから先生にご相談したかったんです。先生がこれまで会われてきた人たちの中で、誘拐から解放されることができた人たちはいますか？」

「三人だけいるわ」

「どうやってやめさせたんですか？」

「みんな男性だったの。女性は誰もいないの。そして成功した男性は誰もが自分をこのようなことから解放せよと相手に強く要求したの。そしてそれは功を奏したわ。彼らは自分はもう必要以上に実験に協力してきたのだから、もう自由にしてもらいたいんだと断固として訴えたの。私が彼らから聞いた限りでは、それでもう連れ去られなくなったそうよ」

「私の場合もそれでうまくいくと思いますか？」

「分からないけれど、トライしてみる価値はあるわ。もう自分には一切かかわらないでくれって強く要求するの。私が話を聞いたある若い男性は、そのとおりに言っただけで実際に相手は引き返していったそうよ。私が最後に彼に会ったときは、『あれ以来もう五年間も彼らは姿を見せていません』って言っていたわ」

「ありがとうございます。私もやってみます」そう言った彼女の声には安堵の響きが感じられましたが、私はそれを嬉しくは思えませんでした。この試みが果たして女性の場合にも男性と同様の結果をもたらすかどうか、まったく確信が持てていなかったからです。

「もうひとつ有効かもしれない手立てとして、自分ひとりっきりの状況を作らないように心がけておくといいと思うの。そうすることでたぶん相手はやる気をそがれるはずよ」私の提案に彼女は首を振って答えました。

「異星人たちを阻むものは何もないんです。相手は私を家族の目の前でも簡単にさらっていきます。最初は私の両親は異星人による誘拐などというのは私の妄想だろうと思っていました。ある晩、ヘレン伯母さんの家に私が泊まっているときに異星人たちがやってきたんです。真夜中に目を覚ました伯母さんは、私がいなくなっていることに気づいたといいます。そして彼女は翌日に自宅から五キロほども離れた高速道路の上で、さまよい歩いている私の姿を見つけたんです」

「そのことを彼女は私に話してくれたわ」

「それは彼女にとっても恐ろしい体験でした。それ以降、彼女はできるだけ私のそばに誰かが付き添っているようにしてくれていました。でもそんなことをしても仕方なかったんです。異星人たちが誰かを誘拐しようとするときは、そばにいる別の人たちに催眠をかけて何も覚えていないようにすることができるでしょう。私の家族全員を催眠状態に置くこともできるはずです」

翌年の秋にティファニーはモンタナ州立大学に入学しました。彼女はよく私の事務所に立ち寄って、授業や成績のことについて話してくれました。ときどき二人でランチをともにすることもありました。怯えた様子の彼女から夜遅くに電話がかかってきたことも、一回だけではありませんでした。そういうときは、私は彼女の寮まで夜中に車を走らせて迎えに行きました。彼女は週末は私の家にしょっちゅう泊まりに来ました。ティファニーが大学を卒業して一年が過ぎたある日、彼女は私に電話をかけてきて、前回の誘拐時に異星人たちに自分を解放してほしいと頼んだと言いました。彼女の話では、自由にしてもらうための代償として相手に協力することに同意したといいます。それによると、彼女が二五歳になれば、もう異星人たちはやってこなくなるそうです。それは彼女にとってあと二年先のことです。

第23章 相棒が危ない

ＵＦＯが核ミサイル基地に対して、何らかの干渉を行ったという出来事が何度か起きています。そしてＵＦＯを追跡した戦闘機の武器が使用不能となったという、パイロットたちからの報告も上がってきています。ＵＦＯの目撃報告は何千人もの警官からも寄せられていて、その多くは自らの所持する武器が使用できなくなり、同時に警察車輌も動かなくなってしまったと証言しています。さらに興味深いケースのひとつは、二〇〇二年七月二一日にアルゼンチンのシェジャンで起きたものです。ＵＦＯの目撃の通報を受け、調査のために現場に赴いたアリアス軍曹は三角形の飛行物体に遭遇し、そこには鈍い灯りを漏らす何百個もの船窓が見えたといいます。彼が急いで署に状況を報告しようと車内の無線機を手にしたところ、車全体が完全に機能停止の状態になってしまいました。そこで脇に下げた銃に手をかけて車外に出たところまでで、彼の記憶は途絶えています。一時間半後に路上で発見された彼の手には、引き金が引かれた状態で発砲不能となっている銃が握られていました。このような体験をしたのはアリアス軍曹だけではありません。

この章ではそんな人たちのお話をご紹介しましょう。

シドとエディの体験

エディと彼の友人のシドのことを私に教えてくれたのは、エディの姉でした。彼女が私に最初に断って言ったのは、二人ともあの晩の出来事についてはなかなか話したがらないだろうということでした。彼らの遭遇事件の現場となったのはノースダコタ州の人里離れた一帯を走る国道一〇八六号線で、〝へんぴなところ〟というあだ名のついた高速道路でした。そこで体験したことがもし世間の知るところとなれば、彼らの仕事に重大な支障をきたす恐れがあることから、二人ともこの件に関しては口を閉ざしたままでいることにし、話を打ち明けた身近な人たちにも絶対に口外しないように誓約させているとのことでした。

二〇〇六年の夏に同州を出張で訪れたときに私はエディと会うことができ、彼はシドの同意も得られれば私に話をしてもいいと言ってくれました。その翌日、指定された場所で私は二人に会いました。休憩所に車をとめて出てきた私に彼らは挨拶をして、シドの軽トラックの後尾扉の上に私を腰かけさせてくれました。

「あれは午前二時のことでした」シドが話し始めました。

「ちょうど腕時計で時刻を確認したところだったので覚えてるんです。僕はモンタナ州のビリングの町から車で帰宅する途中でした。兄に届け物をしてきたんです。彼はそこでオクラホマ出身のクロウ族の女性と一緒に暮らしてるんです。僕はそこで一泊するよりも、そのままノースダコタにトンボ帰りすることにしました。土曜の晩だったんですが、日曜日は採点と翌週の準備に充てる必要があったので。僕は高校で数学を教えてるんです。夕食後にビリングを発ちました。たぶん夕方六時くらいだったと思います。自宅までの道のりはだいたい六五〇キロくらいでした。途中の休憩や簡単な食事の時間を計算すると、だいたい午前二時ごろまでには到着する予定でした」

「エディ、あなたのほうは？　あなたはその晩どこにいたんですか？」私の質問に彼が答えました。

「同じ道にいました。国道一〇八六号です。同じ時間帯にです。もともとは自分もシドと一緒に行く予定だったんですけど、親父の牧場で急に人手が必要になったので、シドに事情を説明して親父の手伝いをしてたんです。その日の晩は友人の家にいました。まわりに独身男たちが大勢いるので、土曜の晩はよくみんなで集まってピザを食べたりポーカーをしたりするんです。あの晩も遅くまでそうやってて、そこを出たのは午前一時ごろだったと思います。二人が同じ時間に宇宙船に遭遇したのはまったくの偶然だったんです」

「あなたのお姉さんから、あなたとシドは永遠の友人だって聞きました」

「僕たちはお互いのおじいちゃんが友人で、お互いの父親も友人なので、ずっと永遠に友人なんですよ」エディの言葉にシドが笑いながらつづきました。

「僕はエディが自分より三〇センチも身長が高かったころからずっと見上げているんですよ」

私はこの二人の親友を見比べてみました。エディはシドよりも背丈が二、三センチほど高かったものの、体重はシドのほうが最低でも十キロ以上は上回っていました。二人ともがっしりしていて、それは家業の牧場の仕事を手伝ってきたからだろうと私は推察しました。

「二人とも同じ学校に通ってたんですよ」シドが言いました。

「同じバスケットボールとフットボールのチームにいて、夏には同じ牧場主のところで働いていました。入った大学も同じです。エディはバスケットボールの奨学生、僕はフットボールの奨学生として。五年前に卒業してからは同じ高校で彼はバスケットのコーチ、僕はフットボールのコーチをしていて、お互いの副コーチもしています。だから確かに友だちなんですけど、伴侶ではないですよ。ただの友だちです」そう言ってシドは笑いました。

「ときどき僕のガールフレンドのソーニャが、エディと僕は夫婦みたいだって文句を言ってくるんです」シドが再び笑って言いました。

「だから彼女に言ってやってるんですよ。あんな不細工なやつと結婚なんかするわけないだろって」

彼らは二人で大笑いしてお互いの体を突き合いました。

「シド、あなたのガールフレンドはあなたの遭遇体験のことは知ってるんですか?」

「いいえ。悲観的な意味で言うわけじゃないですけど、ガールフレンドとの関係っていうのは長く続く保証はないですから。ソーニャは白人の女の子で、僕たちの部族の人たちのことを〝愛してる〟って心から言ってくれてますけど、実際に保留区の中で暮らすっていうのは彼女にとってとても難しいことだと思うんです。僕はここを出て行くつもりはまったくないんです。そのことはつねづね彼女に正直に言ってきています。白人ばかりのニューハンプシャー州で生まれ育った彼女は、インディアンの男性と結婚すること自体をロマンチックに感じているのが僕には気がかりなんです。もしある程度の期間を保留区内で過ごす経験を彼女がしたとき、インディアン社会での孤独感や貧しい環境にうまく対処していけるかどうか僕には分かりません」

「すんなりといくものじゃないよね」エディが言いました。

「これまで非インディアンの女性教師たちがここにやってきて地元の男性と結婚するのを僕らは子供の頃から学校で見てきましたけど､赤ん坊を一人か二人産んだ後で､奥さんのほうがここを出たがったせいで結局は離婚にいたるっていうのがオチでした。我々にとって、ここを去るっていうのはなかなかできないことなんです。ここの土地と人々の間には特別な結びつきがあるんです。うまく説明することはできないんですが」次にシドが口を開きました。

「ともかく、僕が大学に進んだのは、保留区に戻ってきてここの人たちと一緒にやっていくためでした。それが自分で決めた生き方なんです。まだ彼女にあの晩のことを打ち明けることはできずにいます。いつか僕らが二人の将来を真剣に話し合うときがきたら、彼女は僕と一緒にここで暮らすことはできないと判断を下すかもしれません。たとえ別れ話がもつれてしまっても、彼女に事件のことを話さないでおけば、その噂を広められて僕の信用を傷つけられる恐れはなくなります。しばらくのあいだ彼女は大学院に通っていますので、僕たちが会えるのは月に一回かホリデーシーズンくらいなんです」

「わかりました」私はそう答えて本題に入りました。

「では何が起こったかを話して下さるのはどちらですか?」

「最初は自分に起こったことなので、僕から話すのがいいでしょう」シドが答えました。

「さっきも言いましたように、ちょうど時間を確認したときでした。突然に前方に明るく輝く赤い光が見えたんです。最初は衝突事故か何かが起きたに違いないと思いました。あらゆる想像が頭の中を駆け巡っていました。負傷者がどのくらい出ているんだろう、まさか誰か死んでしまっていたら、など。ここでみんなそんなふうに心配するんです。誰もが顔見知りですから」

「そうなんです。知り合い以外は親族か、結婚相手か、離婚相手ですからね」エディが付け加えました。シドはエディのほうを見てうなずくと、視線を遠くの地平線のほうに注いでから話をつづけました。

「するといきなり、その赤い光がパッと消えてしまったんです。目の前の状況をどう解釈したらいいのか考えていると、また再び赤い光が現れました。地面から六メートルから九メートルくらいの位置です。僕は慌ててブレーキを踏んでハンドルを左に切って路肩に寄せました。それと同時に赤い光が上からこちらに迫って降りてきました。すると突然、僕の軽トラックが動かなくなってしまったのです。ヘッドライトも消えてしまいました。僕は必死になって車を再発進させようとしましたが、エンジンはかかりませんでした。たぶんエンジンオイルの入れ過ぎだろうと自分では思っていました。外は暗く、車内も真っ暗闇で、目の前にある自分の手すら見えませんでした。赤い光は再び消えていました。高速道路の周辺には民家もなく、すべてが真っ黒でした。僕は座席にへたり込んで、フロントガラス越しに空のほうを見上げましたが、暗闇以外の何も見えませんでした。僕はダッシュボードの下の小物入れをまさぐって懐中電灯を手に取りました。車外に出てみようと思ったんです。

その瞬間、周囲一面がまぶしい白い光に包まれました。その光の来るほうに目をやると、背の高い何者かのシルエットが浮き上がっていて、それは軽トラックに向かって近づいてきていました。僕はとっさに前座席の下にしまっていたコルト四五口径の自動拳銃を取り出しました。それは弾を込めた状態で銃ケースに入れてあったんです」シドはそこでいったん言葉をとめて、落ち着かない様子でその場を行きつ戻りつしながら言いました。

「僕は恐怖を感じていました。目の前の見知らぬ相手、まったく得体の知れない何者かに。そして銃の安全装置を外しました。いざという時のために備えておきたかったんです。そのコルト四五口径の銃は父からもらったものでした。一九六〇年代にデンバーで新品を九五ドルで買ったそうです。それを父は僕の大学卒業のお祝いとしてプレゼントしてくれたんです。こっちにやってくる相手が何かしようとしてきた際には、この未亡人製造機を見せれば後ずさりするだろうと僕は目論んでいました」

「相手の姿はよく見えましたか?」

「顔は最後まで見えませんでした。車に近づいてきたときにドアを開けようとしたんですが、なぜかまったく言うことを聞きませんでした。僕はまるで車内に閉じ込められてしまったかのように感じました。ドアに全体重をかけて押したり、体当たりしたりもしましたが、ビクともしませんでした。そうやって車内で悪戦苦闘しているとき、急に全身の筋肉がふにゃふにゃに緩んだようになって、ひどい倦怠感に襲われました。さらに光のまばゆさで目を開けていられなくなり、そのまま眠ってしまいたい衝動に駆られました。そしてちょっと休もうと思ったところまでで記憶がとまっています。気がついたら朝の五時になっていました。道路の反対側に横たわっていたところをエディが見つけてくれたんです」

話し終えたシドが私の横に腰を下ろすと同時に、今度はエディが立ち上がりました。

「僕の体験も似たようなものです。シドとその後ろを走っていた僕の時間差は、最大でも数分程度でした。さっきも言いましたようにこれはまったくの偶然でした。午前二時にあの高速道路を通る車は数えるほどです。まっすぐに伸びる道に差し掛かったときのことでした。明るく輝く赤い光が宙に浮いているのが目に入ったんです。はじめはそれはマイノットの町の空軍基地から飛び立った、飛行機の灯りだと思いました。でも変だったんです。なんであんなに低く飛んでいるんだろうと不思議に思いながらも、他に思い当たるものがありませんでした。その光に近づいていくと、最初は目もくらむような光を放っていましたが、急に降下して道路の横の地面の上に着地したんです。そして光が鈍くなってきたときに、着陸した飛行物体の輪郭が見えてきました。それは長い筒のようなかたちをしていました。そしてもっとよく見てみるために車の速度を落としたとき、シドの軽トラックが目に入ったんです。それは車体後部が上を向いて、前頭面が土取場のほうへ傾いていましたが、ひと目で彼の車だと分かりました。そのときは、どうしていいか分からなかったんです」

「それはどういう意味ですか？」そう尋ねながら私はシドの車に目をやりました。それは最新式のシボレーのトラックで、車体は赤で、濃淡さまざまなオレンジがかった赤い炎が両開きのドアの下から立ち昇っているデザインでした。

「つまり、ひとつには――」エディが答えました。

「道路の端っこに置かれていたシドの車は、彼自身がそこに停めたようには見えなかったんです。そして高速道路の近くに着陸した何かの飛行物体がありました。そのとき自分の視野の境界からとても小柄な存在のシルエットが見えてきて、それはこっちに向かって歩み寄ってきていました。その足取りは不思議な感じで、歩いているんじゃなくて、滑走しているように見えました。両腕はふつうの人間よりも長くて、なんだかＳＦ映画に出てくる生き物みたいでした」

「そこがエディと僕の記憶で食い違っている点なんです」シドが口をはさみました。

「説明してもらえますか？」そう私が尋ねると、シドとエディが順に答えてくれました。

「僕の見たのは背の高いシルエットなんです」

「僕の見たのは背の低いシルエットなんです。これは重要な相違点となりました。僕に近づいてきた未知の生命体はせいぜい一二〇センチ程度の身長で、たぶんもっと低かったでしょう。そのシルエットは人間のものでしたけど、人間じゃありませんでした。大きな昆虫と人間らしきものの掛け合わせでしたが、とにかく人間ではなかったです」

「あなたに近づいてくるシルエットを見たときのことに話を戻すと、そのときシドのことが心配になっていましたか？」私はエディに尋ねました。

「ええ。もしシドに何かが起きていたら、彼を置いて逃げるわけにはいかないと思っていました。だから自分の車のドアを開けて、彼の軽トラックのほうへ大急ぎで駆け出したんです。すると突然、体が麻痺してしまったんです。そのとき目の前にいた何者かがシドのトラックに近づいて、車の中から彼を引き出して、一緒に原っぱの中へ歩いていきました。僕は助けを呼ぼうとしました。ポーカー仲間の家がそこから十分もしないところにあったからです。でもまったく身動きができませんでした。それはとっても奇妙な感覚でした。自分は考えることもできて、目も動かせて、しゃべることもできるのに、体だけが動かせないんです。指一本すら動かせませんでした。そしてなんとか首を回して周囲の様子をうかがおうとしたとき、宇宙船の頂部が開いて、中からもう一体の生き物が姿を見せました。そして先ほどの仲間と一緒に、シドを宇宙船の中に導き入れていました。僕は何とかしようともがきましたが、どうにもなりませんでした。そのとき不意に、自分も同じような危険に直面していることに気づきましたが、それに抵抗する術《すべ》はまったくありませんでした。そしてこちらに近づいてくるシルエットを目にしたときは、彼らのターゲットが自分であることが分かっていました。シドはエイリアンにさらわれてしまった。そして次は自分の番だと」

「あなたを誘拐する者の姿をはっきりと見ましたか？」

「一番よく覚えているのはかぎつめのような手で、こっちに向かって伸びてきたとき、そこには長い三本の指だけがありました。そして大きな丸い頭部には丸くふくらんだ目がついていて、猫の瞳のように縦に切れ目がありました。それを見たときは正直言ってぞっとしましたよ」

「ほかに覚えていることはありますか？」

「もうひとつは、あの生き物は何か頭にかぶっていたんです。ゴムにとても近いもので、なめらかな感じで、ぴったりと密着していました。耳の位置には何のふくらみもありませんでした。そこに注目して観察していたんです。それとあの大きな丸い頭と目ですね。目は機械みたいな感じでした。まるでカメラのレンズみたいに閉じたり開いたりしていたんです」

「僕が次に覚えているのは――」シドが口を開きました。

「自分の横で両膝をついてかがみこんでいたエディの姿です。彼は目を覚ますように僕に呼びかけていました。僕は目を開けようとしたんですが、まぶたがくっついてしまっていたので、エディに水を持ってきてほしいと頼みました。そして彼が瓶に入れてきてくれた水を少し飲んでから、残りを自分の顔にかけました。それでようやく両目をこじ開けることができたんです。上体を起こしてみると、少し先にある道路の反対側に自分の車が停められているのが目に入りました」

「エディ、あなたはどうだったんですか？　シドの言っていることとは違った記憶が何かありますか？」

「何もないです。僕の場合は自分の車の後部座席で目が覚めました。どうやってそこに移動したのかまったく見当がつきません。そして起き上がって車から出てシドの姿をさがしました。そのとき、道路から三〇メートルほど離れた原っぱの上で、シドが大の字になって倒れているのを見つけたんです。彼がいたのは原っぱを囲んでいたフェンスの内側でした。僕はそこをよじ登って、彼のもとへ行って起こしました。彼は具合が悪くなっていて、何度も吐きました。他の同僚がそばを通って僕たちの姿を見つけるまで、二人ともその場に座り込んでいました。同僚は僕らが原っぱで夜通し宴会を開いていたと学校中に言いふらしました」

「本当に腹が立ちました」シドが言葉をはさみました。

「もう少しマシなやつだと思ってたんですけど……。それどころか、僕らが学校へ行ったときは、ありとあらゆる噂話が広まっていました。それから何週間ものあいだ、周りの人たちにからかわれ続けたんです。それはインディアン保留区の悪いところのひとつです。みんなゴシップ好きなんです」

「シドと僕は孤独なんです」エディが言いました。

「起こったことを誰にも言えないんです。〝エイリアンに誘拐されたノースダコタの二人のコーチ〟として知れ渡りたくはないですから。それで結局、教会の神父に相談しに行ったんです。シドはとても熱心な信徒ですからね。僕も幼い頃から教会に通わされてましたけど、自分としてはどっちでもいいような感じです。カトリック教会に関しては個人的につらい思い出が多すぎるので、心から信じる気にはなれないんです」

「神父にすべてを話したんですか？」

「ええ、話しました」

「それでなんと？」私は不安げに尋ねました。

「このことに関しては黙っておいたほうがいいって言われました」そうシドは答え、エディが言葉を添えました。

「彼が言うには、カトリック教会は地球外生命体の存在を密かに認めてはいるが、公言してはいないからだそうです。それと同時に僕たちの仕事のことを考えた場合、この件については話さないほうが賢明だと言われました」

「彼の言うとおりだと思います」シドが言いました。

「話してしまったらずっと後悔し続けることになるだろうし、この地域や学校での立場が台無しになってしまうはずです」

「これまでのところでは、エディの妹だけにしか話していないってことですよね？」

「ええ、そして今はあなたにです。僕たちの話を内密にするようにあなたに誓約してもらったのはこういう理由からです。あなたがこのことを本に書いたり話したりする際は、個人が特定できないようにしてください。もし僕たちが異星人に誘拐されたっていう話が実名で表沙汰になってしまったら、二人が個人的に辱めに耐えればいいだけの問題ではなくなって、僕らの教え子たちがバスケットボールやフットボールの試合会場で、相手チームからあざけりの言葉を投げかけられることになってしまいます。それは彼らには耐え難いものでしょう。そして最終的に僕たちが職を解かれることにもなりかねません。そんなことは二人ともまったく望んでいません。僕らが大学に進んだのは、故郷に戻ってきてみんなの役に立ちたかったからです。それが危うくなるような道を選びたくはありません。だから僕らなりのやり方で、自分たちの体験を取り扱っているんです」

「二人のうちでどちらかでも宇宙船がどんな感じだったか見ていますか?」

「僕は見ていません」シドが答えました。「ただ明るい光を見ただけです」

「僕は見ました」エディが言いました。

「それは長くて、チューブみたいな形の乗り物でした。先端部には巨大な赤いライトがついていました。全長はおそらく一八メートルくらいだったと思います。プロパンガスの容器みたいな形でした。あれを大きくした感じです。底面には小さめの白いライトがいくつか付いていました。ひょっとしたら着陸燈かもしれません。頂部が開きましたが、ハッチのようなものではなく、ただ開いて、内部から明るい光が放射されてきたんです。目もくらむほどの明るさでした。あんなに明るい中でどうやって目を開けていられるだろうと不思議に思いました。たぶん彼らの目があれだけ大きかったのはそのためなのでしょう。彼らがものを見るには大きな目が必要だったんです」そこで彼は次に言うべきことを考えているかのように少し間を置いてから話を続けました。

「その生き物が僕に触れたとき、強い力でがっしりとつかまれたので、逃れることができませんでした。その細くてぎすぎすした脚はバッタを思い起こさせました」それを聞いてシドが言いました。

「僕らは、神は自らの似姿として人間を創造したっていつも教えられていたけど、もしそうだというのなら、あの生き物は誰が造ったんだろう？」そしてエディがつづいて言いました。

「そしてそいつが我々を連れ去りにやってくるまともな理由がどこにあるっていうんだろう？こっちは何一つ抵抗ができないっていうのに」

「子供のころに祖父に連れられて夏至の儀式に参加したことを覚えているんです。そこにいた多くの長老たちが、スターピープルや宇宙旅行や意識の旅について話していました。彼らによると、我々はスターピープルによって地球に連れてこられたのであって、我々は彼らの子孫なんだそうです」

「彼らが語っていたのは、僕たちを連れ去った連中のことではないと思うよ」エディが口をはさみました。

「たぶん違うだろうけど、彼らはそんなふうに言ってたんだ」シドが答えました。


その後、私はエディとシドに一度も会っていません。エディの姉は私に散発的に近況を知らせてくれています。エディは現在は結婚して双子の男の子の父親になっています。子供の名前はエドワードとシドニーです。エディは最近、部族会議のメンバーに選ばれましたが、バスケットボールのコーチもそのまま続けています。シドは今も数学教師とフットボールのコーチをしています。そして少し前に彼はサウスダコタ出身の女性と結婚したそうです。エディの姉によれば、二人とも自分たちの遭遇体験についてはあれ以来二度と口にしていないといいます。

第24章　小人のスターピープル

北米大陸の先住民族の間では数多くの〝小さき人たち〟の種族にまつわる伝説が語り継がれていて、それらの小人たちは山の中や林の中、もしくは露出岩の近くに住んでいると言われています。五大湖地方の部族の間では、角をもった小人がカヌーに乗って移動する姿が線画として岩石に彫られていま す。チェロキー部族の間では、三種類の小人族の伝説があり、それぞれ岩の人々、月桂樹の人々、そしてハナミズキの人々と言われています。岩の人々は執念深い性格で人間の子供を誘拐し、月桂樹の人々は概して茶目っ気があって人間に悪戯をし、ハナミズキの人々は人間を手助けしたり癒したりするといいます。北の平原に生きるいくつかの部族の間にも、小人にまつわる伝承があります。クロウ族は自らの部族を守る小人族の住まいであるプライヤー山脈を、聖なる地とみなしています。今日でも部族民の中にはメディスンロックで、小人たちへ捧げものをしている人たちもいます。

この章では、ブラックフィート族のインディアンの男の子が雪に残された小人たちの足跡を追って、グレーシャ国立公園近くの山の中へ入っていったお話をご紹介しましょう。

トムの体験

私はモンタナ州に越してきた最初の州にトムに会いました。彼は大学で修士号の取得を目指して学んでいました。やがて私は彼やその妻と親しい仲になっていきました。あるとき私はトムに、彼の部族に伝わる小人やＵＦＯや異星人にまつわる話があるかどうか尋ねたところ、彼は微笑を浮かべながら、小人に関する伝承は数多くあるけれど、自分が直接かかわった出来事はひとつしかないと答えました。

「そのとき僕は十歳でした」彼は話を始めました。

「そのことを覚えているのは、その年に僕が初めて通学用の自転車を手にしたからです。ある日の朝のこと、朝目覚めてみると外は雪が降っていました。それは学校まで歩いていかなくてはいけないことを意味していました。でも雪の中を歩くのは嫌ではありませんでした。僕の祖父が言っていたんです。雪とは偉大なる精霊がこの世界の醜いものを覆い隠すために用いる魔法の白い〝ちり〟なんだと。だから僕は戸外に出て雪を見たときワクワクしたんです」そこで私の秘書が二人にコーヒーを運んできたので、彼はいったん話をとめて、彼女が去っていくまで待ちました。

「その特別な朝、家の玄関を出て学校へ続く道に出るまでのどこかで、その日は学校をサボってしまおうと思ったんです。そして警官や教師に姿を見かけられることがないように、町の西のほうへ向かう小路を歩いていきました。誰にも見つからずに林の中に入って、そこで一日ぶらぶらして過ごしてから、学校が終わるころを見計らって帰宅すれば、誰も僕がいなくなっているとは思わないだろうと考えたんです。当時は電話のない家がほとんどで、ずる休みをしていないかどうか学校から自宅に電話で確認することはできなかったんです。女友だちの中で他人の筆跡を真似るのが上手な子がいたので、翌朝にその子に頼んで宿題を写し書きしてもらったので、誰も僕がサボっていたことには気づいていなかったでしょう」彼はそこで口を休めてコーヒーをひと口すすりました。

「初雪のときは、見所を知っている人にとっては素晴らしいチャンスがいくつも用意されているんです。その日の僕の体験は、そんな素晴らしい機会に恵まれた出来事のひとつになりました」そう言って彼はコーヒーをもうひとすすりしてから話を続けました。

「山に向かって歩いていた僕は、途中でウルフおじいさんの家の前を通らなければいけないことが分かっていました。もし彼に姿を見られてしまったら、学校をサボっていたことをお父さんに言いつけられてしまう恐れがありました。でも足早に通り過ぎればきっと気づかれないだろうと僕は考えました。そしてウルフおじいさんの敷地の裏手をこっそりと通り抜けようとしていたとき、彼が僕を呼び止めて、山に小人たちがいるぞと言ってきました。小人の伝説については、私の覚えている限りでは、部族の長老たちからそれ以前にも聞かされていたと思います。小人たちは山の中でたびたび目撃され、そこは彼らの住まいであると部族民たちの間で何世紀も前から言い継がれてきましたが、僕自身は一度も彼らを見たことがありませんでした。村の子供たちが小人にさらわれて二度と戻ってこなかったという話も数多く伝えられていましたので、ウルフおじいさんからいきなり声を掛けられたときは、その場に凍り付いてしまいました」

「ほかの部族の間にも似たような伝承がありますよ」私はそう答えました。

「どうしようかと思いつつその場で立ち往生していると、ウルフおじいさんが歩み寄ってきました。そして僕を納屋の裏に案内した彼が指し示した先には、僕の足のサイズの半分ほどの大きさの足跡が雪の上にいくつも残っていたんです。

『彼らの足跡じゃ。山のほうへと続いておる。もしおまえさんが彼らをひと目見たいというのなら、わしが朝飯を終えるまでちょっと待っといてくれ。そうしたら一緒に行ってやるよ』彼はそう言いました。僕は異を唱えませんでした。僕は彼のあとについていって納屋を回って彼の家の中に入りました。『おまえさん、朝飯は食ったか？』そう聞かれて僕がいいえと答えると、即製パンとジャムとコーヒーを一緒に食べさせてくれました。食事を終えると、おじいさんは上着をはおり、僕は彼の後ろについて山へと向かいました。ウルフおじいさんは雪に残された小さな足跡を、ひとつずつステッキの先で確認しながらゆっくりと登っていきました。ときおり彼は足を止めて、息を整えたり、野うさぎの足跡、鹿のふん、あるいはコヨーテの足跡などを僕に指し示したりしました。そうやって足跡をたどりながら深い森の中の上り道を一キロ半ほど歩いたころ、おじいさんは足を止めて、前方にある開けた場所に目を向けるように僕に言いました。『彼らはあそこに降り立ったんじゃ。気づかれたくなかったら、静かにしておかねばならんぞ』そう言って注意をうながしました。僕たちはまるで獲物を狙うライオンのように木立に身を隠しながら、ほとんど四つんばいになって、何か小人たちの立てる音がしないかどうか耳を澄ませ、その気配を感じ取ろうとしていました。やがて僕たちは木立の陰から出てきて、空き地の端にある大きな岩の後ろにしゃがみこみました。そこからは誰の姿も見えませんでした。大丈夫だろうとおじいさんが判断したところで、僕たちは足跡をたどって、草木のないその円形の空き地の中に入っていきました。何かがその部分の雪を溶かしたようで、そこだけが正円状の地面となって露出していました」

「宇宙船がその不毛の円の中に着地していたということでしょうか？」

「ウルフおじいさんはそう言っていました。彼らは人間たちがあえてやってくることは滅多にない山奥の草むらに降りてきているんです。そして山の澄んだ空気と景観を満喫しているんです」

「彼らが着陸したことや飛び立っていったことを示す、他の証拠を何か見ましたか?」

「ええ、見ましたとも。ウルフおじいさんが小人たちの足跡をよく見てみるように言ったんです。するとそれらは丸い空き地のほうへ真っ直ぐに向かっていて、そこでプッツリと途絶えていたんです。おじいさんは焼け焦げた草を指し示して、それらは宇宙船の影響によるものに違いないと言いました」

「その現場を見てあなたはどのように感じましたか?」

「滅多に人の目に触れることがないものを、特別に見ることができたことを光栄に感じていました。でもウルフおじいさんはそれとはまったく別の立場にいるように僕には思えました。彼は小人たちとかかわりを持っていて、僕が彼らに誘拐されないように守っているように装いながら、実際は彼らのことも同時に守っていたんだろうと僕は理解していました」

「彼は小人たちがどこから来たかについて何か言っていましたか?」

「彼は僕に対して、小人たちはもう故郷に帰っていってしまったので、再び彼らに会うまではしばらく待っていなければならないだろうと言いました。けれども彼がそう告げている矢先に、空に何か金属的なものが一瞬ピカッと光ったのが目に留まりました。その反射光のほうを見ると、そこには青空にくっきりと映えた宇宙船の姿がありました。太陽の光が船体に反射していたのです。宇宙船が空を横切って飛び去っていったあと、僕たちは黙ったまま山腹をゆっくりとした足取りで下りていきました。僕は自分の家に戻る前に、ウルフおじいさんのところで一緒にコーンスープと朝の残りの即製パンをランチに戴いてから、午後は庭でおじいさんの薪割りのお手伝いをしました」

「つまりあなたは、小人たちはスターピープルだったと思っているわけですね？」

「僕たちの部族の間では、小人たちはスターピープルだとずっと思われています。遠い昔、彼らはインディアンたちと仲良く共存していました。彼らは私たちの助け手だったのです。しかしあるとき何かが起こって、彼らは自分たちの母星へと去っていってしまったんです。それからずっと長いあいだ彼らが戻ってくることはありませんでした。そうやって一度いなくなって、また戻ってきたときから、彼らは村の子供たちを誘拐し始めたんです」彼はそこでしばらく話をとめてから、ほほえんで言いました。

「あの出来事があった翌年から毎年、僕は初雪が降った日には学校をサボっていました。そして小さな足跡をたどりながら山の中の空き地まで行っていましたが、小人たちの姿を見ることはとうとう一度もありませんでした。山に登っていくときはいつも、ウルフおじいさんが一緒にいました」

「ウルフさんは今でもご健在ですか？」

「高校三年生のときの初雪の日が、二人で一緒に山に登った最後の思い出になりました。その四ヵ月後に僕は徴兵されたんです。僕はウルフおじいさんの小屋へお別れを言いに行きました。僕がベトナムへ送られることは二人とも分かっていました。一緒にコーンスープとパンのお昼を食べていたとき、おじいさんはもう自分は何の心配もなくあの世に行けると言いました。『彼らがさらっていくのは子供たちだけじゃからの』そう彼は言いました。彼なりの言い回しで、僕はもう大人なんだと言っていたんです。あの最初の出来事から今日現在にいたるまで、初雪の日には僕は休みをとって、小人たちの姿を求めて山に登っているんです。ときどき彼らの足跡を見つけるんですが、まだ一度もその姿を見かけてはいません。でも僕は彼らがそこにいるってはっきりと分かるんです。それはちょうど毎年秋が来て、あの山に入っていくときウルフおじいさんがそばにいて、僕に森のことやブラックフィート族の話をしてくれているのが分かるのと同じような感じです。人はときには相手の姿が見えなくても、その存在を知ることができるものなんです」

長年のあいだ、トムはスターピープルにまつわる自身の体験を数多く私に語ってくれています。その中でもとりわけ私の心に残っているのは、雪に残された小さな足跡をたどっていった少年のお話です。これまでＵＦＯやスターピープルと出会った人たちを捜し求めてきた私がそこから何かを学べたとすれば、それはトムが言ったとおりのことでしょう――何かが存在することを知るために、それを目にする必要はないのです。

第25章　宇宙を旅するビー玉

ＵＦＯや異星人についての懐疑論者として有名な、今は亡きフィリップ・クラス氏はかつてこのように述べていました。

「……われわれ人類は記念品の収集が大好きであるという事実があるにもかかわらず、（ＵＦＯに乗ったと主張する）これらの人たちの中で地球外の道具もしくは人工物などを持ち帰った者は誰一人として存在しない。それがあれば、いっぺんにＵＦＯの謎をすべて解き明かすことができるというのに」

スターピープルとの遭遇体験についても物質的な証拠が乏しいことを指摘する人たちが他にも多数いますが、逆に地球人のほうからスターピープルに贈り物をしたという報告は私の調べた限りでは、ＵＦＯ関係の文献の中に一例も見当たりませんでした。それを心に留めておくと、この章で展開されるお話はより特別なものとして感じられることでしょう。

イワンとシンシアの夫婦、そしてその娘リディアと息子ハロルドの体験

「彼らは守り手なんです」イワンからそう言われたとき、私は彼の自宅の台所でブラックコーヒーを飲みながら、箱の中のレモンクッキーをつまんでいました。彼の妻のシンシアは流し台の前でお皿

を洗いながら、フライパンの上の鹿肉の焼け具合に注意を払っていました。イワンとシンシアは結婚して四二年になる夫婦で、いつもお互いの話に最後まで口を挟まずに耳を傾けていました。彼らには自慢の四人の子供と可愛い九人の孫たちがいました。夫婦は北米の平原のあちこちにある低所得者の相互援助コミュニティに暮らしていて、その総面積六千坪の敷地の中にある自宅に私は招かれていました。彼らの親族のひとりが私がＵＦＯとの遭遇体験者を取材していることを夫婦に伝え、彼らはいちど自分たちのところに立ち寄ってみてはどうかと私に言ってきてくれたのです。

「これは私の祖父から聞いた話なんです」イワンが語り始めました。

「祖父は言いました。私たちは星々からやってきて星々へと帰っていくんだと。私たちの祖先は星空の中から私たちを見守ってくれているんだと。彼らはこの惑星の守り手なんです。天の川というのは、私たちが天界に戻るときの道しるべとして、スターピープルによって創造されたものなのだろうと私とシンシアは考えているんです。彼らはときどき私たち地球人の様子を見にやってきます。そしてときには私たちを彼らの住む星々に連れていってくれます。こうしたことは何世紀も昔からずっと続いていることなんです」

「あなた方は個人的に、スターピープルとコンタクトしたことはありますか？」そう私が尋ねると、イワンは椅子の背もたれに身をよせて、シンシアのほうに目をやりました。彼女は振り返って彼の顔を見ながら、同意の気持ちを目で伝えました。

「私も妻もスターピープルを目撃しています。一度だけではありません」イワンは話を続けました。

「彼らはときどきやってきて湖から水を取っていくんです。ただ湖の上方に宇宙船を滞空させるだけで、水は上向きのどしゃ降りのように上昇していきます。幅の広い川の流れのようになって船体の底から吸い込まれていくんです……なかなかうまい具合に説明できないんですが。湖畔に着陸することもありました。私たち二人ともそういう光景を何度も目撃しています。彼らは決して私たちの家屋に近づいたことはなく、乗組員はただ船体の周囲を動きまわりながら、何かをチェックしているようでした。その様子を私たちはベランダに出て、じっと眺めていました」

「家族の中の他の誰かかご友人などが、それらを目撃したことがありますか?」

「子供たちも見ています」シンシアが食卓の椅子に腰を下ろしながら答えました。

「しばらくすると彼らもそれらに慣れてきました。よくある出来事のひとつとなっていったんです」

「家族以外の誰かにあなた方の体験を話しましたか?」私の問いにイワンが笑いながら答えました。

「インディアンたちはずっとスターピープルとかかわってきています。UFOを見たり、いわゆる異星人と呼ばれる存在と遭遇したりしてショックを受ける人など誰もいません。テレビ番組やSF専門チャンネルなどだけが、実際とは違う話を作り上げてきているんです。私たちにとって彼らは〝異なる〟人ではありません。彼らは私たち自身です。彼らは私たちの祖先であり守り手なんです。私たちをつねに見守りながら、面倒をみてくれている存在なんです」

「なぜこれまでこのことを誰にも話してこなかったのですか?」

「私たちは誇り高き民族です。白人はこれまで私たちから聞いたあらゆることを自分たちに都合の良いように言い換えたり利用したりしてきました。私たちが部族の歴史を話せばそれは伝説に過ぎないと言い、古くから伝わる神話を語れば取るに足らないものとして聞き流しました。そんな彼らに私たちとスターピープルの何世紀にもわたる特別な関係について話そうと思うでしょうか？　彼らはそれはただの作り話だと言うことでしょう。私たちには世間には話せずにいることがあります。そしてときにはそうやって秘密にしておくことが、最善である場合もあるんです」

「それではなぜ今回は私に話すことをお決めになったのでしょうか？　私はまだ自分がいつか本を書くことをあなた方に保証することはできませんし、たとえそうするとしても、出版してくれる人がいるかどうかは分かりません」

「私たちはスターピープルについての事実関係をはっきりとさせておきたいんです。世間には真実とそうでないものが玉石混交の状態にあって、あまりにも人々を惑わせているからです。私たちの保留区内の子供たちですら、部族の人々から教わる歴史よりもテレビからの情報のほうにより強い影響を受けてしまっていますから。スターピープルは恐れるべき存在ではありません。彼らは人類の祖先なんです。私たちを守ってくれている存在なんです。もう一つの理由は、私たちのようにインディアンに敬意を払っている人たちに私たちの体験を話したかったからです。私たちは世の中の人々に注目されることを望んではいません。私たちはただこのような出来事が発生していることを知ってもらいたいだけです。それらについて政府がどのような見解を示していようと関係はありません。スターピープルは自在に地球にやってこれます。私たちがそれを阻むのはまったく不可能なことです。われわれの武器など彼らには通用しません。だからといって、彼らは私たちに対して武力を用いたことなどは一度たりともありません。地球を攻撃したいとは思っていないんです。彼らはただ私たちが自身の子孫であるがゆえに関心を寄せているだけなんです。もしあなたが本を出せずに終わってしまったとしたら、それでもいいんです。少なくともあなたは真実を知ることになり、それを他の人たちに伝えることができるからです」

それから三人で鹿肉とマッシュポテトと肉汁スープ、そしてリマ豆の夕食を済ませた後、イワンとシンシアは私を湖畔へと案内してくれました。そこはスターピープルが好んで立ち寄るという場所でした。

「ここは安全であることを彼らは知っているんだと思います」イワンが言いました。

「最も近い隣家でも二〇キロほど離れていますし、私たちのところを訪れてくる人以外はあまりこの道を通る人たちはいないからです。私たちの家は保留区のいちばん端に位置しているんです。この道をそのまま行くと保留区の外に出ますが、そのルートはあまり人気のあるものではありません。あえて砂利道のほうを選ぶ人はいないでしょうから」

水面からそよいでくる心地よい涼風を受けながら湖畔に立っていると、夫婦の長女であるリディアが二人の娘を連れてやってきました。彼女は両親のために自分の家の鶏が産んだ卵と、庭で採れたトマトを持参していました。両親から私を紹介されて来訪の目的も聞かされた彼女は、ほほえみながら、自分はかつて弟のハロルドと一緒にスターピープルと会話を試みたことがあると言いました。

「彼らは湖の近くに着陸したんです。木立のすぐ後ろのあたりに」そう言いながら敷地の西側にある防風林を指し示しました。

「そのときお母さんとお父さんはいなかったんです。どこかへ行っていたのか、よく覚えていませんが、たぶん二人とも畑仕事をしていたんだろうと思います。私たちが子供のころ、お父さんは馬や家畜のえさ用のまぐさとアルファルファを育てていたんです。こんな特別な日に、スターピープルはやってきたんです。それは午後遅くのことでしたが、まだ外は昼間の明るさでした。宇宙船が着陸するのを見たハロルドと私は、もしかしたら彼らと話をすることができるかもしれないと思って、湖のほうまで行ってみたんです。到着すると私たちは船体の近くまでいってその場に立っていました。そしてしばらくじっと待っていると、出入口がスーッと開いて、中から二人の小柄なスターピープルが出てきました。私は手を振ったと思います。軽く振った感じです。すると一人が手を振り返してくれました。そしてハロルドがその人のほうへ歩みよって、ビー玉を手渡したんです。それから相手は二人とも後ろに向き直って、宇宙船の中に消えていきました。スターピープルはハロルドのビー玉を持っていったんです。私たちはとっても興奮して、家まで駆け足で戻りました。そして玄関の前まで来たところで後ろを振り返ると、宇宙船が舞い上がって西の空に飛び去っていく姿が見えました」

「それはとても興味深いですね。異星人がビー玉を持って帰ったわけですね」

「そうなんですよ。そのあとハロルドと私は外で腰かけて夏の夜空を見上げながら、彼のビー玉はいまごろどこを旅しているんだろうって思いを馳せていたんです。そして『宇宙を旅するビー玉』っていう物語を二人で創作していたものでした。私は図書館で星についての本を見つけてきて、あらゆる星団や惑星などの名前を弟と一緒に覚えて、お互いにスターピープルとビー玉の創作ストーリーを考えて競っていました。まあ、よくある子供の遊びですけどね」彼女はいったん話を止めて、五歳になる子供に飲み物を与えました。

「あのころは毎日が楽しかったわ。私の子供たちにもあんなふうなシンプルな毎日を過ごしてほしいなと思います。良い子供時代でした」

私は彼女が父親にハグをする様子を眺めていました。同時に母親のほうに目をやると、彼女がいかに娘を誇りに思っているかがその表情から伝わってきました。

「子供たちがそんなことをしたのを私が知ったのは、数週間も後のことだったんです」シンシアが言いました。

「私たちはつねづね子供たちに対して、スターピープルは守り手であって私たちを見守っている存在であることを言い聞かせていました。そして彼らがここで任務を遂行するのを邪魔してはいけないと教えていました。もちろんイワンは彼の祖父から伝え聞いたことを子供たちにも話していました。ですから子供たちが宇宙船のところまで行って、乗員たちと接触しようとするなどとは夢にも思っていませんでした。けれども私たちはスターピープルが怖い存在だとは一度も言っていませんでしたので、きっと彼らはただ子供ならではの好奇心でそういう行動をとったんでしょう」それを受けてリディアが言いました。

「でも私は今でもあのビー玉のことをときどき考えるの。ハロルドだってそうよ。ちょっと前の週末にもそのことを二人で話していたくらいだから。私たちはとっても純真だったんです。両親が私たちを寛大な心の持ち主に育ててくれていたから、ハロルドは自分のお気に入りのビー玉を彼らにプレゼントしたんです」

私は彼女にスペースピープルがどんな姿をしていたかを教えてほしいと頼みました。彼女によると、彼らの背丈は平均的なインディアンのものよりは低かったとのことでした。

「彼らは小柄で、たぶん一五〇センチくらいだったと思います。肌はピンク色でした。ダークブラウンのつなぎ服に身を包んでいて、それは頭部もフードのように覆っていましたが、まるで肌の一部のように密着していました。彼らは繊細そうな感じでした。体型はとても細身で、胸のふくらみはなかったので私は相手が男性だろうと推測したんです。言葉を発したことは一度もなく、物音も全く立てませんでした。それが私の覚えていることのすべてです」

「私が取材してきた証言者たちは、スターピープルは白い肌をしていたと口をそろえていて、ピンク色とは誰も言ってなかったんですが、肌がピンク色だったというのは本当に確かですか？」

「ええ、ピンク色でした。白ではありませんでした」

「彼らの目はどんな感じでしたか？」

「分かりません。何か丸くふくらんだ不思議な形の眼鏡をしていましたから。それを見ながら自分もひとつ欲しいなあと思っていたのを覚えていますから」そう言うと、彼女は何かを考えているかのように間をおいてから再び口を開きました。

「宇宙船はしっかり観察しました。私たちはその周りを歩きながら、歩幅でサイズを測っていましたから。一周するのに一四四歩を要しました。私たちは九歳と十歳でしたから、一歩分は三〇センチに満たなかったでしょうが、それでも大きな宇宙船であったことに違いはありません。船体は光沢のない銀色で、円形をしていました。ドアらしきものはどこにも見当たりませんでしたので、いきなりドアが開いたときはびっくりしました。それはVの字のような形をしていて、パッと両端が開いた感じでした。ドアが閉まるとまっさらな船体表面だけになりました。まるで継ぎ目のないひとつの物体のようでした。船内の様子は見えませんでしたが、中から漏れてくる反射光や明かりは何もありませんでした。窓もついていませんでした。それでも宇宙船はとても優美なものでした。船内に招き入れてほしいなあと願っていたのを覚えています」

私はこの一家ともう一時間あまりを共に過ごして、それから町に戻るリディアの後についていきました。その途中でデイリークイーンに車を停めたとき、私は彼女と子供たちにソフトクリームをご馳走したいと申し出ました。彼女はハロルドも同席させてもらえるならという条件で同意して、携帯電話で彼を誘いました。彼は十分もしないうちにやってきて店の駐車場に車をとめ、屋外テーブルにいる私たちを見つけると、バナナスプリットを注文してから席に加わりました。リディアはそばで子供たちを遊ばせながら私をハロルドに紹介し、もしよかったら星空の祖先たちとの遭遇体験を私に話してあげてほしいと彼に頼みました。彼がためらっている様子だったので、リディアは心配はいらないと言って彼を安心させ、私は二人の両親が招いたゲストであり、あらゆるインディアンの部族から遭遇体験を聞いて回っていることを説明してくれました。

「それならあなたは大丈夫な人に間違いないですね」そう言ってハロルドは握手を求めてきました。挨拶を交わした後、彼はバナナスプリットに手を伸ばしながら語り始めました。

「あなたがここまでどんな話を聞いてきたかは分かりませんが、僕が覚えていることをお話ししましょう。母さんと父さんはスターピープルのことや僕たちが受け継いできたものについて、幼いころからずっと話してくれていました。僕たちはスターピープルが空から降りてきて、自宅の近くに着陸するのを数多く目にしていました。父さんはいつも『ここは彼らにとって安全な場所なんだ』と言っていました。ある日、母さんと父さんが町へ出かけてしまって、リディアと僕の二人だけが家にいたんです。僕たちより年下の次男と三男のジョンとケイスも両親と一緒に出かけていました」

「あなたの言うとおりだと思うわ」リディアが口をはさみました。

「さっき両親が畑にいたかもしれないって言いましたけど、ハロルドのほうが正しいです。私もいま思い出しました。私たちが学校から帰ってきたとき、両親がメモを残してくれていて、ケイスを病院に連れて行くって書いてあったんです」

「そのとおり！」ハロルドが答えました。

「どうして僕たちを置いて町へ行っちゃったんだろうって動揺してしまったのを覚えているよ」

「それで私は『ケイスが具合が悪くなったら、私たちを家に置いて病院へ向かうしかないでしょ？』って言ってあなたをなだめたのよ」

「リディアはいつでも一番利口で賢かったからなあ」彼は笑って言いました。

「私は一番年上だったのよ」

「まあ、とにかく、それで僕たちは外で豚たちに餌をあげて、新鮮な水を飲ませてあげていたんです。それは自分たちの役割でしたから」ハロルドの言葉にリディアがうなずきました。

「すると突然、宇宙船が飛んできて湖のそばの原っぱに降りてきたんです。それは暖かい夕暮れ時でした。爽やかな夕方だったんです。五月だったと思います。学校はまだ夏休みに入っていませんでしたが、暖かかったことを覚えています」

「私は何月だったかまでは覚えていないわ」リディアが言葉をはさみました。

「僕は五月だったと分かってるんだ。いつもその月に僕たちは、つまり学校の男子生徒たちは自分のビー玉を学校に持ってきて遊んでいたから。それより早い時期だと、校庭にまだ雪が残っていてグラウンドが凍っているか、または雪解けでぬかるみになってしまっているんです。だから五月に間違いないと思います。ともかく、そのときはまだ太陽の光が射していました。僕たちが学校から自宅に戻ってきたのは夕方の五時ごろでした。学校からは家までバスで一時間くらいかかっていたんです。なぜ日が射していたのを覚えているかと言うと、宇宙船の船体に何度か日光が反射して、まぶしくて目を覆っていたからです」

「そうそう、私も宇宙船の表面を太陽が照らしていたのを覚えてます」リディアが言葉を添えました。

「それでリディアに『ちょっと見てくるよ』って言ったんです。彼女は最初はちょっと迷っていましたが、僕と同じくらい好奇心に駆られていたんです。僕たちが現場に着いたとき、そこには誰もいませんでした。それで僕たちは宇宙船の周りを歩いて回りながら歩数を数えていたんです。それから立ち止まって何かが起きるのをじっと待っていました。すると急にパネルが開いて、宇宙船の中から二人の乗員が外へ出てきたんです。彼らは僕たちの姿を見つけて、どうしていいのか戸惑っている様子でした。僕は彼らに向かって手を振ったことを覚えています。リディアもそうしたと思うよ」そう言って彼はリディアのほうにも顔を向けました。

「そうしたら二番目に出てきた人が手を振って応えてくれました。そこで僕は彼のもとに歩み寄って、自分がお守りとして持っていた猫目のビー玉を手渡しました。彼はそれを手の平に受け取って見ていました。それから指で包むように手を閉じて、ビー玉を持ったまま宇宙船の中に戻っていき、そのまま飛び去っていったんです」

私が彼にその日の夕方のことで何かほかに覚えていることはないかと尋ねたところ、彼はその出来事を両親に話すべきかどうかリディアと時間をかけて話し合った結果、面倒なことにならないように黙っていることにしたと言いました。それでもいつまでも秘密にしておくことはできなくなり、父親に打ち明けたといいます。

「僕たちはいつも二人であのビー玉がどんな惑星や恒星を旅しているかをテーマに、物語をいろいろ創作して楽しんでいたんです。僕はいまでもそれについて思いを巡らすことがあります。リディアは僕が彼らにビー玉をあげたのはズルいと言って、決して許してくれませんでした。彼女も彼らに何かをプレゼントして、星の世界に持っていってもらいたかったんだそうです」彼はそこでひと呼吸おいて、そばにいた姪っ子の一人に溶けかけたバナナスプリットをひと口食べさせました。

「その後も僕たちは何度も宇宙船を目にしていたんです。実際のところ、最後に見たのは……八月の終わりころだったかな?」彼はリディアに問いかけ、彼女はうなずいて、五歳の子供の手についたアイスクリームをふき取ってあげていました。

「リディアと僕はときどき実家に帰って、両親の手伝いをしているんです。二人とも昔のように若くはないのに、当時と同じことをやろうとして、たまに里帰りをして父の収穫作業に手を貸しているんです。そんな日の晩に、彼らがまたやってきて、湖から水を吸い上げていったんです。もう外は暗くなっていました。宇宙船は湖面の真上でしばらく浮いていて、やがて空高く上昇し始めたかと思うと、そのまま飛び去っていきました」

　私は彼の弟たちであるケイスやジョンも、宇宙船を目撃したことがあるのかどうか聞いてみました。

「ええ、もちろんです」ハロルドは言いました。

「二人とも見ています。ケイスはいまノースダコタ州に住んでいますが、そこでもＵＦＯを見ていると数回にわたって私に語っていました」さらにリディアが続けて言いました。

「ジョンはアリゾナ州にいます。私たち家族は彼のことを〝学のある人〟と呼んでいますが、私たちはみな学位を持っています。ただジョンほどではないだけです。彼は医師です。彼の妻は地元の人で、保留区が好きではないので、彼はあまり実家に戻ってこないんです」

「あなた方はスターピープルのことをお子さんたちにも伝えていますか？」私の問いに二人ともうなずき、ハロルドが言いました。

「伝統的なしきたりや古くから伝えられてきた真実を、彼らに教えるのは僕たちの義務なのです。スターピープルの存在は僕たちにとっての真実のひとつです」

　その後も私はハロルドとリディアの双方と何度か会ってきました。彼らは共に地元で専門職に就いています。シンシアとイワンは引き続き自分たちの農場で生活していて、リディアは少し前に離婚をしたこともあり、両親のもとで一緒に暮らす予定でいます。

ハロルドとリディアと同じように、私も裏庭に立って星空を見上げながら、〝旅するビー玉〟は今ごろどこを移動しているところかしらと、物思いにふけることがしばしばあります。それと同時に、あの小さな男の子のことも思い出しています――自分がいちばん大切にしていたものを宇宙から来たお客さんに分けてあげた彼の純粋で大らかな心を……。

第26章 四人の警官の勇気ある告白

スタープルと警官の遭遇事件として最も有名な出来事は、一九六四年四月二四日にニューメキシコ州ソコロ郡で起きました。軍隊を除隊後に警察官となった三一歳のロニー・ザモラ巡査は、スピード違反の車を追跡中に雷鳴のような轟《とどろ》きを耳にし、遠くのほうに青みがかったオレンジ色の炎のようなものを目にしました。彼の頭に最初によぎったのは、近くにあるダイナマイト倉庫の爆発でした。さっそく調査に向かうことを無線で本部に連絡した彼が現場の付近で目撃したものは、楕円形をした輝く物体でした。それは自動車ほどの大きさで、窓はなく、出入口らしきものも見当たらず、側面には何か赤いものが描かれていました。そのとき巡査は船体の周囲に、白いつなぎ服を着た二名の乗員を目撃しました。彼らは子供のように小柄でした。もう少し近寄ってみることを無線で署に連絡したとき、乗員のひとりが巡査の姿を目にし、二人とも船内に戻っていきました。そして巡査が現場に接近する前に再び轟音《ごうおん》が鳴り響き、宇宙船は上昇して飛び去っていったといいます。ほどなくして五、六名の警察官たちが駆けつけてきて、捜査員たちも姿を見せました。現場の地面には着陸痕と見られる四つのくぼみが確認され、写真に収められました。さらに乗員たちの足跡も発見され、着陸地点の周囲の草木がなぎ倒され、焼け焦げていることも確認されました。ロニー・ザモラ巡査はしっかりと訓練を受けた警察官でした。

そしてこの章でご紹介する警官たちも、冷静に現場を観察して客観的な目線で報告をするように訓練されていました。

アイラの体験

アイラは犯罪者を対象とした再発予防のための介入プログラムを、私とともに推進してきた警察官でした。彼は四〇代半ばのシングルファーザーで、二人のティーンエイジャーの息子がいました。彼はどんな危機的な状況でも〝冷静でいられる〟人間として、同僚たちから敬意を表されていました。私はあるときアイラと昼食をともにしながら、〝暴力撲滅〟というスローガンを掲げたキャンペーンについて彼と話し合っていました。会話の途中で彼は、ある興味深い体験を前の週にしたことに触れました。

「僕は湾岸戦争に派兵されていたんです。軍隊ではあらゆる種類の飛行機を目にしてきましたけど、先週に路上で目撃した飛行物体みたいなものは、決して目にしたことがありませんでした。私は技師でも操縦士でもありませんが、あの物体のスピードはあらゆる記録を破るものでしたし、ありえないような飛び方をしていたんです。瞬時に方向転換をして、つぎに減速したかと思うと、今度は想像を絶するような速さで一瞬のうちに加速したんです」

「目撃したときは、あなたひとりだけだったんですか?」

「息子のジェイコブとウィルソンもいました。バスケットボールの試合会場から自宅へ戻る途中だったんです」

「その物体のどのくらい近くにいたんですか?」

「運転中にいきなり目の前の道路の上空に飛んできて、そこでじっと浮かんでいたんです。私は軽トラックの速度を落として、いつでも反対方向にUターンしてその物体から逃げられる準備をしていました。するとその物体は猛スピードで道路を横切って、丘の斜面に沿ってカーブし、他のどんな飛行機でも減速していたはずのところを、目もくらむような速さで上昇していったんです。まったく信じられませんでした」

「そのとき道路には他に誰かがいましたか?」

「他の車は一台もありませんでした」

「実際にそういうものを目撃した今、UFOは観測気球であるとか、気象現象の一種であるという人々の見解についてはどう思いますか?」

「そういう人たちにはメガネが必要だと思います」彼はそう言って笑いました。

「でも本音を言えば、腹立たしく思っている部分もあるんです。政府はいつまでも大衆に嘘を言い続けるのを止めるべきです。私たちは本当のことを知る必要があります。私が見たものは飛行機などではありませんでした。観測気球でもなければ、気象光学現象のような目の錯覚でもありませんでした。あれは宇宙船でした。もし彼らがまだ私たちと親しい間柄ではなかったら、こちらから歩み寄るべきです」

「それはスペーストラベラーたちと、友だちになるべきだという意味ですか?」

「まさにそのとおりです」

「今回の遭遇体験についてこれまで誰かに話したことはありますか？」私の問いにアイラはうまずきました。

「二人の親しい仲間がいるんです。同僚警官のトニー・ローンマンとジェイク・スパロウです。私たちは互いを信頼し合っています。三人ともシングルファーザーなんです。私は二人の息子を養っていて、トニーには三人の息子、そしてジェイクには一人娘がいます。彼らも遭遇体験をしているんです。彼らがその出来事を署に報告したとき、ほかの同僚たちは二人を容赦なくからかい始めました。そして二人のことを〝緑の小人のお巡りさん〟と呼んで、毎朝ＵＦＯと緑色の小人のことを尋ねてきました」

アイラは少し間をおいてから私に言いました。

「結果は保証できませんが、あなたにも体験を話してくれないかと私から二人に頼むことはできると思います。彼らは自分たちを傷つけるような言葉をこれまでさんざんぶつけられてきたので、かなり打たれ弱くなっています」

翌日、私はアイラに会いに警察署に立ち寄り、彼からトニーとジェイクが自分たちの体験を私に話してもいいと言ってくれたことを知らされました。トニーが自分の車の無線で二人に連絡を取ってくれ、彼らが勤務を交代する午後五時過ぎに、スーパー８ホテルのロビーで待ち合わせをすることになりました。

トニーとジェイクの体験

約束の時間きっかりに彼らは待ち合わせ場所にやってきて、自己紹介をしてくれました。トニーはこれから車でデーリークイーン・レストランへ行って、何か飲みながら話そうと提案してきました。

「屋外にもテーブルがあるんですよ。そこならプライベートな話もできます」そして彼の言葉をジェイクがフォローして言いました。

「ほかの人に聞こえるかもしれない場所で話すのは、僕たちはあまり好きじゃないんです。あの出来事のあと、同僚の何人かに話したんですが、いまだに彼らは緑色の小人を見たことについてからかってくるんです」

「きっと僕らは死ぬまでそれを言われ続けますよ」トニーが言葉をはさみました。

「おそらく僕らの子供たちも、緑の小人のお巡りさんの息子や娘って言われてしまうんでしょう。ここの人たちは情け容赦なく相手をからかうんです。それは昔ながらの習慣なんですけど、そんな習慣はなくても僕は生きていけるんです」

ホテルを出てから五分もしないうちに、私たちはレストランの駐車場に着き、トニーはパトカーを私のスバルの横に停めました。彼と私が屋外テーブルを選んでいるあいだ、ジェイクが三人分のチョコレートミルクセーキを注文しました。

「昨秋のことでした」私にミルクセーキを手渡しながらトニーが話し始めました。

「僕たちは東の州境のほうに狩りに出かけてたんです。そして日も暮れかけてきたので、そろそろ軽トラックに戻ろうとしたとき、ジェイクがそれを最初に見たんです」つづいてジェイクが口を開きました。

「それは丘を越えて飛んできて、いったん空中で停止して、それから丘の向こうに姿を消したんです。着陸したに違いないと僕は思いました。最初トニーはそれを信じませんでした。何の音も聞こえなかったからです。ところがそのとき、後光がさしたように丘が輝いているのを目にした彼は、何かが背後にあることを確信しました。数分後、僕たちは丘の向こうに回って現場を見てみることにしました」

「見つけるまでにそんなに時間がかからなかったんです」トニーが言葉を添えました。

「どんな様子だったか教えてもらえますか?」私がそう尋ねるとトニーが答えました。

「それは円形状の宇宙船でした。船体の底面に白いライトがいくつかありました」

「赤いライトもありました」ジェイクが口をはさみました。

「そのとおり。四つの赤いライトを見ました」

「船体の周囲で何かが行われていましたか?」

「二人の乗員の姿が見えました」ジェイクが言いました。

「暗い色の服に身を包んでいました。船外に出て、宇宙船の周囲を歩き回っていたんです。何をしていたのかは私には分かりませんでした。僕たちはライフルを持っていましたので、彼らを捕らえることができれば自分たちの見たものの証拠にできるだろうと二人で話していました。そのとき僕たちは、もしそうすればFBIが大挙して保留区にやってくることになりかねないことに気づき、そういう事態は絶対に避けたいと思いました。だからただ身を隠して状況を見守っていたんです」

「彼らの様子を見ている限りでは、誰かや何かに危害を加えそうな気配は感じられませんでした」トニーが言いました。

「彼らはただ歩きまわりながら、宇宙船を外から見ているだけでしたから。武器らしきものも見当たりませんでした。たしかにUFO問題に決着をつける絶好のチャンスだったでしょう。自分がその立役者になることも、まんざらでもありませんでした。しかし僕はジェイクに言ったんです。白人たちがこの国にやってきたとき、彼らは人を疑うことを知らないインディアンたちを捕まえて、まるで人間以外の生き物を見つけたかのように見世物にして引きずり回したんだって」

「僕たちはそんなことをする人間にはなりたくなかったんです」ジェイクが言いました。

「僕たちは鹿のハンターであって、エイリアン・ハンターではないんです」

「そして僕らは警察官でもあるんだ」トニーが言いました。

「その後で僕たちは部族の儀式に参加して、自分たちの見たことを呪術医に話したんです。彼は『スターピープルは遥か昔から我々のもとを訪れていて、彼らは平和的な人々で我々に対して何の悪意も持っていないのだ』と言いました」

「彼はまた白人たちはスターピープルを信じていないとも言いました」ジェイクが言いました。

「彼らが母なる地球にやってきていることを、インディアンたちはずっと知っていたんです」

「どのくらいのあいだ宇宙船を見ていたんですか？」

「一〇分から一五分くらいだと思います。トラックに戻ったときは夜の七時を過ぎていました」

「引き返していくときにはまだ宇宙船はそこにあったんですか？」

「いいえ。乗員たちが船内に戻っていって宇宙船が離陸するまで僕たちはその場にとどまって、ずっと見ていました。上昇したら彼らはすぐに飛び去っていってしまいました」

「彼らが行ってしまった後で——」ジェイクが言いました。

「自分がどれだけ興奮していたのかに気づきました。心臓の鼓動が聞こえるほど胸が高鳴っていたんです。自分たちが目にしたものを深く実感できたのはそのときでした」

「僕たちの友人のひとりであるもうひとりの警官も、同じ日にビッツキン丘陵で似たような体験をしているんです」トニーが言いました。

「そこは東部のほうにあります。あなたにそのときのことを話してもらえるかどうか、僕たちから彼に聞いてあげてもいいですよ」

「彼があなたに話すかどうかは僕には分かりません」ジェイクが言いました。

「決して他言しないように僕たちは誓約させられたんです。ブレットは僕たちがどんな目に遭って来たかを知っていますので、他の警官たちには知られたくないんです」

「彼は僕らほどタフな心の持ち主じゃないからね」トニーが笑みを浮かべながら言いました。

「僕らは心臓に毛が生えてるんですよ」そう言う彼を細やかに観察していた私は、言葉とは裏腹の目の表情を見逃しませんでした。あの出来事があって以来、トニーとジェイクの心はずっと揺り動かされてきましたが、それは異星人との遭遇体験よりも、同僚たちからの嘲笑によってもたらされているものでした。

ブレットの体験

その晩遅く、私は一本の電話を受けました。掛けてきたのはブレット・パイン巡査でした。彼は個人情報が保護されるのならば私と会って自身の体験を話してもよいと言ってくれました。私たちは翌日に彼が非番となる夕方五時に会う約束をしました。待ち合わせ場所に到着した彼は車から降りて私に自己紹介をし、彼の軽トラックへの同乗を勧めました。

「あなたがビッツキン丘陵まで行ってみたいのではないかと思いまして」彼は言いました。

「砂利道を走るにはスバルよりもトラックのほうが便利ですよ」そして私たちの乗ったトラックは東へと走り出しました。

「宇宙船に遭遇したのはあなたにとって今回が初めてですか？」

「僕が子供のころ、父がよく川沿いに狩りに連れていってくれたんです。そこはかつてスターピープルが長老たちに、メッセージを残していった場所だったんです。なぜ彼らの訪問が途絶えてしまったのか僕には分かりません。なぜそんな幼いころに聞いた話を覚えているのかさえも分かりません。もうずいぶん昔のことですから」

「お父さんはまだご存命でいらっしゃるんですか？」

「ええ。現在は私と同居しています。いま九五歳です。父は何としてでも子供の世話にはならないように、ギリギリまで独りで暮らしていたんです。でも誰にでも自分の運命を受け入れなければいけないときが訪れるもので、その際は自分が置かれている状況の中で最善の選択をすべきなんです。今回の父の決断は、まさにそれであったと僕は思っています」

「あなたの遭遇体験のことを聞かせていただけますか?」

「それが起きた日の日付を覚えています——二〇〇四年四月一三日のことです。その日は僕の誕生日で、メイ伯母さんが誕生祝のディナーをご馳走してくれたんです。その日、僕はこのあたりを調査するためにやってきていました。地元の牧場主たちから、何かが家畜の牛や馬たちをおびえさせているという苦情が寄せられていたんです。そして夜も更けてきて、基地に戻るために車で高速道路を走っていたとき、目の前に宇宙船が飛来してきて、それから丘陵の彼方へと飛び去っていったんです。僕は車の速度を落として、もういちど宇宙船が姿を見せるのを待っていたのですが、戻ってはきませんでした」

「宇宙船の大きさはどのくらいでしたか?」

「飛び抜けて大きかったです。直径は少なくとも一八メートルはあって、高さは一二メートルから一五メートルほどだったと思います。船底から赤いライトを明滅させていて、道路を渡っていくときには船体全体が赤みを帯びた色へと変わり、高速道路を越え、岩場を越え、そして木々を越えて飛び去っていきました。まったく音は聞こえませんでした。宇宙船が目の前の道を横切っていくときに私のパトカーのライトが暗くなったので、そのまま消えてしまうのだろうと少し考えていると、また明るくなってきて、さらにもとの状態よりも明るさを増しました」

「宇宙船が去ってしまったときはどうしましたか?」

「パトカーを道路のわきに停めて車の外に出て、音に耳を澄ませながら夜空を見つめていました。地平線のほうに視線を向けて、自分が目にしたものの痕跡が何か残っていないか探していたんです。

しかし何も見当たりませんでした。そこで丘陵のほうまで歩いていって、そこに何かあるかどうか確かめてみることにしたんです」ブレットは軽トラックのスピードを落として道路わきに停めました。

「この辺りに停めたんです」ビッツキン丘陵と並行するように車を駐車させて彼は言いました。

「ここからちょっと歩いてみませんか?」私はトラックから降りて彼のあとにつづき、およそ一五分後に丘陵にたどりつきました。

「ここをまわっていったんです」そう言いながら彼は丘陵の反対側へと案内してくれました。

「このあたりに来たときに光が見えたんです。そして慎重に歩を進めていって、宇宙船の全景が見えるところまで近寄っていきました。そこには人間のような姿をした四体の生き物が船体の真下を歩いていました。その様子はまるで、宇宙船が問題ないかどうかチェックするための抜き取り検査をしているかのような感じでした。驚くべき光景でした。私は二、三分そこに立ったまま、目の前で繰り広げられている作業風景を観察していました。それから私は前に歩み出て、自分の姿をすべてさらした状態で彼らに呼びかけてみることにしました。そうしたら、彼らは大慌てで宇宙船の中に駆け込んで、あっという間に飛び去っていってしまいました。私はその場面をこれまで一千回以上も心の中で再生してきました。あのとき私は、ただそのまま静かに見守っているべきだったのではないかと思ったりもします。そうすればたぶん何かが分かっていたでしょう。あるいは彼らに声を掛けたりせずに、ただ歩み寄っていくこともできたでしょう。その場合は彼らはあれほどまでにびっくりすることはなかったはずです。ともかく、これが私の遭遇体験です。いまお話したとおりのことが起こったんです。家に戻る道すがら、この一連の出来事を報告すべきかどうか心の中で葛藤していました。そして迷いながら考えた末に、口を閉ざしておくことに決めました。私には面倒をみなくてはいけない父親と四人の娘たちがいます。もし私が親の介護と子供の養育による過度の精神的ストレスに見舞われているなどと誤解されて、休職を命じられたりしたら大変なことになります。そんなことになったら生活していけなくなります」

「インディアン事務局がそのようなことをすると思いますか?」

「間違いなくそうします。それどころか最悪の結果を招くでしょう。私はイラク戦争の帰還兵ですから、ＰＴＳＤ（心的外傷後ストレス障害）を患っていると思われてしまったら、永久に自分の仕事を失ってしまうことになりかねません。以前に所属していた部隊の中にそうなってしまった者たちがいると聞いたことがあるんです。私は御免です。今回のような出来事は、一切口外しないでおくほうが身のためなんです」

「あの晩の出来事を振り返ってみたとき、着陸現場で間近で見た宇宙船の様子について何か覚えていることはありますか?」

「私の背丈を遥かに越えた大きなものでした。ずっと地表から浮いたままで、一度も着地はしていないんです。たぶん地面から九〇から一二〇センチほどの位置にいたと思います。船底のライトが地表を昼間のように明るく照らしていました。船体表面に標章は何も見あたりませんでした。我々はあらゆるものに国旗のマークを付けていますので、私は旗があるかどうか探していたんです。宇宙船には窓がひとつもありませんでした。船体の色は濃い灰色だったと思いますが、さきほども言いましたように、私は宇宙船が発している光に照らされているものを見ていたんです。そのときは夜でした」

「出入口のようなものはありましたか？」

「船底にハッチのようなものがありました。その生き物たちが私の姿を目にしたときに、そのハッチから宇宙船に飛び乗って一目散に逃げていったんです」

「あなたが目撃したその生き物たちの特徴を説明できますか？」

「あまりよく分からなかったんです。背丈はおそらく一二〇センチ程度でしょう。なぜそう言えるかというと、彼らは宇宙船の真下を楽に歩けていたからです。私にはそれは無理だったでしょう。私は身長が一七七センチありますから。彼らの服は体にフィットしていましたので、人間と似た体型をしていることが分かりました。服は明るい色で、たぶん白か薄い灰色でしょう。彼らの頭部は体全体と比べると大きなもので、両腕も全身のサイズと比較すると長いものでした。思い出せるのはそのくらいです」

「ほかに何か覚えているものはありますか？」

「彼らに対しては怖いという気持ちは起こらなかったです。私は宇宙船を見て興奮していたんです。私は彼らがこの惑星の者ではないことが分かっていましたし、自分がいま目にしているものは、父から聞いていた宇宙からの訪問者たちの話を確証するものであることも分かっていました」

「その出来事のあとで、再び現場に戻ったことはありましたか？」

「まさにその翌日に行きました。この近くまでパトカーでやってきて、道路わきに停めて、そして現場まで歩いてきました。しかし彼らがここにいたという証拠は何ひとつ見あたりませんでした。周辺をくまなく歩き回って痕跡を探しましたが、何も見つかりませんでした」

私はこの最初の待ち合わせの後も、ブレットに五、六回ほど会って話をしました。彼の父親は今でもスターピープルについて語りつづけています。そしてブレットは、勤務中であろうとなかろうと、いつも夜空に注意を払っているそうです。

第27章　エイリアン・ヒッチハイカー

ヒッチハイカーによるＵＦＯ遭遇体験は、ＵＦＯ研究家の間でかなりの事例が知られています。最も有名なケースのひとつは、一九六五年に米国北東部のニューハンプシャー州エクスターで若いヒッチハイカーがＵＦＯに接近遭遇した事件です。彼は近くの農家に助けを求めましたが応答がなく、年配の夫婦の車に乗せてもらって警察署に向かい、非常に信頼の高い警官と共に現場に戻り、再びＵＦＯを目撃します。

この章では、ひとりの通行人を車に乗せてあげたある運転手の体験をご紹介します。しかしその通行人は、その後の人生にもずっと乗りつづけることになるのです。

ダコタの体験

私はある日の午後、アリゾナ州チンルにあるホリデー・イン・ホテルでダコタに初めて会いました。ホテルのロビーに入った私に彼は近づいてきて、少し話を聞いてもらえないかと尋ねてきました。そして自分はある遭遇体験をしてきて、それについて誰かと話したいのだと説明しました。私たちはほとんど客の姿がないレストランに入り、周囲と隔離された感じのテーブルを見つけて、アイスティーを注文しました。

「あなたはこのあたりのご出身ですか?」注文をしながら私は尋ねました。

「実際のところはサウスダコタ出身なんです。コンピュータ・サイエンスの学位を取得した後、自分の会社を起こして、コンピュータ・システムを立ち上げようとしている部族政府を現場でサポートしています。私はラッキーでした。ちょうど部族社会がテクノロジーの時代に入ろうとしているときに学位を取ったんですから。その分野のサービスを提供しているインディアンの企業は私のところだけなので仕事も順調にいってるんです。当初は私ひとりのコンサルタント事務所として始めたのですが、今では十人の従業員を抱えるまでになり、彼らは各保留区を回りながら部族民をサポートしているんです」

「では南西部にもよくいらっしゃるんですか?」

「毎月行っています」彼はそう答えると、ウエートレスが私たちの前にアイスティーを置いている間しばらく話をとめていました。そして彼女が私たちの声の届かないところまで離れていくと、ふたたび口を開きました。

「それはウインドウロックとチンルの間の路上で起きたんです。時刻は真夜中ごろでした。その日は雨と雪が半々くらいに降っていました。私はあまりスピードを出さずにゆったりと車を走らせていました。なぜならその道は夜はとても暗い上に、ちょっとした丘の起伏がいくつもありましたので、ときどき対向車のライトで目がくらんでしまうことがあるからです。すると途中で道路わきを歩いている人の姿が目に入ったので、私は車を停めました。あなたもご存知のように、同じインディアンが道路に沿って歩いているときは、車を停めて乗せていってあげるのが私たちの流儀ですから。あなたが保留区にいらっしゃるならお分かりのように、相手は兄弟なんです。ですからいつでも自分の身内のひとりとして、私たちは手を差し伸べるのです」

「わかります。私も同じようにしていますから」

「あのときは相手が異星人だとは知らなかったんです」

「あなたは異星人を車に乗せてあげたとおっしゃっているんですか?」

「ええ。彼はそうだったと私は思っています。しかし車に乗せてあげたときは、彼のことをインディアンだと思っていました」

「でも今は彼は異星人だったと信じているわけですね?」

「信じているだけではなく、知っているんです」

「いつ相手が異星人だと気づいたんですか?」

「彼が車に乗り込んできたときです。彼がインディアンのような服装ではないことに気づいたんです。このあたりのインディアンはジーンズを履いて、デニムの上着か、もしくはTシャツかワイシャツを着ているからです。あの晩は冷え込んでいました。ウインドウロックとチンルの間では雪も降っていました。しかし彼は上着を羽織っていなかったんです。つなぎ服のようなものを着ていましたが、不思議な素材のものでした。それは車のダッシュボードの明かりを受けてきらめいていました。どこに向かっているのかと私が尋ねると、彼は一言も口をきかずにただ前方を指差しました」

「それは奇妙なことだとは思わなかったんですか?」

「私はナバホ族ではありません。彼らの慣習は違っているんです。私やあなたのものよりも閉鎖的なものです。彼は私のことを知らないので、話したくないのだろうと私は思いました」

「どの時点で彼が異星人だと思ったんですか?」

「ウィンドウロックとチンルを結ぶ道を走ったことのある人なら知っていることなのですが、そこにはかなりの数の小高い丘があるんです。その晩は空が暗くて、雪交じりの雨が降っていました。ある場所を走っていて丘を越えたとき、向かってくるトラックトレーラーだと私が思ったものからのライトで目がくらんでしまいました。しかし突然に私の車が停止してしまったのです。前方のライトは同じ位置にとどまっていました。私は前方の道で交通事故があったに違いないと考えました。しかししばらくの間は、動かなくなってしまった自分の車のことが気がかりでした。それは道路の真ん中で停まってしまっていて、外は雪が降っていました。もし後ろから来る車の運転手が前方の光に目がくらんでしまって追突してきたらどうしようと心配だったんです。車を再発進させようとしたとき、助手席の男性が車から降りて光の中へと歩いていきました。そして彼はすぐに一人の仲間と一緒に戻ってきて、私の車のドアを開けて、自分たちに付いてくるようにと言ったんです」

「そのときあなたはどう感じましたか?」

「最初は冗談のつもりだろうと思いました。しかしそのとき、自分には他に選択の余地はないのだと感じました。それだけでなく、自分の意思は存在しないように感じたんです」

「車はどうしたんですか?」

「それについては心配ないと彼らは言いました」

「彼らはあなたに話しかけてきたんですか?」

「よく分かりません。ただ大丈夫なんだと分かったんです」

「彼らはあなたをどこへ連れていったんですか？」

「彼らは私を宇宙船に乗せました」

「相手はどんな感じでしたか？」

「自分が宇宙船の中にいるんだと気づいたとき、私はワクワクしました。宇宙船の中に連れていかれた人たちの話は聞いていましたが、自分にそのようなことが起こるとはまったく思っていませんでした。私はあらゆることを質問したかったのですが、ほかのインディアンたちがいる部屋に入れられてしまいました。たぶんナバホ族だったと思います。私はただそこに置き去りにされたままで、室内にいた他の者たちは誰も言葉を発していませんでした。私は隣にいた数人に話しかけてみましたが、彼らは私を無視したままでした。その中でトランス状態のようになっていないのは私だけでした」

「あなたを誘拐した者たちの特徴を覚えていますか？」

「背丈は私と同じくらいでしたが、体型はずっとスリムでした。つなぎ服のようなものに身を包んでいて、胸に銀色の三角形のものが見えました。彼らは人間のように見えました」

「インディアンのように見えましたか？」

「いいえ。もっと肌の色は明るかったです。自分の肌と彼らの手を同時に見ていたのを覚えています。彼らの指はとても長くて白かったです」

「宇宙船にいる間に自分の身に起きたことを覚えていますか？」

「分かりません。他の人たちと一緒の部屋から私だけ別の部屋へ連れていかれて、そこでひとりきりにさせられました。そのときに私は初めて自分の身の安全が心配になり始めました。そして逃げ出そうとしたのですが、彼らは私に触れることなくそれを阻止しました」

「触れることなくというのは、どういう意味でしょうか？」

「よく分からないんです。部屋を飛び出して廊下を駆け出したんですが、次の瞬間に私はその場に凍り付いていたんです。まったく身動きができませんでした。なぜそうなってしまったのか分かりませんが、非常に恐ろしくなりました。そのときに私は自分が彼らの支配下にあって、抵抗する術はないことを悟ったと思います。それまでは、連中よりも自分のほうが力強いと思っていたのを覚えています。彼らはとてもきゃしゃな体つきをしていたからです。けれどもそれは間違いでした。彼らは私を骨抜きにしました。その後はどうなったのか、私には分かりません。覚えているのは光です……とても明るい光です」

「どこかに傷を負いましたか？」

「いいえ何も。つぎに覚えているのは、自分が車の中に戻っていたことです。エンジンキーを回すと、車はすぐに発進しました。私はチンルの町に向かって、ここのホテルにチェックインしました。翌朝に目覚めると、肩が凝っていて、左腕がひりひりすることに気づきました。しかしそれは前日の疲れか、もしくは寝違えたせいだろうと思っていました」

「それから現在に至るまで、そのときのことを振り返って考えてみる時間があったと思いますが、自分の身に何が起こったと考えていますか？」

「私は道路わきを歩いていた異星人をナバホ族だと思って自分の車に乗せました。そして彼が宇宙船のところまで戻ってきたとき、彼らは私を船内に連れ込んで、おそらくそこでは何もなかったと私に思い込ませようとしたか、あるいはたぶん私の記憶を消そうとしたけれど、うまくいかなかったんだと思います。私は鍵となる出来事を覚えていたからです。けれども私はこの体験からひとつの教訓を得ました。今では見知らぬ人を車に乗せることに以前よりも用心深くなっています」そう言って彼は笑いました。

「ほかに何か覚えていますか？」

「私はこれまでずっと宇宙に思いを馳せながら、地球以外の星に生命はいるのだろうかと考えていました。いままでは私は異星人が存在することを知っています。ＵＦＯとの遭遇体験について耳にすることがあったら、それを主張する人たちに対して私は批判的にはならないでしょう。もし私が自分の体験について何かしゃべれば、おそらく取引相手を失ってしまうことになるでしょう。こんな話をあなたにしている私のことを気がおかしい人間だと思いますか？」

「いいえ、私はあなたのことを気がおかしい人間だとは思いません」

このチンルでのインタビュー以来、私はダコタに数回会っています。彼はその後さらに二回にわたって彼らに遭遇しました。彼が宇宙船内に連れ込まれた際にはいつも四時間の拘束を受けています。そしてこれまで一度たりとて相手に抵抗することはできませんでした。最近では昼間の時間にのみ連れて行かれています。そして彼はスペーストラベラーたちと、真夜中には出くわしたくないものだと言っています。

第28章　北米インディアンと宇宙のつながり

北米インディアンが地球外生命体と関連づけられたのは、一九七〇年代のことでした。その影響で北の大地の聖地に対する世間の見方が一変し、そこにおける修養を通して人気を高めていきました。人類の祖先である太古の異星人たちに由来する、神秘的な精神エネルギーの宿る場所として、ほとんど一夜にして先住民の聖なる場所が中心的な役割を果たすようになり、北米インディアンの精神性が超古代文明の科学の中に根付いていきました。古代文明への関心は、欧州における遺跡の調査に端を発したものです。

その一例として、英国のストーンヘンジのサークル状の巨石群が挙げられます。その配置は日の出や日没、そして至点などの天文現象に合致していることが学者らに指摘されています。アメリカの考古学者たちも、似たような配置が中南米や合衆国の遺跡に見出せると報告しています。たとえばワイオミング州ビッグホーンの石群、イリノイ州のカホキア遺跡、ニューメキシコ州のチャコ渓谷などは、当時の人々が高度な天文学的知識を持っていたことを示すものです。

宇宙考古学の誕生は一九六〇年代から七〇年代に隆盛を極めたＵＦＯ研究と時を同じくしています。この時期に宇宙からの訪問者たちが古代の考古学的遺跡群と関連づけて考えられるようになったのです。マヤやインカの文明にはＵＦＯの存在を示す証拠があると唱えたエーリッヒ・フォン・デニケン氏の著作類の影響で、太古の異星人やスターピープルへの人々の関心が顕著なものとなりました。ラコタ族の学者であるヴァイン・デロリア・ジュニア氏は、北米インディアンの伝承は、おそらくただの創作ではなく、太古の先住民たちの宇宙に対する深い造詣が包括的な記憶となって受け継がれてきた可能性があると主張し、デニケン氏のような考え方をさらに普及させていきました。

北米インディアンとスターピープル

世界中の多くの先住民たちが、スターピープルの存在を柱のひとつとした慣習や儀式を、しっかりと守りながら受け継いできています。その大半は、多くの北米インディアンの部族集団に見られるように、それらの伝統を彼らの宗教の一部として残しているか、少なくとも太古の史実のひとつとして語り継いでいます。またある部族は彼らの起源は他の星々から来た先祖たちとつながりがあると信じていて、スターピープルと定期的に連絡を取り合って協同作業をしているといいます。アメリカ大陸と同様に世界中の遺跡に新たな解釈がなされていくのと歩を合わせて、先住民族と異星文明との結びつきを唱える部族たちも現れてきました。その中でも最も知られているのがホピ族の創世神話で、そこでは過去に三つの時代が滅びてきたことが詳細に語られ、それらは未知なる動力によって操られていた〝空飛ぶ盾〟による戦争であったとされています。このような黙示的な終末の話題は、一九五五年にホピ族の中で急に広まり出したものです。この予言的な布告を唱える中心的な存在であったのは、部族内の伝統主義者の集団で、彼らはホピの社会だけでなく広く世界中で有名になりました。

一九六九年、イーグルが月面に着陸したとき、ホピ予言の研究で有名なロバート・クレマー氏に対してホピ族のひとりが「ホピの人間はかつてあそこを訪れたことがあります。あたりを探してみれば、我々が岩に彫った文字が見つかるでしょう」と語りました。また太古の異星人についての著作のあるナンシー・レッド・スター氏に対し、ニューメキシコ州サンタ・クララ・プエブロのテワ族の長老ホセ・ルセロ氏は「部族の中にはどこかに連れて行かれたと言う者たちがいます。我々は（スターピープルの）訪問を受けているのです」と語っています。さらに一九七〇年にホピの族長であるダン・カチョンヴァ氏は、ホピの土地とＵＦＯのかかわりについて述べた際に『来るべき〝浄化の日〟には他の星々から訪れる宇宙の旅人たちが忠実な部族たちを空中に軽挙して、より安全な新天地へと連れていくことだろう』と語りました。彼によれば、アリゾナ州ミションノヴィの近くにある岩に彫られた太古の絵には、ドーム型をした円盤のような物体と一人のホピの女性が描かれていて、それは彼らの宗教的信条の中核となっているということです。他の多くの部族たちの古くからの言い伝えと独自の物語は、現代的な解釈を加えられることなく、当初のままのかたちで何世代にも渡って受け継がれていますが、その多くは目を向けられずにいます。おそらく、これらの中に北米インディアンとスターピープル、そしてＵＦＯのつながりにまつわる真実が存在するのでしょう。

昔から有名な神話や伝説のように親しまれてはいないものの、スターピープルと先住民族たちのかかわりについての伝承は、一九八〇年代から九〇年代初頭にかけて話題にのぼるようになってきました。これらの話にはホピの神話に見られるような現代的な解釈はなされていませんが、古代の叡智やスターピープルの介在を示すひとつの例となっています。たとえばチェロキー族の伝承では、スターピープルがチェロキー族のために〝エロヒ（Elohi）〟つまり地球（アース＝Earth）を創造したとされています。またイロコイ族とチェロキー族はともに、超自然的な力を持つ存在〝サンダラー（雷の精霊）〟を信じていて、その由来となる物語があります――ある日、ひとりの若者が渓谷に投げ出され、足の骨を折ってしまい、仲間にも見捨てられてしまいます。意識を失った彼が目を覚ますと、そこには雲のような法衣を身にまとった四人の男性が立っていました。彼らは何者であるのかと尋ねた若者に対して、自分たちは〝サンダラー〟であり、その若者を守護する存在であると答えたといいます。

他の部族にも似通った物語があります。一二人の女性を乗せた巨大な柳の籠が天から降りてきたというアルゴンキン族の伝承は、現代におけるUFOの描写に通じるものがあるとされています。ブラックフィート族に伝わる物語では、若い女性が日の出の神と恋におちて、いっしょに空の世界で暮らすために昇天させられます。ポーニー族のスキディ団は、村のテント小屋を夜空に見える恒星や惑星の位置に合わせて配置しています。彼らの創世記では、明けの明星の戦士である火星が、宵の明星の女性である金星と結ばれて、最初の人間たちを誕生させています。クリー族は自分たちの部族は他の星々からスピリット（霊）のかたちでやってきて、それから血肉のある体となったと言い、セミノール族は天空に旅立って偉大なる精霊（グレートスピリット）と出会ったと言っています。それからスノコルミー族には、次のような伝承があります――あるとき二人の姉妹が「あの夜空の二つの星が私たちの夫になってくれたらいいな」と願って床に就いたところ、目を覚ますといつの間にか天空の世界にいて、あの星々が二人の男性の姿になって目の前にいました。彼らは結婚し、姉のほうに生まれた男の子は〝スターチャイルド〟と名づけられました。彼女はその子を伴って地球に戻り、彼は人々から〝トランスフォーマー（変化を起こす者）〟と呼ばれました。そして地球においてスターチャイルドは、彼の天界の能力を使って世界を変えていったのです。

アーカンソー州タニコに暮らすトゥーラ族は、〝マナカタの番人〟として地元の霊山を守っていますが、そこはスターピープルが訪れる場所とみなされています。この山は、カドー族、クアポー族、オセージ族、トゥーニカ族、そしてポーニー族たちにとっての聖なる場所でもあります。トゥーラ族によればマナカタ山の内部には七箇所の水晶の洞窟があり、中央の洞窟に施されている壮麗に輝く水晶の壁には、スターピープルからのメッセージが暗号として記されているといいます。コロラドとニューメキシコの両州にまたがるサンルイス渓谷に位置するブランカ・マシッフ山は、南西部の大部分の部族たちによって〝東の聖なる山〟とされていますが、ナバホ族によるとそこはスターピープルが空飛ぶ〝種子のさや〟に乗って訪れた場所であるといいます。ポーニー族の伝承には、〝パホカタワ〟と呼ばれる男性が隕石として地球にやってきて、敵に殺されてしまった際に、天空から神々が降臨してきて彼を生き返らせたといいます。そしてある時、おびただしい数の隕石が地球に落ちた際に、パホカタワはポーニー族たちに向かって、これはこの世の終わりが来るしるしではないと教えたそうです。

スターピープルとリトルピープル（小人たち）

小柄な種族の人々にまつわる伝承は、たくさんの部族の中に言い伝えられています。その小人たちは地上に暮らしていたか、あるいは他の星々からやってきた者たちで、女性や子供たちをさらっていったとされています。チェロキー族は北米大陸の東側から南西部に移動させられた際に、自分たちの新たな土地には小さな種族たちがすでに暮らしているのを目の当たりにしましたが、その種族は地下を住居としていて、非常に進んだ文明を築いていたといいます。けれども、伝えられている話では、彼らはとても大きな目をしていて、光に対して極度に敏感であったそうです。そしてその肌の色は青かったとする伝承もいくつかあります。チェロキー族は彼らを〝月の住人〟と呼んでいました。ただしこの青い小人たちは、チェロキーの伝承の主役である森に住む〝ユンウィ・ツンディ（小さな人々）〟とは別物と考えるべきです。

UFO研究家のジャック・ヴァリー氏は、妊婦や若い女性を誘拐する小人たちの話について語っているとともに、彼らが幼い子供たちをさらって、ときにはその代わりに自分たちの子供を置いていったケースについても述べています。その子たちは部族民から〝取り替え子（チェンジリング）〟と呼ばれていました（訳注　欧州の民話で妖精が人間の子供をさらった後に置いていく妖精の子もこう呼ばれています）。他の部族の伝承では、空から降りてきた神々が人里はなれた村の女性たちを身ごもらせ、その〝スターチルドレン〟たちをしばらくの間だけ彼女たちが養育することを認め、六歳になったときに再び戻ってきて子供を引き渡すよう求めたといいます。多くの部族たちは女性や子供を連れ去っていくことを好む小人たちの話を語り継いできています。

ＵＦＯやスターピープルと遭遇したインディアンたちの個人的な体験を全米各地で取材していくなかで、彼らがずっと秘密にしていた話や、身内だけに伝えていたことの数々を私は教わってきました。隠されていることは他にもあります。インディアンの誰もがそれらを知っていながらも、内密にしているのです。リゴベルタ・メンチュウ氏（ノーベル平和賞を受賞した中米グアテマラ先住民の人権活動家）はこれらの秘密を知っていました。彼女は自身の著書の中で述べています――「私は今でも自身のインディアンとしての本性を明かしていません。誰にも知らせるべきではないことを自身の内に秘めたままにしています。人類学者や知識人たちですら……誰も私たちの秘密のすべてを知ることはできないのです」　彼女の本では、今もって語られていないスターピープルとの遭遇に関する多くの秘密について述べられています。

本書に登場した体験者たちについて

長い年月のなかで私が出会ってきた人たちから聞いてきた話をご紹介するにあたって、私は彼らが語ったとおりのことをここでお伝えしてきました。インタビューでの発言を一字一句そのままに再現したものではありませんが、内容を簡潔にまとめるために会話の部分を精選してあります。彼らの多くは部族の中で年長者として尊敬される立場にはありましたが、実際に会って話してみて分かったのは、世間のふつうの人たちよりも〝スピリチュアルな〟わけではないということでした。そして彼らの多くはスターピープルについての伝説や先人の話を身近に知っていたので、ＵＦＯやスターピープルとの遭遇体験を受け入れる下地がそれなりにあったことも確かでした。なかには家族や部族の仲間から叱責を受けるのを恐れて、自身の体験を私に話すのを渋る人たちもいましたが、同時に彼らはスターピープルの来訪の目的が分かっていない人たちの理解をうながせればという願いから、積極的に伝えようともしてくれました。

彼らの体験を本にするにあたって、私にはひとりひとりのプライバシーを守る義務がありました。なぜなら彼らは誰ひとりとして、世間の注目を集めることや有名になることは望んでいなかったからです。しばしば彼らは私がUFOやスターピープルに関心があることを人づてに聞いて連絡をしてくるか、あるいは私と面識のある親族か友人から紹介されるかたちで私と会うことになりました。ただし個人の信頼や信用を損ねかねない体験談については——そのようなケースは実際にいくつかありましたが——一切ここには収録はしませんでした。登場するすべての人は北米インディアンで、それぞれに私自身が個別にインタビューをしました。取材を受けた人たちの七五％がインディアン保留区で暮らす人たちで、地域は一五州に及びます。

これまで世間で公表されてきたエイリアン・アブダクション（異星人による誘拐）のケースにおいては、証言者が精神的な問題を抱えていたとの理由で体験の真実性を否定した初期の研究者たちもいましたが、私が取材をした相手の中には心理的もしくは人格的な障がいの症状を示している人はひとりもいませんでした。実際の彼らは自身の部族社会において責任ある立場で全体に貢献しているだけではなく、嘘をついたり他人をだましたりするようなことはしない真面目で誠実な人たちで、その大部分は自らの遭遇体験を身近な家族や親しい友人たち以外には決して打ち明けてはいませんでした。彼らのうちのおよそ三〇％が大学で教育を受けて専門的な仕事に就いており、学校教師、財務調査官、開業医、部族の管理者などをしています。そして二五％が人々から尊敬を受ける長老で、残りの人たちの学歴は高校中退から〝何らかの大学の講義を受けた〟レベルとなっています。全体の七八％が雇用されている身でした。

体験談の中には、彼らなりのユーモアが添えられているものもあります。幼少時に度重なる誘拐の被害にあったある証言者は、こんなふうに言いました――「何かのことで笑っている人は、泣いてはいないんだ。私は誘拐事件の被害者さ。でも別の者でもあるんだ。私は息子であり、伯父であり、兄であり、少年更生指導官であり、友人であり、そして調子が悪くても能天気なヤツなんだ」そして笑いながら私のほうを見て付け加えました。

「調子が良いときは悩殺的だから気をつけなよ」インディアンとして育った私には彼のユーモアが分かりましたが、別の環境にいた人はまったくその意味を誤解して受け止めてしまっていたかもしれません。

証言者たちはいずれも、具体的で信ぴょう性の高い体験を話してくれました。誰もが自分をしっかりと保っていて信仰心の厚い人たちでした。クリスチャンとしての活動に熱心な人もあれば、インディアンの宗教的な慣習や儀式を熱心に実践する人もいましたが、大部分はカトリックの教えに従いながらインディアンの儀式にも参加していました。すべての人が催眠術の助けを受けることなく自らの体験を回想しています。一名だけが過去にアルコールの過剰摂取をしていた時期がありました。他の人たちは誰もアルコールや薬物の中毒者ではなく、それらの更生施設にいたこともありません。そしてその大半が、もし個人が特定できるかたちで自らの告白が主要な新聞に取り上げられてしまったら、部族の人々にからかわれるのではないかとビクビクしていました。しかしそれ以上に彼らが心配していたのは、体験を話すことによって自分たちの保留区が余計な注目を集めてしまうのではないかというこことでした。ずっと匿名のままにしておくという条件で、証言者の全員がインタビューの記録を私が今後の調査や執筆活動のために使用することに同意してくれました。それに対するお礼として、もし私が北米インディアンとスターピープルについての本をいつか書くことになれば、その収益の一割を北米インディアンの生徒の大学進学のための奨学金として寄付することを約束しました。そのための奨学金基金がすでに、モンタナ州立大学に設けられています。

訳者あとがき

本書の原題は『スターピープルとの遭遇 ―― アメリカンインディアンの知られざる物語』です。近年ではアメリカで生まれた人たちが自らを〝ネイティブアメリカン〟と呼ぶ傾向が出てきているため、有識者の意見も鑑みて本書ではこの呼称は用いないようにしたそうです。日本語訳に際しては「北米インディアン」で統一しました。もっともインディアンという呼び方自体が先住民たちにとっては本来の正しい部族の名前ではありませんが、一般的な呼称として容認はしているようです。

さて、私がこの本の存在を知ったのは、ある米国のUFO研究家を通してでしたが、原書を読んだ途端に、「これは凄い」と感じました。何が凄いのかを表現するのは難しいのですが、内容がセンセーショナルであるということではなく、この本全体から感じられた素朴な〝真実〟の響きでした。私は子供の頃から数多くのUFOや宇宙人の情報に触れてきて、さらにその分野の本の翻訳を通して、ありとあらゆる話を耳にしてきましたが、決して誇張ではなく、それらすべての中でこの著者の本はベストの一冊と言えるのではないかと感じました。裏を返せば、UFOや宇宙人の分野においては、悲しくなってしまうほど偽りの情報が多かったのです。ですからそうした〝心を煽る〟ような情報に慣れ過ぎてしまっている人たちにとっては、本書の内容は「さほどインパクトがない」と感じられるものかもしれません。しかしそれは自然で淡白な食物に対する味覚が、少し麻痺している恐れもあるかと思うのです。そしてその責任の多くは情報を発する側にあると私は感じています。素直な人であれば、相手を最初から疑うようなことは少ないからです。精神世界やUFOの世界の内側に身をおいて私が思い知らされたのは、

「人間はここまで平気で嘘がつけるんだ」というショックに似た体験の数々でした。さらに残念だったのは、人を騙すことに対する後ろめたさすらも〝麻痺〟している人が多かったことでした。

昔の西部劇で『インディアンは嘘をつかない。白人は嘘つき』という台詞があったそうです。それは単なる人種的な対立からの言葉ではなく、実際に白人たちからの〝約束の言葉〟を信じて裏切られた悲しい歴史があったからでした。本書の登場人物たちの多くも〝言葉〟というものを命と同じほど大切なものとして扱っていることが感じられます。それほどまでにインディアンにとっての言葉は大切なものなのです。日本でも〝言霊《ことだま》〟と言われるように、言葉には魂が宿るという古くからの見方があります。ですから日本人の中にも言葉を「命をかけた神への誓い」として覚悟をもって口にする文化があったはずです。言い換えれば、人との約束を破ることは、相手を裏切り、自分を裏切ること以上に、神を裏切ることになるという恐ろしい罪を意味します。それだけの覚悟をもって語る人は、「これが真実だ！」「本物だ！」と声高に叫ぶよりも、本書の著者や登場人物たちのように淡々とした口調になるものでしょう。それが真実の響きというものではないかと私は思うのです。本当に大切なことは、ともすれば読み流し、聞き流してしまうほど、さらりと語られていることが多いものです。逆に言えば、激しく批判されることよりも、さりげなく言われた一言のほうにより深く傷つけられたりするものです。

本書にはＵＦＯや宇宙人の写真などの証拠は一切掲載されていません。ですから、「それが見えなくても、それが存在することが信じられる」ことが求められるのかもしれません。私は自分自身もこの本に登場する人物と似通った体験をしていたため、最初はそのことを著者のアーディへの最初の便りの中で正直に告白しました。彼女はそれを自然に受けとめてくれました。そして「この本が多くの日本の方にも読まれればいいなと願っています」という彼女の言葉を受けて、「では僕がこの本を出版社に紹介してみます。日本であなたの本が出版されるまで僕は決してあきらめません」と伝えました。まだ何の保証もない段階でその〝誓いの言葉〟を表明するにはそれなりの覚悟を要しました。しかしそれに対する彼女の返事は、なんとかがんばってくれという励ましではなく、「わあ、まるで夢のようです」という少女のような素直な喜びと、「私と私の話を信じてくれてありがとう」という心からのお礼だけでした。そして母を病気で亡くしたばかりの私への温かい気遣いの言葉も添えてくれました。今この文章を皆さんが目にしているということは、私が自分の言葉に忠実でいられたことの証でもあります。

本書でも随所から感じられることと思いますが、アーディはとても優しい視線で相手を見つめて、相手の気持ちになって接してあげられる素敵な女性です。彼女のことを何も知らない私の友人が、あるときアーディから私に届いた短い返事をふと目にして、「なんだかこの人はずいぶん優しい人だね」と言いました。いささか鈍感な私とは違って、深い部分を感じられる人には分かるさりげない優しさが彼女にはあるのでしょう。本書の拙い訳文を通して、彼女の深い想いとインディアンの人たちの素朴な心に日本の多くの読者の方々が触れていかれることを心から願って、訳者のあとがきとさせていただきます。

いつか読者の皆さんとアーディを囲んでお話ができるといいですね。

著者：アーディ・シックスキラー・クラーク博士について

人生を先住民たちへの協力に捧げてきた米国モンタナ州立大学元教授のクラーク博士は、名誉退職後もインディアンや世界中の先住民族たちのコンサルタントとして貢献を続けてきており、過去の著作のひとつ『シスターズ・イン・ブラッド』もベストセラーとなっている。今回の本の執筆にあたり、博士は過去十数年間に渡って忍耐強く先住民たちに取材を続け、膨大な数の証言を得てきた。この本はそれらを紹介する全三部作の第一弾であり、現在執筆中の二作目ではホンジュラスのマヤ、グアテマラ、メキシコの先住民たちの遭遇体験、三作目は南太平洋諸国の先住民の体験が紹介されていく。本書の高い評価によって彼女は現在もラジオ番組等で定期的に出演し、既に次回の国際ＵＦＯ会議におけるメインの講演者に決定している。

著者ホームページＵＲＬ　http://www.sixkiller.com/

訳者紹介　益子祐司

著述家、翻訳家、詩人

「アセンション」という言葉をまだ知らなかった幼い頃から次元上昇（変容）に関する独自の感覚と予感を抱き続け、日本及び海外で本を出版。また金星人オムネク・オネクやコンタクティのハワード・メンジャー、ジョージ・アダムスキーの未邦訳の著書を日本に紹介。これらの分野のお話し会やニューズレターの発行も行っている。

著書『アセンションはなぜ起こるのか』（徳間書店）、

『Ascension - Metamorphosis』（Create Space）、『アダムスキーの謎とＵＦＯコンタクティ』（学研）

訳書『金星人オムネクとの対話 ～ スターピープル達に今、伝えたいこと』（ティー・オーエンタテイメント）『私はアセンションした惑星から来た』（徳間書店）、『地球人になった金星人オムネク・オネク』（徳間書店）、『ＤＶＤから語りかける　金星人オムネク　地球を救う愛のメッセージ』（徳間書店）以上四冊はオムネク・オネク著。

『地球人よ、ひとつになって宇宙に目を向けなさい』（ジョージ・アダムスキー著　徳間書店）、『天使的宇宙人とのコンタクト』（ハワード＆コニー・メンジャー著　徳間書店）、『天使のノート ―― あなたのとなりにいる天使のメッセージを聞く方法』（ジェニー・スメドリー著　徳間書店）

イラスト挿入本　『ポン！　とわかる　英語で日本紹介アイデア集』（川田美穂子著　国際語学社）

訳者ホームページ（Pastel Rose and Emerald）URL: http://venus8.info/

「YOU《ユー》は」宇宙人《うちゅうじん》に遭《あ》っています
スターマンとコンタクティの体験実録《たいけんじつろく》

アーディ・S《エス》・クラーク　著
益子祐司《ましこゆうじ》　翻訳

2013年10月20日 初刷発行

発行人　　増本利博

編集・発行・発売　　明窓出版株式会社
〒164-0012　東京都中野区本町 6-27-13
電話　03-3380-8303
FAX　03-3380-6424
web　www.meisou.com

デザインディレクション　　エクセラ出版株式会社

印刷所　　シナノ印刷株式会社

ISBN 978-4-89634-334-2
Printed in Japan

人類が変容する日

エハン・デラヴィ

意識研究家エハン・デラヴィが、今伝えておきたい事実がある。
宇宙創造知性デザイナーインテリジェンスに迫る！

宇宙を巡礼し、ロゴスと知る——わたしたちの壮大な冒険はすでに始まっている。取り返しがきかないほど変化する時——イベントホライゾンを迎えるために、より現実的に脳と心をリセットする方法とは？　そして、この宇宙を設計したインテリジェント・デザインに秘められた可能性とは？　人体を構成する数十兆の細胞はすでに、変容を開始している。

第一章　EPIGENETICS《エピジェネティクス》
「CELL」とは？／「WAR ON TERROR」——「テロとの戦い」／テンション（緊張）のエスカレート、チェスゲームとしてのイベント／ＤＮＡの「進化の旅」／エピジェネティクスとホピの教え／ラマルク——とてつもなくハイレベルな進化論のパイオニア／ニコラ・テスラのフリーエネルギー的発想とは？／陽と陰——日本人の精神の大切さ／コンシャス・エボリューション——意識的進化の時代の到来／人間をデザインした知性的存在とは？／人類は宇宙で進化した——パンスペルミア説とは？／なぜ人間だけが壊れたＤＮＡを持っているのか？／そのプログラムは、３次元のためにあるのではない／自分の細胞をプログラミングするとは？／グノーシス派は知っていた——マトリックスの世界を作ったフェイクの神／進化の頂上からの変容（メタモルフォーゼ）他

定価1575円

オスカー・マゴッチの

宇宙船操縦記 Part1

オスカー・マゴッチ著　石井弘幸訳　関英男監修

ようこそ、ワンダラー《放浪者》よ！

本書は、宇宙人があなたに送る暗号通信である。

サイキアンの宇宙司令官である『コズミック・トラヴェラー』クゥエンティンのリードによりスペース・オデッセイが始まった。魂の本質に存在するガーディアンが導く人間界に、未知の次元と壮大な宇宙展望が開かれる！

そして、『アセンデッド・マスターズ』との交流から、新しい宇宙意識が生まれる……。


本書は「旅行記」ではあるが、その旅行は奇想天外、おそらく20世紀では空前絶後といえる。まずは旅行手段がＵＦＯ、旅行先が宇宙というから驚きである。旅行者は、元カナダＢＢＣ放送社員で、普通の地球人・在カナダのオスカー・マゴッチ氏。しかも彼は拉致されたわけでも、意識を失って地球を離れたわけでもなく、日常の暮らしの中から宇宙に飛び出した。1974年の最初のコンタクトから私たちがもしＵＦＯに出会えばやるに違いない好奇心一杯の行動で乗り込んでしまい、ＵＦＯそのものとそれを使う異性人知性と文明に驚きながら学び、やがて彼の意思で自在にＵＦＯを操れるようになる。私たちはこの旅行記に学び、非人間的なパラダイムを捨てて、愛に溢れた自己開発をしなければなるまい。新しい世界に生き残りたい地球人には必読の旅行記だ。